中国机械工程学科教程配套系列教材

教育部高等学校机械类专业教学指导委员会规划教材

互换性与测量技术

（第2版）

张 铁　李 旻　主编

U0214220

清华大学出版社

北京

内 容 简 介

互换性的应用非常广泛,不仅局限于机械产品,还包括电子电器等产品;不但可以对零件提出互换性要求,同样也可以对部件、整机等提出互换性要求。本教材仅就机械产品的零部件进行讨论,并且涉及零部件几何参数的互换性问题。

本书内容包括:互换性的基础知识,如光滑孔、轴的尺寸的标准公差,孔轴的使用要求和设计原则,常用孔轴公差带和配合;形位公差的基本概念,形位公差的符号及其标注,形位公差的定义及公差带解释;表面粗糙度及评定,表面粗糙度应用及表面粗糙度的标注,公差原则及其应用等;滚动轴承、键、圆锥、螺纹、丝杠、滚珠丝杠、齿轮副等标准部件的公差与配合;结合互换性的相关规定,讨论尺寸、形位公差、表面粗糙度的检验;结合在机器或仪器设计时所碰到的几何精度分析问题,研究尺寸链的分析。

本书适合机械类和近机械类学生使用,同时也可作为机械类工程技术人员的参考用书。

图书在版编目(CIP)数据

互换性与测量技术/张铁,李旻主编.—2版.—北京:清华大学出版社,2018(2024.7重印)
(中国机械工程学科教程配套系列教材 教育部高等学校机械类专业教学指导委员会规划教材)
ISBN 978-7-302-51875-4

Ⅰ.①互… Ⅱ.①张…②李… Ⅲ.①零部件-互换性-高等学校-教材②零部件-测量技术-高等学校-教材 Ⅳ.①TG801

中国版本图书馆 CIP 数据核字(2018)第 285096 号

责任编辑:许 龙
封面设计:常雪影
责任校对:刘玉霞
责任印制:丛怀宇

出版发行:清华大学出版社
    网 址:https://www.tup.com.cn,https://www.wqxuetang.com
    地 址:北京清华大学学研大厦 A 座   邮 编:100084
    社 总 机:010-83470000   邮 购:010-62786544
    投稿与读者服务:010-62776969,c-service@tup.tsinghua.edu.cn
    质量反馈:010-62772015,zhiliang@tup.tsinghua.edu.cn
印 装 者:涿州市般润文化传播有限公司
经 销:全国新华书店
开 本:185mm×260mm 印 张:18.25   字 数:443 千字
版 次:2010 年 12 月第 1 版 2018 年 12 月第 2 版 印 次:2024 年 7 月第 7 次印刷
定 价:49.80 元

产品编号:077446-01

　　我曾提出过高等工程教育边界再设计的想法,这个想法源于社会的反应。常听到工业界人士提出这样的话题:大学能否为他们进行人才的订单式培养。这种要求看似简单、直白,却反映了当前学校人才培养工作的一种尴尬:大学培养的人才还不是很适应企业的需求,或者说毕业生的知识结构还难以很快适应企业的工作。

　　当今世界,科技发展日新月异,业界需求千变万化。为了适应工业界和人才市场的这种需求,也即是适应科技发展的需求,工程教学应该适时地进行某些调整或变化。一个专业的知识体系、一门课程的教学内容都需要不断变化,此乃客观规律。我所主张的边界再设计即是这种调整或变化的体现。边界再设计的内涵之一即是课程体系及课程内容边界的再设计。

　　技术的快速进步,使得企业的工作内容有了很大变化。如从20世纪90年代以来,信息技术相继成为很多企业进一步发展的瓶颈,因此不少企业纷纷把信息化作为一项具有战略意义的工作。但是业界人士很快发现,在毕业生中很难找到这样的专门人才。计算机专业的学生并不熟悉企业信息化的内容、流程等,管理专业的学生不熟悉信息技术,工程专业的学生可能既不熟悉管理,也不熟悉信息技术。我们不难发现,制造业信息化其实就处在某些专业的边缘地带。那么对那些专业而言,其课程体系的边界是否要变?某些课程内容的边界是否有可能变?目前不少课程的内容不仅未跟上科学研究的发展,也未跟上技术的实际应用。极端情况甚至存在有些地方个别课程还在讲授已多年弃之不用的技术。若课程内容滞后于新技术的实际应用好多年,则是高等工程教育的落后甚至是悲哀。

　　课程体系的边界在哪里?某一门课程内容的边界又在哪里?这些实际上是业界或人才市场对高等工程教育提出的我们必须面对的问题。因此可以说,真正驱动工程教育边界再设计的是业界或人才市场,当然更重要的是大学如何主动响应业界的驱动。

　　当然,教育理想和社会需求是有矛盾的,对通才和专才的需求是有矛盾的。高等学校既不能丧失教育理想、丧失自己应有的价值观,又不能无视社会需求。明智的学校或教师都应该而且能够通过合适的边界再设计找到适合自己的平衡点。

　　我认为,长期以来,我们的高等教育其实是"以教师为中心"的。几乎所有的教育活动都是由教师设计或制定的。然而,更好的教育应该是"以学生为中心"的,即充分挖掘、启发学生的潜能。尽管教材的编写完全是由教师完成的,但是真正好的教材需要教师在编写时常怀"以学生为中心"的教育理念。如此,方得以产生真正的"精品教材"。

　　教育部高等学校机械设计制造及其自动化专业教学指导分委员会、中国机械工程学会与清华大学出版社合作编写、出版了《中国机械工程学科教程》,规划机械专业乃至相关课程的内容。但是"教程"绝不应该成为教师们编写教材的束缚。从适应科技和教育发展的需求而言,这项工作应该不是一时的,而是长期的,不是静止的,而是动态的。《中国机械工程学科教程》只是提供一个平台。我很高兴地看到,已经有多位教授努力地进行了探索,推出了新的、有创新思维的教材。希望有志于此的人们更多地利用这个平台,持续、有效地展开专业的、课程的边界再设计,使得我们的教学内容总能跟上技术的发展,使得我们培养的人才更能为社会所认可,为业界所欢迎。

　　是以为序。

2009 年 7 月

前 言
FOREWORD

"互换性与测量技术"是高等学校机械类和近机械类各专业的技术基础课程。互换性与测量技术教材是配合相同类型的课程教学而编写的,适合本科生、大专生教学使用,也可供工程技术人员参考。

教材主要阐述机械设备中的一般零件以及常用典型零件在几何参数上存在的误差,包括线性尺寸存在的误差,宏观、微观形状存在的误差,以及要素位置之间存在的误差;介绍控制这些误差的相应公差;讨论如何按照互换性、标准化的要求,兼顾产品质量和经济性合理地确定这些公差的要求;介绍为实现质量控制所要进行的检测以及误差评定方法;以及零件几何精度要求的图样表示方法等。

本书在内容组织上充分考虑到教学改革中的模块化教学改革的需求,结合不同课时内容,将教材内容分为四个部分:第 1 部分为互换性的基础知识,即第 1～5 章,主要讨论零件的几何误差及公差,包括尺寸误差及公差、形位误差及公差和表面粗糙度;第 2 部分为几种典型零件或部件的误差及公差,即第 6～9 章,包括滚动轴承、键和花键、圆锥结合件、螺纹、渐开线圆柱齿轮等的误差及公差;第 3 部分为测量技术基础,即第 10～13 章,主要讨论零件几何误差的测量和评定,包括测量的基本概念和要求,测量的数据处理,尺寸误差、形状位置误差以及表面粗糙度的检测等内容;第 4 部分为尺寸链,即第 14 章,主要讨论零件尺寸公差的分配。

本教材的另一特点是结合后续"机械设计基础"课程设计中的减速器设计作为本教材的主要实例,以加强理论与实际相结合的效果,加深学生对零件几何公差的理解。

由于本教材涉及许多几何精度设计方面的国家标准,随着技术的不断发展,有关的国家标准已相继修订、更新。教材中结合了产品几何技术规范(GPS)《总体规划》(GB/Z 20308—2006)的要求、产品几何技术规范(GPS)的《极限与配合 第 1 部分:公差、偏差和配合的基础》(GB/T 1800.1—2009)、《极限与配合 第 2 部分:标准公差等级和孔、轴的极限偏差表》(GB/T 1800.2—2009)、《极限与配合 公差带和配合的选择》(GB/T 1801—2009)、《产品几何技术规范几何公差形状方向位置和跳动公差标注》(GB/T 1182—2008/ISO 1101:2004)等最新标准,以方便教学过程中及时掌握最新动态。

全书由张铁、李旻主编并审阅。第 1、3、4 章由张铁编写,第 2、9、11 章由陈忠编写,第 5、7、12、13 章由李旻编写,第 6、8、10 章由颜家华编写,第 14 章由贺红霞编写。

　　在编写过程中,我们参考并引用了大量有关互换性与测量技术方面的国家标准、论著、资料,限于篇幅,不能在文中一一列举,在此一并对其作者致以衷心的谢意。

　　由于作者水平有限,书中内容难免存在不足和错误之处,我们恳请读者给予批评指正。最后我们对支持本书编写和出版的所有人员表示衷心的感谢。

编　者

2018 年 7 月

目　录
CONTENTS

第1部分　互换性的基础知识

第1章　概论 ·································· 3

1.1 互换性与公差 ························· 3

1.2 公差与配合标准发展简述 ············· 8

1.3 标准化与优先数系 ··················· 9

1.4 本课程的性质和特点 ················· 13

习题 ·································· 13

第2章　尺寸极限与配合 ··················· 14

2.1 概述 ······························· 14

2.2 公差与配合的基本术语 ··············· 15

2.3 光滑孔、轴的公差与配合设计 ········· 33

2.4 其他尺寸公差带规定 ················· 43

2.5 尺寸极限与配合应用实例 ············· 47

习题 ·································· 48

第3章　几何公差 ························· 51

3.1 概述 ······························· 51

3.2 基本概念 ··························· 52

3.3 几何公差的符号及标注 ··············· 57

3.4 几何公差定义和公差带解释 ··········· 66

3.5 几何公差及其应用实例 ··············· 83

习题 ·································· 92

第4章　公差原则及其应用 ················· 95

4.1 独立原则 ··························· 95

4.2 几何公差与尺寸公差的关系 ··········· 96

4.3　有关公差原则的术语及定义 ··· 96

4.4　包容要求 ··· 100

4.5　最大实体要求及其应用 ·· 101

4.6　最小实体要求及其应用 ·· 104

4.7　可逆要求及零几何公差 ·· 105

习题 ·· 107

第 5 章　表面粗糙度及其评定 ·· 110

5.1　概述 ·· 110

5.2　表面粗糙度的评定参数及数值 ·· 113

5.3　表面粗糙度的选用 ·· 116

5.4　表面粗糙度的标注 ·· 119

习题 ·· 122

第 2 部分　典型件的互换性

第 6 章　滚动轴承、键的公差与配合 ·· 125

6.1　滚动轴承的公差与配合 ·· 125

6.2　键与花键连接的互换性 ·· 133

6.3　减速器所应用的滚动轴承、键的公差选用 ·· 141

习题 ·· 143

第 7 章　圆锥的公差与配合 ·· 145

7.1　圆锥与圆锥配合 ··· 145

7.2　圆锥公差及其应用 ·· 150

7.3　圆锥角和锥度的测量 ·· 154

习题 ·· 157

第 8 章　螺纹结合的互换性 ·· 158

8.1　概述 ·· 158

8.2　螺纹结合的互换性问题 ·· 162

8.3　普通螺纹的公差与配合 ·· 164

习题 ·· 169

第 9 章　渐开线圆柱齿轮公差与检测 ·· 170

9.1　概述 ·· 170

9.2　齿轮误差的评定指标及检测 ··· 173

9.3　齿轮副误差的评定指标及其检测 ·· 184

9.4　齿轮精度标准及其应用实例 ··· 187

习题 ··· 198

第 3 部分　测量技术基础

第 10 章　测量技术基础 ·· 203

10.1　测量的基本概念 ·· 203

10.2　计量管理、计量仪器和测量方法 ···································· 204

10.3　测量方法的有关原则 ··· 209

10.4　测量误差及数据处理 ··· 211

习题 ··· 217

第 11 章　尺寸的检验 ·· 218

11.1　注出公差的尺寸检验 ··· 218

11.2　常用尺寸的测量仪器 ··· 225

11.3　光滑极限量规设计 ·· 231

习题 ··· 239

第 12 章　几何误差的评定与检测 ·· 240

12.1　几何误差的定义及有关规定 ·· 240

12.2　几何误差的评定准则 ··· 240

12.3　几何误差的检测原则 ··· 242

12.4　几何误差的检测 ·· 243

习题 ··· 253

第 13 章　表面粗糙度的检测 ··· 255

13.1　光切法 ··· 255

13.2　干涉法 ··· 257

13.3　触针扫描法 ·· 259

13.4　比较法 ··· 260

13.5　印模法 ··· 262

习题 ··· 262

第 4 部分　尺　寸　链

第 14 章　尺寸链 ·· 265

14.1　基本概念 ··· 265

14.2 尺寸链的极值法计算 ……………………………………………………… 271

14.3 尺寸链的概率法计算 ……………………………………………………… 275

14.4 保证装配精度的其他措施 ………………………………………………… 277

习题 …………………………………………………………………………………… 278

参考文献 ……………………………………………………………………………… 279

第 **1** 部分　互换性的基础知识

第 1 章

概　　论

1.1　互换性与公差

1.1.1　互换性的基本概念

在我们的日常生活中经常会涉及互换性的问题。例如,自行车的脚踏板坏了,买一个新的换上;家里的灯泡坏了,买一个新的换上。还有如手表、缝纫机、洗衣机、冰箱等产品的某个零件或部件损坏后,买一个相同规格的新零件替换后,又可以正常使用。现代生活的衣、食、住、行等各个方面都离不开互换性。

在我国国家标准《标准化基本术语》(GB 3935.1—1983)里,把互换性定义为:某一产品(包括零件、部件、构件)与另一产品在尺寸、功能上能够彼此互相替换的性能。由此可见,要使某一产品能够满足互换性的要求,就要使这类产品的每个几何参数(包括尺寸、宏观几何形状、微观几何形状)及其物理、化学性能参数一致或一定范围内相似。因此互换性的基本要求是:满足装配互换和功能互换,二者缺一不可。例如,螺栓、螺母要求能顺利拧上,拧紧以后能保证连接强度,即机器在工作过程中,螺栓、螺母彼此不能自动松脱,以及在许可范围内受力不会破坏。

我们知道,产品在制造过程中将产生加工误差,它是由工艺系统的各种误差因素所产生的。如加工方法的原理误差,工件装卡定位误差,夹具、刀具的制造误差与磨损,机床的制造、安装误差与磨损,机床、刀具的误差,切削过程中的受力、受热变形和摩擦振动,还有毛坯的几何误差及加工中的测量误差等。这些将使同种产品的几何参数、功能参数不可能完全一致,它们之间都或多或少地存在着差异。

如图 1-1(a)所示零件,尺寸 $\phi40$、$\phi20$ 为设计要求。零件经过车削加工,由于机床本身的误差、车刀的结构特点、装夹偏差、量具误差等原因导致外圆柱面直径的尺寸实际偏差,有:几何形状误差,如圆柱面的圆度误差、端面的平面度误差、轴心线的直线度误差等;几何位置误差,如两端面的平行度误差、端面对轴心线的垂直度误差、内外圆柱面轴心线的同轴度误差等;零件加工表面微观几何形状特性误差。

加工精度是指机械加工后,零件几何参数(尺寸、几何要素的形状和相互位置、轮廓的微观不平程度等)的实际值与设计理想值相符合的程度。加工误差是指实际几何参数对其设计理想值的偏离程度,加工误差越小,加工精度越高。

机械加工误差主要有以下几类:

(1) 尺寸误差　零件加工后的实际尺寸对理想尺寸的偏离程度。理想尺寸是指图样上

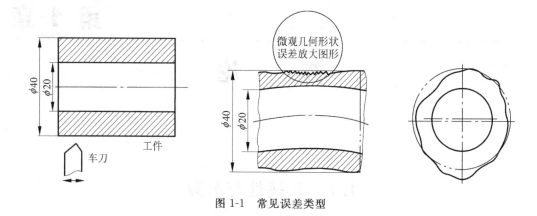

图 1-1　常见误差类型

标注的最大、最小两极限尺寸的平均值,即尺寸公差带的中心值。

(2)形状误差　加工后零件的实际表面形状对于其理想形状的差异(或偏离程度),如圆度、直线度等。

(3)位置误差　指加工后零件的表面、轴线或对称平面之间的相互位置对于其理想位置的差异(或偏离程度),如同轴度、位置度等。

(4)表面微观不平度　加工后的零件表面上由较小间距和峰谷所组成的微观几何形状误差。零件表面微观不平度用表面粗糙度的评定参数值表示。

在这样的情况下,要使同种产品具有互换性,只能使其几何参数、功能参数在一定范围内相似,其近似程度可以按照产品质量要求而变化。为了使产品的质量达到某一要求,就必须将几何参数、功能参数的不一致限制在某一范围内,其区间的大小即为参数所允许的变动量,即我们所说的公差。

互换性的应用非常广泛,不只是局限于机械产品,还包括电子电器产品等;不但可以对零件提出互换性要求,同样也可以对部件(如滚动轴承)、整机(如电动机)等提出互换性要求。本课程仅仅讨论机械产品的零部件的几何参数互换性问题。

零件的几何参数误差,对机器和仪器的性能有很大影响,且零件的制造误差与零件的制造成本密切相关:制造误差越小,制造成本越高。因此在设计机械产品的过程中,应当按照经济地满足产品使用性能要求为原则,对机械产品中的各个零件进行几何精度设计,即对每个零件规定适宜的几何量公差。

互换性在现代化工业生产中起着十分重要的作用。遵循互换性原则进行设计工作,可以最大限度地采用标准化和通用化的零部件,从而大大减少计算和绘图工作量,加快设计进度,同时也有助于采用计算机辅助设计。按照互换性原则设计的零件,是将各种零部件分散在不同工厂、不同车间,进行高效、自动化生产的前提条件。在装配成机器时,对相同规格的零部件,无须进行挑选和辅助加工,可以极大地提高装配效率,也为实现装配过程的机械化和自动化创造条件,可以减轻装配工人的劳动强度,进一步提高劳动生产率。零部件的互换性,不但可以减少修理机器的时间和费用,还可以提高机器的利用率。总之,互换性是现代工业生产广泛遵守的一项原则,在保证产品质量、增加经济效益方面都具有十分重要的意义。

如图 1-2 所示为一种单级直齿圆柱齿轮减速器的俯视图,从图中可以看出,电动机通过皮带轮将动力传递到减速器的输入轴 8,带轮与输入轴 8 通过键连接,输入轴 8 上面加工了一个斜齿圆柱齿轮,与圆柱齿轮 6 啮合,将动力通过键 5 传递到输出轴 4。

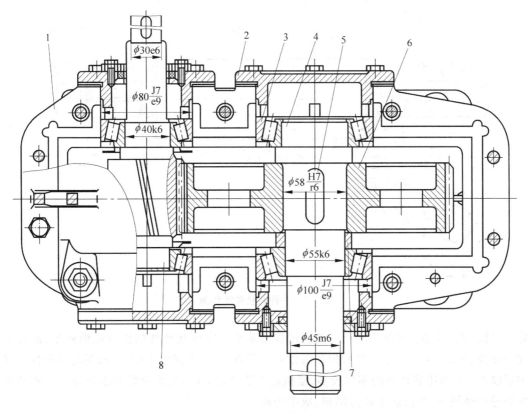

图 1-2 单级减速器图

1—箱体;2—轴承端盖;3—圆锥滚子轴承;4—输出轴;5—键;6—圆柱齿轮;7—套筒;8—输入轴

从减速器传递力矩的过程我们可以知道,输入轴 8 为高速转动轴,同时有整体式的斜齿圆柱齿轮,为了保证正常运转并传递力矩,首先要求轴与键的正确连接,因此要求键与轴的公差。为了保证轴颈 $\phi40$ 与轴承的正确装配关系,需要规定轴颈 $\phi40$ 的公差;为了保证斜齿轮与输出轴上的圆柱齿轮 6 正确啮合,对斜齿轮的公差也要给予严格的规定。这些公差的规定和选用将在本教材的后续章节中进行探讨。图 1-3 是一种轧机轴的零件图纸,从图中我们可以看到零件图纸对其公差的规定主要包括几何尺寸及公差、形状和位置误差以及表面粗糙度公差等。

1.1.2 互换性的种类与作用

1. 互换性的种类

按照同种零、部件加工好以后是否实现互换的情形,可以把互换性分为完全互换性和不完全(有限)互换性两类。

完全互换性是指同种零、部件加工好以后,不需要经过任何挑选、调整或修配等辅助处

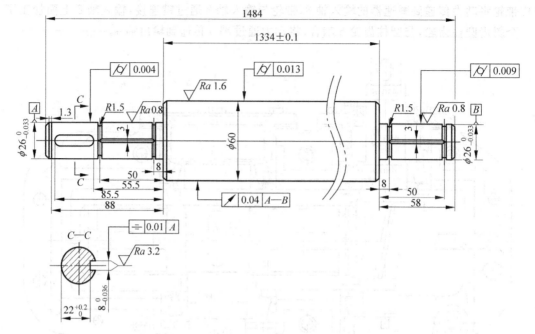

图 1-3 一种轧机轴零件图

理,便可以顺利装配,并在功能上达到使用性能要求。完全互换性的优点是做到零、部件的完全互换、通用,为专业化生产和相互协作创造条件,简化了修整工作,从而提高经济性。其主要缺点是:当组成产品的零件较多、整机精度要求较高时,按此原则分配到每一个零件上的公差必然较小,造成加工制造困难、成本增高。

不完全互换性是指同种零、部件加工好后,在装配前需经过挑选、分组、调整或修配等辅助处理,才可顺利装配,在功能上才能达到使用性能要求。在不完全互换性中,按实现方法不同又可以分为以下几种。

(1)分组互换 同种零、部件加工好以后,在装配前首先要进行检测分组,然后按组进行装配,大孔配大轴、小孔配小轴。仅仅同组的零、部件可以互换,组与组之间的零、部件不能互换。实际生产中,滚动轴承内、外圈滚道与滚动体的结合,活塞销与活塞销孔、连杆孔的结合,就是按分组互换装配的。

(2)调整互换 同种零、部件加工好以后,在装配时要用调整的方法改变它在部件或机构中的尺寸或位置,方能满足功能要求。例如,燕尾导轨中的调整镶条,在装配时要沿导轨移动方向调整它的位置,方可满足间隙的要求。

(3)修配互换 同种零、部件加工后,在装配时要用去除材料的方法改变它的某一实际尺寸的大小,方能满足功能上的要求。例如,普通车床尾座部件中的垫板,在装配时要对其厚度再进行修磨,方可满足普通车床床头与尾架顶尖中心等高的精度要求。

不完全互换性的优点是在保证装配、配合功能要求的前提下,能适当放宽制造公差,使得加工容易,降低零件制造成本。装配时,通过采用上述的一些措施,获得质量较高的产品。其主要缺点是降低了互换性水平,不利于部件、机器的装配维修。

从使用要求出发,人们总希望零件都能完全互换,实际上大部分零件也能做到。但有时候,由于受限于加工零件的设备、精度要求、经济效益等因素,要做到完全互换就显得比较困难,或不够经济,这时就只得采用不完全互换的办法。对于标准化的部件,如滚动轴承,由于其精度要求较高,按完全互换的办法进行生产不尽合适,所以轴承内部零件的结合(内、外环滚道与滚动体的结合)采用分组互换,但其外部尺寸如轴承内环内径、外环外径要与轴和壳体孔结合,必须采用完全互换。前者通常称为内互换,后者通常称为外互换。所以,标准化的部件,当其内部结合不宜采用完全互换时,可以采用不完全互换的方式,但其外部结合应尽可能采用完全互换,以利于用户使用。

综上所述,进行机械产品设计,给组成零件规定公差时,只要能方便采用完全互换性原则生产的,都应遵循完全互换原则设计,当产品结构较复杂、装配要求又较高、同时用完全互换性原则有困难且不经济时,在局部范围内可以采用不完全互换性原则。其中,分组互换只用于批量较大的产品,结构中要求使用精度较高的那些结合件。修配互换一般只用在单件或小批生产的产品。而调整互换应用比较普遍,随批量不同而选择具体的结构,其中可调整补偿件通常是容易磨损并要求经常保持在较小范围变化的环节。

2. 互换性的作用

任何机械的生产,其设计过程都是整机→部件→零件;而制造过程则是零件→部件→整机。无论设计过程还是制造过程,都要把互换性原则贯彻始终。

从产品的设计上看,在进行某一产品或其系列的设计时,零、部件具有的互换性使设计者可以尽量采用标准件、通用件,因而大大减少设计、计算、绘图等工作量,缩短设计周期。设计者应做到尽可能利用标准件和通用零、部件设计出不同的机器产品,同时也要考虑自己设计的零部件方便他人设计时选用。

从产品的制造上看,互换性生产方式是提高制造水平和生产文明程度的极其有效的形式。因为零、部件有了互换性,在标准化的基础上可以合理地组织大规模、专业化、分工合作生产,以便尽可能地采用先进的工艺方法和高生产率的专用设备,使产品质量稳定、成本降低。

从产品使用方面来看,零、部件的互换性可使整机装配时无须任何附加的挑选和修配,易于实现机械化、自动化和流水作业装配;用户更换零、部件或修理亦可方便、及时,使机器或仪器的维修时间和费用显著减少。这不仅给工厂生产和人们日常生活带来极大益处,在军事上的意义也是非常重大的(如子弹、炮弹的互换性在战场上是何等重要)。

总之,零、部件的互换性的作用是:

(1) 为生产专业化创造必备条件;

(2) 促进生产自动化发展;

(3) 有利于提高产品质量、降低生产成本;

(4) 减少修理机器的时间和费用;

(5) 为机器的标准化、系列化、通用化奠定基础,从而缩短机器的设计周期,促进新产品高速发展。

1.1.3 互换性生产的发展

机械制造初期,互相配合的零件都实行"配作"。例如,做一辆手推车,车轮与车轴之间是有一定间隙要求的圆柱结合,要先做好车轮的孔或一根车轴,然后以此孔或轴为准,配作与之相结合的轴或孔,以达到要求的间隙,这种生产方式自然没什么互换性。随着生产技术的发展和对机械需求的增多,通过采用极限量规(一个通规、一个止规)等检测手段,逐渐使孔、轴可在不同处分别制造,并可达到互换性要求。如今,通过标准化,通过检测控制几何参数,一切机械零件都可分别成批大量制造,使互换性生产方式得到广泛的应用,并且已从几何参数的互换性发展到一切功能参数的互换性问题。

国内外互换性生产的发展,都是从军械制造开始的。我国古代在兵器制造中用互换性方式进行生产的历史,在世界上都是出现较早的。如从西安秦始皇兵马俑坑中发掘出来的弩机(即弓上射箭的扳机),所有零件均为青铜制造,其中几处孔、轴结合都具有互换性;再如出土的大量铜镞(箭头),经过现代测量工具测试,同种镞之间的尺寸差别很小,而且表面微观几何形状误差很小。

近代互换性生产始于 18 世纪后半期,当时的英、法、德、俄等国,首先把互换性用于兵工生产。我国用互换性生产枪支、军械等近代武器大约始于 20 世纪 30 年代。现代的互换生产,无论其深度和广度,都进入了一个新阶段。在深度方面,从形体大小深入到影响产品质量的一切方面,精度从精密到超精密,在广度方面,从零件到部件,乃至整个产品;从单一品种的专业生产线到多品种的可变生产系统(FMS),甚至计算机集成制造系统(CIMS);从机械产品到电器、电子产品等。

1.2   公差与配合标准发展简述

最早的公差制度出现在 1902 年的英国伦敦,当时随着机械工业的发展,互换性生产的规模和控制机器备件的供应提到日程上来了,因此要求企业内部有统一的公差与配合标准,以生产剪羊毛机为主的 Newall 公司制定了尺寸公差的"极限表",这就是最早的公差制。

初期的公差标准有:1906 年英国的国家标准 B. S. 27;1924 年英国的国家标准 B. S. 164;1925 年美国的国家标准 A. S. A. B4a。德国国家标准 DIN 在公差标准的发展史上占有很重要的位置,它的特点是在英、美初期公差标准的基础上采用基孔制和基轴制,并提出公差单位的概念;规定标准温度为 20℃,并首次将精度等级和配合分开。苏联也在 1929 年颁布了"公差与配合"标准。

为了适应生产力的发展,便于国际交流,1926 年成立国际标准化协会(ISA),在综合了德国标准(DIN)、英国标准(BSS)、法国标准(AFNOR)和瑞士标准(SNV)的基础上,于 1932 年提出国际标准化协会 ISA 的议案,但一直到 1940 年才正式颁布国际公差与配合标准。1947 年 2 月国际标准化协会重新组建并改名为国际标准化组织(ISO),1962 年 ISO 在 ISA 标准的基础上制订并公布了公差与配合标准以后陆续又制订了一系列标准,构成现行的国际公差标准。

在我国,互换性用于现代制造业也主要开始于兵器制造。如 1931 年的沈阳兵工厂和 1937 年的金陵兵工厂,在互换性生产上当时已经有相当的规模,其历史比许多发达国家晚。而且在当时的旧中国,由于工业落后,加之帝国主义侵略、军阀割据,根本谈不上有统一的公差标准,那时全国采用的公差标准很混乱,有德国标准 DIN、日本标准 JIS、美国标准 ASA。

1944 年当时的经济部中央标准局曾颁布过中国标准 CIS,但实际上未曾实行。

中华人民共和国成立后,随着社会主义建设的发展,我国在吸收了一些国家在公差标准方面的经验以后,以苏联标准为基础,于 1955 年由第一机械工业部制定、颁布了第一个公差与配合标准,1959 年由国家科委正式颁布了《公差与配合》国家标准(GB 159~174—1959)。接着又制定了各种结合件、传动件公差标准,表面光洁度标准等。随着经济建设的发展和国际交往的日益广泛,旧的公差标准不适应新形式的要求,1979 年起,标准化工作逐步与国际标准(ISO)接轨,标准体系发生了极大的变化,在国家标准局的统一领导下,有计划地对原有标准进行了修订,因此有了一系列标准:《公差与配合》(GB 1800~1804—1979)、《形状和位置公差》(GB 1182~1184—1980)、《光滑极限量规》(GB 1957—1981)、《光滑工件尺寸的检验》(GB 3177—1982)、《〈光滑工件尺寸的检验〉使用指南》(JB/Z 181—1982)和《统计尺寸公差》(JB/Z 304—1987)。在此基础上,又进一步制定了《铸件 尺寸公差与机械加工余量》(GB 6414—1999)和《尺寸链 计算方法》(GB 5847—1986)等。这些新一代的公差标准还在不断完善,又按等同采用的原则,将 GB 1804 修订为推荐标准《一般公差 未注公差的线性和角度尺寸的公差》(GB/T 1804—2000),GB/T 1800—1979 已经被《极限与配合 基础》(GB/T 1800.1—2009)(GB/T 1800.2—2009)代替,《光滑工件尺寸的检验》(GB/T 3177—2009)已经代替 GB/T 3177—1997。在圆锥和角度方面,有《锥度与锥角系列》(GB/T 157—2001)、《圆锥公差》(GB/T 11334—2005)、《圆锥配合》(GB/T 12360—2005)、《棱体的角度与斜度系列》(GB/T 4096—2001)和《未注公差的线性和角度尺寸的公差角度的极限偏差》(GB/T 1804—2000)等国家标准,这些标准多是在 1989 年以后制定的。《公差原则》(GB/T 4249—2009)代替了 GB/T 4249—1996,并更新了《形状和位置公差最大实体要求、最小实体要求和可逆要求》(GB/T 16671—2009)。

总之,我国目前已经建立并形成了与国际标准相适应的基础公差标准体系,可以较好地满足经济发展和对外交流的需要。

1.3　标准化与优先数系

在机械制造中,标准化是广泛实现互换性生产的前提,而公差与配合等互换性标准都是重要的基础标准。现代制造业的生产特点是规模大、分工细、协作单位多、互换性要求高。为了适应生产中各个部门的协调和各生产环节的衔接,必须有一种手段,使分散的、局部的生产部门和生产环节保持必要的统一,成为一个有机的整体,以实现互换性生产。标准和标准化是联系这种关系的主要途径和最有效的手段,标准化是实现互换性生产的基础。

1.3.1　标准与标准化

标准是对重复性事物和概念进行的统一规定,它以科学、技术和实践经验的综合成果为基础,经有关方面协商一致,由主管机构批准,以特定形式发布,作为共同遵守的准则和依据。

标准化是指在经济、技术、科学及管理等社会实践中,对重复性事物和概念通过制定、发布和实施标准,达到统一,以获得最佳秩序和社会效益的全部活动过程。标准化包括制订标准和贯彻标准的全部活动过程。这个过程是从探索标准化对象开始,经调查、实验、分析,进而起草、制订和贯彻标准,而后修订标准。因此,标准化是 个不断循环而又不断提高其水平的过程。

标准按其性质分为技术标准、生产组织标准和经济管理标准三大类。通常所说的标准大多是指技术标准。

按照对象的特征,标准分为基础标准、产品标准、方法标准、卫生标准和安全及环境保护标准等。本课程研究的公差标准、检测器具标准和方法标准,大多属于国家基础标准。

1.3.2 标准的分级与分类

1. 标准的分级

标准化领域是十分广泛的,为了保证基层标准与上级标准的统一、协调,我国标准按行政体系分三级:国家标准、部颁标准和企业标准。

国家标准是指对全国经济、技术发展有重大意义而必须在全国范围内统一的标准(代号为 GB),由国家质量技术监督局(原为国家标准局)委托有关部门起草,经审批后由国家质量技术监督局发布。部颁标准是指对一个部经济、技术发展有重大意义而必须在部范围内统一的标准,由主管部门或由有关部门主持联合制订发布,并报国家质量技术监督局备案。企业标准是指部以下的机构制订发布或不必发布的标准,包括工厂标准、行业标准、地方标准等。

为加强标准的统一性,必须强调国家标准的比重,国家标准是骨干。但也允许各企业按其具体情况,制订本企业自己掌握且高于国家标准的标准,这种标准称之为"内控标准",一般是不公开的。它不但可以补充国家标准的不足,同时,使一些生产技术水平较高的企业能充分发挥它们的先进技术,挖掘企业的生产潜力,采用新的科学技术成果,生产更多更高质量的产品。不但如此,还能充分积累经验和数据,为进一步修订国家标准、提高国家标准水平奠定技术基础。

2. 标准的分类

标准可以按不同的方法分类。标准按照其性质,可分为技术标准、工作标准和管理标准。技术标准是指根据生产技术活动的经验和总结,作为技术上共同遵守的法规而制订的各项标准。工作标准是指对工作范围、构成、程序、要求、效果和检查方法等所作的规定。管理标准是指对标准化领域中用于协调、统一和管理所制订的标准。

技术标准按照标准化对象的特征,可分为以下几类:

(1)基础标准   以标准化共性要求和前提条件为对象的标准,它是为了保证产品的结构、功能和制造质量而制订的,一般工程技术人员必须采用的通用性标准,也是制订其他标准时可依据的标准。计量单位、术语、概念、符号、数系、制图和技术通则标准,以及公差与配合标准等,均属基础标准范畴。这类标准是产品设计和制造中必须采用的技术数据和工程语言,也是精度设计和检测的依据。国际标准化组织(ISO)和各国标准化机构都很重视基础标准的制订工作。

（2）产品标准　为保证产品的适用性而对产品必须达到的某些或全部要求所制订的标准。其主要内容有：产品的适用范围、技术要求、主要性能、验收规则以及产品的包装、运转和储存方面的要求等。

（3）方法标准　以试验、检查、分析、抽样、统计、计算、测定、作业等各种方法为对象而制订的标准。如与产品质量鉴定有关的方法标准、作业方法标准、管理方法标准等。

（4）安全、卫生与环境保护标准　以保护人和物的安全为目的而制订的标准称为安全标准；为保护人的健康而对食品、医药及其他方面的卫生要求制订的标准称为卫生标准；为保护人身健康、保护社会物质财富、保护环境和维持生态平衡而对大气、水、土壤、噪声、振动等环境质量、污染源、监测方法或满足其他环境保护方面所制订的标准称为环境保护标准。

1.3.3　标准化过程中所应用的优先数和优先数系

为了满足不同用户的各种各样的要求，在产品设计、制造和使用中，产品的性能参数（如承载能力）、尺寸规格参数（如产品规格、零件尺寸）等均需通过数值表达；同一品种同一参数还要从大到小取不同的值，从而形成不同规格的产品系列。由于产品参数数值具有扩散传播的特性，如一定直径的螺栓将会扩散传播到螺母尺寸、螺栓检验环规尺寸、螺母检验塞规尺寸以及加工螺纹用板牙和丝锥尺寸、紧固用的扳手等。因此，产品以及各种产品系列确定得是否合理直接影响组织生产、协作配套、使用维修等方面的成效与费用；而这个系列确定得是否合理与所取数值如何分挡、分级有直接关系。优先数和优先数系就是一种科学的数值制度，它适合于各种数值的分级，是国际上统一的数值分级制度。

一个连续的数值范围（如 1～1000），可以按等差级数（即算术级数）分级，也可以按等比级数（即几何级数）分级。按等差级数分级，例如分为 1，2，3，4，…，1000（间隔为 1），也可分为 1，1.1，1.2，1.3，1.4，…，1000（间隔为 0.1）等；按等比级数分级，例如可以分为 1，1.6，2.5，4，6.3，10，…，1000（公比为 1.6）和 1，1.25，1.6，2，2.5，3.15，4，5，6.3，8，10，…，1000（公比为 1.25）等。

按照等差级数分级，其各相邻项的绝对差相等，但其相对差不等，而且变化很大。同时，按等差级数分级的参数，在进行工程级数运算之后，其结果往往不再是等差级数。如相差为 1 的数列，1 与 2 之间的相对差为 100%，而 100 与 101 之间的相对差仅为 1‰，数值越大，相邻项的相对差越小。如半径为 r 的圆钢材，如果其直径按等差级数分挡，则其横截面面积 πr^2 的数列就不再是等差数列了。

按照等比级数分级，其各相邻项的绝对差不等且变化很大，但其相对差相等。这样的参数经过公差级数运算后，其结果形成的数列仍为等比级数。例如，首项为 1（即 q^0），公比为 q 的数列为 q^0，q^1，q^2，q^3，…，q^n，其各相邻项的相对差均为 $(q-1)\times100\%$，当被作为圆钢材半径 r 的系列时，则其横截面面积 πr^2 的数列仍为等比数列。

经验与统计资料表明，工业产品的参数系列，从最小到最大一般分布较宽，以适应大范围的需求，但分级又不必过密，最好按等比级数分级。为了协调统一，国际上明确了一种数值分级制度，能以较少的分级数满足广泛的需要，能使数值传播更有规律，能更好地反映级间的差别。它适合于各种各样的需求。它广泛地应用于标准的制订，也应用于标准制订前的规划、设计,从而把产品品种的发展从一开始就引入科学的标准化轨道。

《优先数和优先数系》标准中的优先数系是一种十进制的近似等比数列,其代号为 Rr,数列中每项的数值称为优先数。R 是优先数系创始人 Renard 的名字的第一个字母,r 代表 5、10、20、40 和 80 等数字,其对应的等比数列的公比为 $q_r = \sqrt[r]{10}$,其实质是:在同一个等比数列中,R 项的后项与前项理论值的比值为 10。可表达为:若首项为 a,则其余各项依顺序为 $aq^1, aq^2, aq^3, \cdots, aq^n$,即 $a_i = aq^i$(其中 $i = 1, 2, \cdots$)。

标准规定的 5 种优先数系的公比,即:R5 数系,公比为 $q_5 = \sqrt[5]{10} \approx 1.6$;R10 数系,公比为 $q_{10} = \sqrt[10]{10} \approx 1.25$;R20 数系,公比为 $q_{20} = \sqrt[20]{10} \approx 1.12$;R40 数系,公比为 $q_{40} = \sqrt[40]{10} \approx 1.06$;R80 数系,公比为 $q_{80} = \sqrt[80]{10} \approx 1.03$。

R5,R10,R20,R40 为基本系列,是常用的数系;R80 为补充系列。GB 321—2005 列出了基本系列、补充系列的常用值,其中基本系列的常用值如表 1-1 所示。此外,由于生产的需要,还有像 Rr/P 的变形、派生系列和复合系列。派生系列指从 Rr 系列中按一定的项差 P 取值所构成的系列。如 R10/3,即是在 R10 的数列中,按每隔 2 项取 1 项组成的数列,1,2,4,8,$\cdots$,25,35.5,50,71,100,125,160,$\cdots$,这一系列是由 R5、R20/3 和 R10 三种系列构成的复合系列。

表 1-1   优先数系基本系列的常用值

R5	R10	R20	R40	R5	R10	R20	R40	R5	R10	R20	R40
1.00	1.00	1.00	1.00			2.24	2.24		5.00	5.00	5.00
			1.06				2.36				5.30
		1.12	1.12	2.50	2.50	2.50	2.50			5.60	5.60
			1.18				2.65				6.00
	1.25	1.25	1.25			2.80	2.80	6.30	6.30	6.30	6.30
			1.32				3.00				6.70
		1.40	1.40		3.15	3.15	3.15			7.10	7.10
			1.50				3.35				7.50
1.60	1.60	1.60	1.60			3.55	3.55		8.00	8.00	8.00
			1.70				3.75				8.50
		1.80	1.80	4.00	4.00	4.00	4.00			9.00	9.00
			1.90				4.25				9.50
	2.00	2.00	2.00			4.50	4.50	10.00	10.00	10.00	10.00
			2.12				4.75				

优先数系的特点主要有:①相对差均匀;②可以向前后两端无限延伸,适应广泛;③简单易记,使用和运算方便;④同一系列其理论值的积、商以及整数乘方仍为优先数;⑤国际统一。

《优先数和优先数系》是对各种技术参数的数值进行协调、简化和统一的一种科学数值,在选用时应当按照先疏后密的原则,即按照 R5,R10,R20,R40 的顺序选取,当基本系列的公比不能满足分级要求时,可选用补充系列或其他系列,补充系列一般不宜作为主参数系列使用。具体选用时,要通过技术、经济分析,找出相应参数的最佳系列。

常见量值如直径、长度、面积、体积、应力、转速、时间、功率、流量、浓度、电压、电流等的分级,基本上都是按照上述优先数系进行的。本课程中的许多标准,有关尺寸分段、公差分级以及表面粗糙度等参数系列,都选用优先数系。

1.4　本课程的性质和特点

"互换性与测量技术"课程是高等理工学校机电类、仪器仪表类等专业的一门十分重要的技术基础课程,是从基础课程和其他技术基础课程向专业课程过渡的桥梁。

在进行机器或仪器的设计时,不但要进行总体设计、运动设计、结构设计等,还要进行精度设计。精度设计是保证所设计的机器或者仪器能够达到顺利的装配、使用性能、精度、耐磨性、使用寿命等的必要条件。只有在精度设计时对零部件所规定的几何参数进行合理的设计,并对完成后的部件进行测量或检验,证明它们完全符合设计要求,装配后才有可能达到预期的使用效果。因此精度设计及测量和检验是保证产品质量的两个重要技术环节。

本门课程的特点是六多一少:术语和定义多,代号和符号多,规定多,内容多,经验总结多,涉及的国家标准多;而逻辑性和推理性少。初学者会感到枯燥、内容繁多,记不住,设计时不会用。因此在学习时要给予足够的重视。

本门课程的要求是:

(1) 建立标准化、互换性及测量技术的基本概念;

(2) 熟悉各种公差标准的基本内容,熟悉各个基本术语的概念定义,能正确掌握并绘制公差带图及公差与配合图;

(3) 掌握各级公差及各类配合的特点及应用范围,掌握选择公差和配合的原则及方法,能熟练运用各个公差表格并能正确地标注在图样上;

(4) 具有几何量测量的基本知识,熟悉常用的几何量测量方法,了解当前测量的新技术;

(5) 了解各种量规的特点和应用,熟悉光滑极限量规,并会设计各种光滑极限量规;

(6) 了解常见的标准零部件的公差配合形式及规定。

习　　题

1-1　什么叫互换性? 互换性在机械制造中有何重要意义?

1-2　完全互换与不完全互换有何区别? 各应用于什么场合?

1-3　加工误差、公差、标准、标准化与互换性有何关系?

1-4　为什么要规定优先数系? 其主要优点是什么? R5,R40 系列各表示什么意义?

第2章

尺寸极限与配合

2.1 概　　述

机械装备与机械产品为国民经济的可持续发展提供了各种关键的制造装备与消费品，在国民经济中具有基础性的地位。为了保证这些机械装备与产品的质量，常常在零部件的设计规范中对其关键孔、轴的尺寸极限与配合提出互换性要求，以保证相关零部件几何尺寸在设计与制造方面具有互换性。

一级圆柱齿轮减速器，是一个典型机械产品，如图 2-1 所示，它由机座、轴承端盖、滚子轴承、高速齿轮轴（输入轴）、输出轴、大齿轮等零部件组成，其中输出轴如图 2-2 所示。该圆

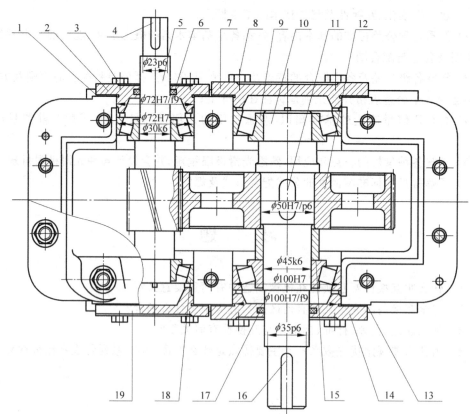

图 2-1　一级圆柱齿轮减速器

1,13—调整垫片；2,7,14,19—轴承盖；3,8—螺栓；4,11,16—键；5—齿轮轴；

6,17—毡封油圈；9,15,18—轴承；10—输出轴；12—大齿轮

柱齿轮减速器的零部件是分别由不同的工厂和车间制造的。该圆柱齿轮减速器装配时,一般要求在同一规格的零部件库中任取一件,不需挑选或修配,便能组装在一起。同时,这样装配而成的齿轮减速器,还能满足减速器规定的功能要求。考虑到零部件设计、制造、检验环节存在各种制造误差、检验误差以及各种规范的理解偏差,必须按照最新的产品几何技术规范的要求,为该齿轮减速器零部件的重要非配合尺寸和配合尺寸确定恰当且标准化的尺寸公差、制造和检验的条件,使得设计、制造与检验信息具有一致性,确保齿轮减速器装配的互换性要求。

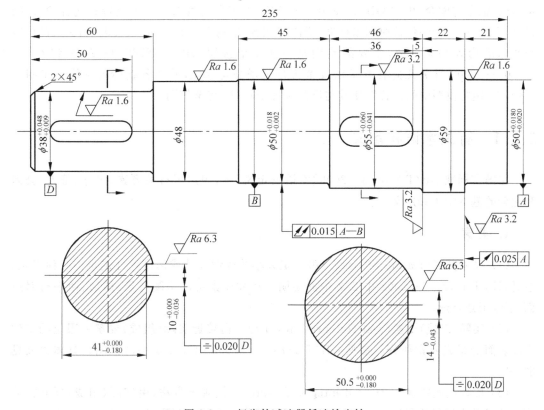

图 2-2　一级齿轮减速器低速输出轴

　　因此,对机械设计来说,一个重要的内容是进行零部件的精度设计。对于孔、轴、长度的尺寸极限与配合的精度设计内容,需进行几何尺寸允许范围(公差)的设计,即要根据机器的传动精度、性能及配合的要求,考虑加工制造成本及工艺性,进行尺寸精度方面的设计,确定轴、孔、长度的尺寸极限值及配合种类,以此作为加工制造的根据。本章将围绕与圆柱齿轮减速器的低速输出轴相关的尺寸与配合的设计问题,详述有关极限与配合相关的国家标准的有关规定和相关的尺寸公差与配合设计方法。

2.2　公差与配合的基本术语

　　随着新一代产品几何技术规范(Geometrical Product Specification,GPS)的陆续颁布,我国于 1979 年颁布的《公差与配合》系列标准和在 1997—1999 年期间颁布的其修订版《极限与配合》系列标准已经不能满足我国建立新一代公差标准的要求。为了遵循产品几何技术规范(GPS)《总体规划》(GB/Z 20308—2006)的要求,我国于 2009 年对 1997—1999 年期间颁布的《极限与配合》系列标准进行了进一步的修订,颁布了产品几何技术规范的《极限与配合——第 1 部分:公差、偏差和配合的基础》(GB/T 1800.1—2009)代替原国家标准《极限与配合》中的 GB/T 1800.1—1997、GB/T 1800.2—1998、GB/T 1800.3—1998,《极限与配合——第 2 部分:标准公差等级和孔、轴的极限偏差表》(GB/T 1800.2—2009)代替原国家标准《极限与配合》中的 GB/T 1800.4—1999 和《极限与配合——公差带和配合的选择》(GB/T 1801—2009)代替原国家标准《极限与配合》中的 GB/T 1801—1999。新标准的内容与原标准内容基本一致,主要的差别是一些术语按照 GB/T 18780.1—2002 和 GB/T 18780.2—2003 有关几何要素术语规范进行了增加与修正,并在各新标准中增加了附录"在 GPS 矩阵模型中的位置",使其与国际标准 ISO286 完全等同。

2.2.1　有关术语和定义

在国家标准 GB/T 1800.1—2009"术语及定义"中,规定了有关要素、尺寸、偏差、公差和配合的基本术语和定义。

1. 要素

(1) 尺寸要素(feature of size)　由一定大小的线性尺寸或角度尺寸确定的几何形状。参见 GB/T 18780.1—2002 中 2.2 中的说明。尺寸要素可以是圆柱形、球形、两平行对应面、圆锥形或楔形。

(2) 实际(组成)要素(real (integral) feature)　由接近实际(组成)要素所限定的工件实际表面的组成要素部分。参见 GB/T 18780.1—2002 中 2.4.1 中的说明。具体含义见图 2-3。

(3) 提取组成要素(extracted integral feature)　按规定方法,由实际(组成)要素提取有限数目的点所形成的实际(组成)要素的近似替代。参见 GB/T 18780.1—2002 中 2.5 中的说明。具体含义见图 2-3。

(4) 拟合组成要素(associated integral feature)　按规定方法,由提取组成要素形成的并具有理想形状的组成要素。参见 GB/T 18780.1—2002 中 2.6 中的说明。具体含义见图 2-3。

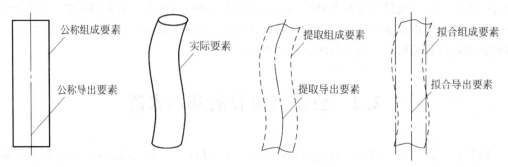

图 2-3　各要素的含义

2. 孔、轴与尺寸

（1）孔和轴（hole and shaft）　孔通常指工件的圆柱形内表面尺寸要素，也包括非圆柱形的内尺寸要素（由两平行平面或切面形成的包容面），在基孔制配合中选作基准的孔，称为基准孔（basic hole）。轴通常指工件的圆柱形外尺寸要素，也包括非圆柱形的外尺寸要素（如由两平行平面或切面形成的被包容面），在基轴制配合中选作基准的轴，称为基准轴（basic shaft）。

由定义可见，孔、轴具有广泛的含义，它们不仅仅是指完整的圆柱形内、外表面，对于像槽一类的两平行侧面也称为孔，而在槽内安装的滑块类零件的两平行侧面被称为轴，即孔、轴分别具有包容和被包容的功能。如果两平行平面或切面既不能形成包容面，也不能形成被包容面，那么它们既不是孔，也不是轴。如阶梯形的零件，其每一级的两平行面便是这样。

例如，在如图 2-4 所示的各表面中，由 D_1、D_2、D_3 和 D_4 尺寸确定的各组平行平面或切面所形成的是包容面，称为孔；由 d_1、d_2、d_3 和 d_4 尺寸确定的圆柱形外表面、平行平面或切面所形成的是被包容面，称为轴；由 L_1、L_2 和 L_3 尺寸确定的各平行平面或切面，既不是包容面也不是被包容面，故不称为孔或轴。

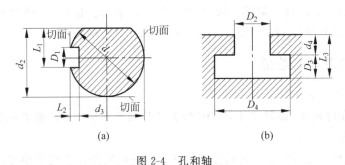

(a)　　　　　　　　　　(b)

图 2-4　孔和轴

（2）尺寸（size）　以特定单位表示线性尺寸值的数值。机械图中标注的尺寸规定以 mm 为单位表示，不必注出单位。

（3）公称尺寸（nominal size）　由图样规范确定的理想形状要素的尺寸。通过它并应用上、下极限偏差可计算出极限尺寸，也称为基本尺寸。公称尺寸是在设计中根据强度、刚度、运动、工艺、结构、造型等不同要求来确定的。公称尺寸可以是一个整数或一个小数值，例如 32,15,8.75,0.5 等。

（4）提取组成要素的局部尺寸（local size of an extracted integral feature）　一切提取组成要素上两对应点之间距离的统称，简称为提取要素的局部尺寸，以前的标准称为实际尺寸。

由于测量误差的存在，实际尺寸不一定是被测尺寸的真值。加上测量误差具有随机性，所以多次测量同一处尺寸所得的结果可能是不相同的，但都称作是零件该处的实际尺寸，只是其所含的误差大小不同。此外，对于同一光滑表面，由于被测工件形状误差的存在，被测部位不同，其测量结果也是不同的。我们把一个孔或轴任意横截面中的任一距离称为提取要素的局部尺寸，它即为任何两相对点之间测得的尺寸。若无特别指明，实际尺寸均指提取要素的局部尺寸，是用两点法测得的。

(5) 提取圆柱面的局部尺寸(local size of an extracted cylinder) 要素上两对应点之间的距离。其中:两对应点之间的连线通过拟合圆圆心;横截面垂直于由提取表面得到的拟合圆柱面的轴线。

(6) 两平行提取表面的局部尺寸(local size of two parallel extracted surfaces) 两平行对应提取表面上两对应点之间的距离。其中:所有对应点的连线均垂直于拟合中心平面;拟合中心平面是由两平行提取表面得到的两拟合平行平面的中心平面(两拟合平行平面之间的距离可能与公称距离不同)。

(7) 极限尺寸(limits of size) 尺寸要素允许的两个极端。提取组成要素的局部尺寸应位于其中,也可达到极限尺寸。尺寸要素允许的最大尺寸,称为上极限尺寸(upper limit of size),以前的标准称为最大极限尺寸;尺寸要素允许的最小尺寸,称为下极限尺寸(lower limit of size),以前的标准称为最小极限尺寸。设计中规定极限尺寸是为了限制工件尺寸的变动不要超出指定范围,以满足预定的使用要求,完工后工件尺寸必须首先满足:提取要素的局部尺寸不超出上下极限尺寸。

为了叙述、运算表达方便,孔的公称尺寸用 D 表示,轴的公称尺寸用 d 表示。孔的上、下极限尺寸分别以 D_{max} 和 D_{min} 表示;轴的上、下极限尺寸分别以 d_{max} 和 d_{min} 表示;孔、轴的实际尺寸以 D_a、d_a 表示,任一局部实际尺寸用 D_{ai}、d_{ai} 表示。这样,工件尺寸合格条件之一可表示为:$D_{max} \geqslant D_{ai} \geqslant D_{min}$(对于孔),$d_{max} \geqslant d_{ai} \geqslant d_{min}$(对于轴)。

3. 偏差、公差与公差带

1) 偏差(deviation)

某一尺寸(实际尺寸、极限尺寸,等等)减去其公称尺寸所得的代数差称为偏差。偏差可以为正、负值或零。

(1) 实际偏差 实际尺寸减去其公称尺寸所得的代数差称为实际偏差。孔的实际偏差以 Ea 表示,轴的实际偏差以 ea 表示,即 $Ea = D_a - D$,$ea = d_a - d$。

(2) 极限偏差(limit deviations) 极限尺寸减去其公称尺寸所得的代数差称为极限偏差,可分为极限上偏差和极限下偏差。上极限尺寸减去其公称尺寸所得的代数差称为极限上偏差。孔的极限上偏差以 ES 表示,轴的极限上偏差以 es 表示,即 $ES = D_{max} - D$,$es = d_{max} - d$。下极限尺寸减去其公称尺寸所得的代数差称为极限下偏差。孔的极限下偏差以 EI 表示,轴的极限下偏差以 ei 表示,即 $EI = D_{min} - D$,$ei = d_{min} - d$。

若以偏差表示,工件尺寸合格性的条件之一则为:$ES \geqslant Ea \geqslant EI$(对于孔);$es \geqslant ea \geqslant ei$(对于轴)。

(3) 基本偏差(fundamental deviation) 在极限与配合制中,确定公差带相对零线位置的那个极限偏差,称为基本偏差。它可以是上极限偏差或下极限偏差,一般为靠近零线的那个偏差。

2) 尺寸公差(size tolerance)

上极限尺寸减下极限尺寸之差,或上极限偏差减下极限偏差之差,称为尺寸公差,简称公差。它是允许尺寸的变动量,是一个没有符号的绝对值。孔的公差以 T_D 表示,轴的公差以 T_d 表示,则:$T_D = D_{max} - D_{min} = ES - EI$,$T_d = d_{max} - d_{min} = es - ei$。

公差和极限偏差都是由设计规定的。公差表示对一批工件的尺寸一致程度的要求,它是工件尺寸精度的一个指标,但不能用来判断工件某一尺寸的合格性,而可用于衡量某种工艺水平或成本的高低。极限偏差表示工件尺寸允许变化的极限值(以偏差计),可作为判断工件尺寸是否合格的依据。

3) 公差带(tolerance zone)

在公差带图解中,由代表上极限偏差和下极限偏差(即上极限尺寸和下极限尺寸)的两条直线所限定的一个区域称为公差带(或称尺寸公差带),它由公差大小和其相对于零线位置(基本偏差)来确定。

以公称尺寸确定的边界线为零线(零偏差线),用适当的比例画出两极限偏差,以表示尺寸允许变动的界限及范围,称为公差带图解(尺寸公差带图)。公称尺寸相同的孔、轴公差带画在同一图中,可直观表示配合关系,方便讨论或设计。公差带图解的零线水平安置,且规定零线以上为正偏差,零线以下为负偏差。偏差数值多以微米(μm)为单位进行标注(如图 2-5 所示)。公差带的宽窄表明公差数值的大小,公差带相对于零线的位置取决于极限偏差的大小。宽窄相同而在纵坐标上的位置不同的公差带,它们对工件的精度要求相同,而要求其偏离基本尺寸的大小不同。设计时必须既给定公差数值又给定一个极限偏差(上、下偏差之一)值才可以确定一个公差带,以表达对工件尺寸的设计要求。

极限尺寸、公差与偏差的关系如图 2-6 所示。

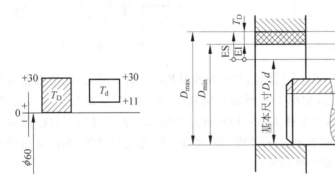

图 2-5　尺寸公差带图　　　　图 2-6　极限尺寸、公差与偏差

4. 间隙、过盈与配合

1) 间隙与过盈(clearance and interference)

孔的尺寸减去相配合的轴的尺寸所得之差为正,称为间隙;孔的尺寸减去相配合的轴的尺寸所得之差为负,称为过盈。间隙以 S 表示,过盈以 δ 表示。

孔的实际尺寸 D_a 减去相配合的轴的实际尺寸 d_a 所得值,称为实际间隙 S_a 或实际过盈 δ_a,即 $S_a(\delta_a)=D_a-d_a$(视其符号)。

设计给定了相互结合的孔、轴的极限尺寸(或极限偏差)以后,就形成了孔轴的"配合",也就相应地确定了间隙或过盈变动的允许界限,称为极限间隙或极限过盈。极限间隙有最大间隙 S_{max} 和最小间隙 S_{min} 之分;极限过盈有最大过盈 δ_{max} 和最小过盈 δ_{min} 之分。

它们与相配孔、轴的极限尺寸或极限偏差的关系如下(视最后结果的符号给出不同的名称):

$$S_{max}(\delta_{min}) = D_{max} - d_{min} = ES - ei$$

$$S_{\min}(\delta_{\max}) = D_{\min} - d_{\max} = \text{EI} - \text{es}$$

2）配合（fit）

公称尺寸相同的相互结合的孔和轴公差带之间的关系称为配合。根据相互结合的孔、轴公差带不同的相对位置关系可以把配合分成三类。

（1）间隙配合（clearance fit） 具有间隙（包括最小间隙等于零）的配合。此时,孔的公差带在轴的公差带之上,如图 2-7 所示。当孔的公差带完全在轴的公差带之上时,$D_{\min} \geqslant d_{\max}$ 或 $\text{EI} \geqslant \text{es}$,则形成间隙配合。表示间隙配合松紧程度的特征值是最大间隙 $S_{\max}$ 和最小间隙 $S_{\min}$。有时也用平均间隙 S_{av} 表示,即

$$S_{\text{av}} = 0.5(S_{\max} + S_{\min})$$

（2）过盈配合（interference fit） 具有过盈（包括最小过盈等于零）的配合。此时,孔的公差带完全在轴的公差带之下,如图 2-8 所示。由图可见,当孔的公差带在轴的公差带之下时,$D_{\max} \leqslant d_{\min}$ 或 $\text{ES} \leqslant \text{ei}$,则形成过盈配合。表示过盈配合松紧程度的特征值是最大过盈 $\delta_{\max}$ 和最小过盈 $\delta_{\min}$。有时,也用平均过盈 δ_{av} 表示,它是最大过盈与最小过盈的平均值,即

$$\delta_{\text{av}} = 0.5(\delta_{\max} + \delta_{\min})$$

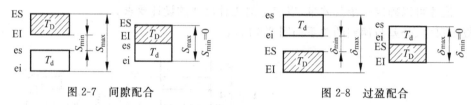

图 2-7　间隙配合　　　　　　　　图 2-8　过盈配合

（3）过渡配合（transition fit） 可能具有间隙或过盈的配合。此时,孔的公差带与轴的公差带高低位置上相互交叠,如图 2-9 所示。当孔的公差带与轴的公差带相互交叠时 $(D_{\max}、D_{\min}$ 与 $d_{\max}、d_{\min}$ 之间可有多种关系),则形成过渡配合。表示过渡配合松紧程度的特征值是最大间隙 $S_{\max}$ 和最大过盈 $\delta_{\max}$,平均得到的可能是间隙或是过盈（视结果的符号）,即 $S_{\text{av}}(\delta_{\text{av}}) = 0.5(S_{\max} + \delta_{\max})$（带符号运算）。

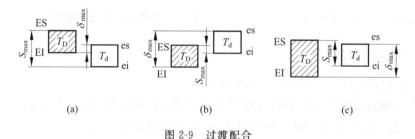

（a）　　　　　　　　（b）　　　　　　　　（c）

图 2-9　过渡配合

3）配合公差（variation of fit）

组成配合的孔、轴公差之和叫配合公差,它是允许间隙或过盈的变动量,以 T_{f} 表示。对间隙配合有间隙公差,它是最大间隙与最小间隙之差,是允许间隙的变动量。对过盈配合有过盈公差,它是最小过盈与最大过盈之差,即过盈的允许变动量。对过渡配合其间隙过盈公差等于最大间隙与最大过盈之差,它们都等于相配孔、轴的尺寸公差之和。

间隙配合的配合公差为 $T_{\text{f}} = S_{\max} - S_{\min} = T_{\text{D}} + T_{\text{d}}$

过盈配合的配合公差为 $T_{\text{f}} = \delta_{\min} - \delta_{\max} = T_{\text{D}} + T_{\text{d}}$

过渡配合的配合公差为 $T_f = S_{max} - \delta_{max} = T_D + T_d$

与尺寸公差带相似,配合公差大小表示配合的精度、质量和成本的高低,而极限间隙或极限过盈的大小则表示配合的松紧程度。

若已知某配合的公称尺寸和其中某些参数,可应用上述的关系式求解未知的参数。

4) 配合制(fit system)

同一极限制的孔和轴组成配合的一种制度,称为配合制。

5) 基轴制配合(shaft-basis system of fits)

基本偏差为一定的轴的公差带,与不同基本偏差的孔公差带形成各种配合的一种制度,称为基轴制配合。对本标准极限与配合制,是轴的上极限尺寸与公称尺寸相等、轴的上偏差为零的一种配合,如图 2-10 所示。(在图 2-10 和图 2-11 中,水平实线代表孔或轴的基本偏差,虚线代表另一个极限。)

6) 基孔制配合(hole-basis system of fits)

基本偏差为一定的孔的公差带,与不同基本偏差的轴公差带形成各种配合的一种制度,称为基孔制配合。对本标准极限与配合制,是孔的下极限尺寸与公称尺寸相等、孔的下极限偏差为零的一种配合,如图 2-11 所示。

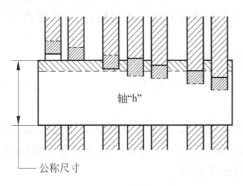

图 2-10　基轴制配合

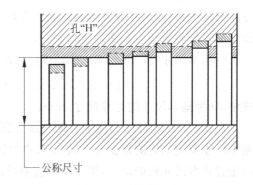

图 2-11　基孔制配合

【例 2-1】　已知某减速器端盖与箱体孔的配合的基本尺寸为 $\phi80$mm,配合公差 $T_f = 104\mu$m,最大间隙 $S_{max} = +182\mu$m,孔的公差 $T_D = 30\mu$m,轴的下偏差 $ei = -134\mu$m,要求画出该配合的公差带图。

解　因为 $T_f = T_D + T_d$,所以有

$$T_d = T_f - T_D = 104 - 30 = 74(\mu m);$$

$$es = ei + T_d = (-134) + 74 = -60(\mu m)$$

又因 $S_{max} = ES - ei$,所以有

$$ES = S_{max} + ei = (+182) + (-134) = +48(\mu m)$$

$$EI = ES - T_D = (+48) - 30 = 18(\mu m)$$

因为 $T_f = S_{max}(或 \delta_{min}) - S_{min}(或 \delta_{max})$,所以有

$$S_{min}(或 \delta_{max}) = S_{max} - T_f = 182 - 104 = 78(\mu m)$$

平均值为 $S_{av}(\delta_{av}) = 0.5(S_{max} + S_{min})$

$$= 0.5[(+182) + (+78)] = 130(\mu m)$$

此配合的公差带图如图 2-12 所示。由于孔公差带位

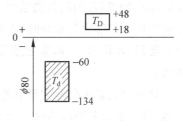

图 2-12　配合的孔、轴公差带图

于轴公差的上面,所以此配合为间隙配合。

从公差带图解可以看出,任何一个孔、轴尺寸公差带都是由公差值决定其宽度,由其中一个偏差值决定其相对于零线的位置。为便于用符号表示公差带以及设计时的标准化,国家标准规定了标准公差系列和基本偏差系列,包括代号和数值,列成表格以供查阅选用。为利于国际交流,国家标准是参照国际标准制定的。

2.2.2 公差、偏差和配合的基本规定

标准公差是国家标准极限与配合制中所规定的任一公差,它用于确定尺寸公差带的大小。国家标准按照不同的公称尺寸和不同的公差等级制定了一系列的标准公差数值。

1. 公差单位

公差单位也叫公差因子,是计算标准公差值的基本单位,是制定标准公差数值系列的基础。利用统计法在生产中可发现:在相同的加工条件下,基本尺寸不同的孔或轴加工后产生的加工误差不相同,而且误差的大小无法比较;在尺寸较小时加工误差与基本尺寸呈立方抛物线关系,在尺寸较大时接近线性关系。由于误差是由公差来控制的,所以利用这个规律可反映公差与基本尺寸之间的关系。

当基本尺寸≤500mm 时,公差单位(以 i 表示)按式(2-1)计算

$$i = 0.45\sqrt[3]{D} + 0.001D \quad (用于 IT5\sim IT18) \tag{2-1}$$

式中,D 为基本尺寸的计算尺寸,mm。

在式(2-1)中,前面一项主要反映加工误差,第二项用来补偿测量时温度变化引起的与基本尺寸成正比的测量误差。式(2-1)中的第二项相对于第一项对公称尺寸的变化更敏感,即随着基本尺寸逐渐增大,第二项对公差单位的贡献更显著。

对大尺寸而言,温度变化引起的误差随直径的增大呈线性关系。

当基本尺寸=500~3150mm 时,公差单位(以 I 表示)按式(2-2)计算

$$I = 0.004D + 2.1 \quad (用于 IT1\sim IT18) \tag{2-2}$$

当基本尺寸＞3150mm 时,以式(2-2)来计算标准公差,但也不能完全反映误差出现的规律,仍然用式(2-2)来计算。

2. 标准公差等级及数值

根据公差系数等级的不同,GB/T 1800.1—2009 把公差等级分为 20 个等级,用 IT(ISO tolerance 的简写)加阿拉伯数字表示,即 IT01、IT0、IT1、IT2、…、IT18。当其与代表基本偏差的字母一起组成公差带时,省略 IT 字母,如 h8。在公称尺寸为 500~3150mm 内规定了 IT1 至 IT18 共 18 个标准公差等级。从 IT01 到 IT18,等级依次降低,对应的公差值依次增大。

标准公差是由公差等级系数和公差单位的乘积决定。当公称尺寸≤500mm 的常用尺寸范围内,各公差等级的标准公差数值计算公式见表 2-1,当公称尺寸=500~3150mm 时的各级标准公差数值计算公式见表 2-2。

表 2-1　公称尺寸≤500mm 的标准公差数值计算公式

标准公差 等级	计算公式	标准公差 等级	计算公式	标准公差 等级	计算公式
IT01	$0.3+0.008D$	IT6	$10i$	IT13	$250i$
IT0	$0.5+0.012D$	IT7	$16i$	IT14	$400i$
IT1	$0.8+0.02D$	IT8	$25i$	IT15	$640i$
IT2	$(IT1)(IT5/IT1)^{1/4}$	IT9	$40i$	IT16	$1000i$
IT3	$(IT1)(IT5/IT1)^{1/2}$	IT10	$64i$	IT17	$1600i$
IT4	$(IT1)(IT5/IT1)^{3/4}$	IT11	$100i$	IT18	$2500i$
IT5	$7i$	IT12	$160i$		

表 2-2　公称尺寸＝500～3150mm 的标准公差数值计算公式

标准公差 等级	计算公式	标准公差 等级	计算公式	标准公差 等级	计算公式
IT01	I	IT6	$10I$	IT13	$250I$
IT0	$2^{1/2}I$	IT7	$16I$	IT14	$400I$
IT1	$2I$	IT8	$25I$	IT15	$640I$
IT2	$(IT1)(IT1/IT5)^{1/4}$	IT9	$40I$	IT16	$1000I$
IT3	$(IT1)(IT1/IT5)^{1/2}$	IT10	$64I$	IT17	$1600I$
IT4	$(IT1)(IT1/IT5)^{3/4}$	IT11	$100I$	IT18	$2500I$
IT5	$7I$	IT12	$160I$		

由表 2-3 可见,标准公差数值有如下一些规律:

(1) 同一公差等级,不同公称尺寸分段,表明具有同等精度的要求,公差数值随尺寸增大而增大。这是从实践中总结出来的零件加工误差与其尺寸大小的相互关系,在规定标准公差时,必须采用能反映客观规律的带 D 变量的函数式计算公差值。在这种情况下,对于同是孔或同是轴的零件尺寸来说,可采用同样工艺加工,加工的难易程度相当,即工艺上是等价的。

(2) 同一尺寸分段,IT5 至 IT18 的公差值采用了 R5 优先数系。表 2-1 中,IT5~IT18 的标准公差计算公式可表达为 $IT=ai$(或 $IT=aI$),a 是公差等级系数,采用了优先数系作分级,它是公比 $q=10^{1/5}$ 的等比数列,即优先数系 R5 系列,故有上述十进规律。因此,IT10 级以后的公差值是前面隔 5 级的公差值的 10 倍。

(3) 表中的标准公差数值是用表 2-1 和表 2-2 的计算公式计算并将结果按特定的数值修约规则处理后得到的。表中不同的公称尺寸用其所在分段的首末两尺寸值 D_1 和 D_2 计算:

$$D = \sqrt{D_1 \times D_2} \tag{2-3}$$

求得公称尺寸计算值 D,并计算出相应的公差单位 i 或 I。然后用表 2-1、表 2-2 对应公式计算公差值,按规则进行尾数处理和调整,最后得到国家标准公布的标准公差值。

表 2-3　标准公差数值

基本尺寸/mm		公差等级																			
大于	至	IT01	IT0	IT1	IT2	IT3	IT4	IT5	IT6	IT7	IT8	IT9	IT10	IT11	IT12	IT13	IT14	IT15	IT16	IT17	IT18
								/μm								/mm					
—	3	0.3	0.5	0.8	1.2	2	3	4	6	10	14	25	40	60	100	0.14	0.25	0.4	0.6	1	1.4
3	6	0.4	0.6	1	1.5	2.5	4	5	8	12	18	30	48	75	120	0.18	0.3	0.48	0.75	1.2	1.8
6	10	0.4	0.6	1	1.5	2.5	4	6	9	15	22	36	58	90	150	0.22	0.36	0.58	0.9	1.5	2.2
10	18	0.5	0.8	1.2	2	3	5	8	11	18	27	43	70	110	180	0.27	0.43	0.7	1.1	1.8	2.7
18	30	0.6	1	1.5	2.5	4	6	9	13	21	33	52	84	130	210	0.33	0.52	0.84	1.3	2.1	3.3
30	50	0.6	1	1.5	2.5	4	7	11	16	25	39	62	100	160	250	0.39	0.62	1	1.6	2.5	3.9
50	80	0.8	1.2	2	3	5	8	13	19	30	46	74	120	190	300	0.46	0.74	1.2	1.9	3	4.6
80	120	1	1.5	2.5	4	6	10	15	22	35	54	87	140	220	350	0.54	0.87	1.4	2.2	3.5	5.4
120	180	1.2	2	3.5	5	8	12	18	25	40	63	100	160	250	400	0.63	1	1.6	2.5	4	6.3
180	250	2	3	4.5	7	10	14	20	29	46	72	115	185	290	460	0.72	1.15	1.85	2.9	4.6	7.2
250	315	2.5	4	6	8	12	16	23	32	52	81	130	210	320	520	0.81	1.3	2.1	3.2	5.2	8.1
315	400	3	5	7	9	13	18	25	36	57	89	140	230	360	570	0.89	1.4	2.3	3.6	5.7	8.9
400	500	4	6	8	10	15	20	27	40	63	97	155	250	400	630	0.97	1.55	2.5	4	6.3	9.7
500	630	4.5	6	9	11	16	22	32	44	70	110	175	280	440	700	1.1	1.75	2.8	4.4	7	11
630	800	5	7	10	13	18	25	36	50	80	125	200	320	500	800	1.25	2	3.2	5	8	12.5
800	1000	5.5	8	11	15	21	29	40	56	90	140	230	360	560	900	1.4	2.3	3.6	5.6	9	14
1000	1250	6.5	9	13	18	24	33	47	66	105	165	260	420	660	1050	1.65	2.6	4.2	6.6	10.5	16.5
1250	1600	8	11	15	21	29	39	55	78	125	195	310	500	780	1250	1.95	3.1	5	7.8	12.5	19.5
1600	2000	9	13	18	25	35	46	65	92	150	230	370	600	920	1500	2.3	3.7	6	9.2	15	23
2000	2500	11	15	22	30	41	55	78	110	175	280	440	700	1100	1750	2.8	4.4	7	11	17.5	28
2500	3150	13	18	26	36	50	68	96	135	210	330	540	860	1350	2100	3.3	5.4	8.6	13.5	21	33
3150	4000	16	23	33	45	60	84	115	165	260	410	660	1050	1650	2600	4.1	6.6	10.5	16.5	26	41
4000	5000	20	28	40	55	74	100	140	200	320	500	800	1300	2000	3200	5	8	13	20	32	50
5000	6300	25	35	49	67	92	125	170	250	400	620	980	1550	2500	4000	6.2	9.8	15.5	25	40	62
6300	8000	31	43	62	84	115	155	215	310	490	760	1200	1950	3100	4900	7.6	12	19.5	31	49	76
8000	10000	33	53	76	105	140	195	270	380	600	940	1500	2400	3800	6000	9.4	15	24	38	60	94

注：1. 公称尺寸大于 500mm 的 IT1 至 IT5 的标准公差数值为试行。

2. 公称尺寸小于或等于 1mm 时，无 IT4 至 IT8。

3. 基本偏差代号

基本偏差是指两个极限偏差中靠近零线或位于零线的那个偏差,它是用来确定公差带位置的参数。国家标准极限与配合制中,为了满足设计上各种不同的需要,对孔、轴各规定 28 种基本偏差。基本偏差代号,对孔用大写字母 A,…,ZC 表示;对轴用小写字母 a,…,zc。26 个拉丁字母中,I(i)、L(l)、O(o)、Q(q)及 W(w)字母容易与其他符号及含义混淆,不予采用。为满足表达的需要,特增加了 7 个双字母组合:CD(cd)、EF(ef)、FG(fg)、JS(js)、ZA(za)、ZB(zb)、ZC(zc),即孔有:A、B、C、CD、D、E、EF、F、FG、G、H、J、JS、K、M、N、P、R、S、T、U、V、X、Y、Z、ZA、ZB、ZC;轴有:a、b、c、cd、d、e、ef、f、fg、g、h、j、js、k、m、n、p、r、s、t、u、v、x、y、z、za、zb、zc。

这 28 种基本偏差代号确定了 28 类公差带的位置,构成了基本偏差系列,如图 2-13 所示。

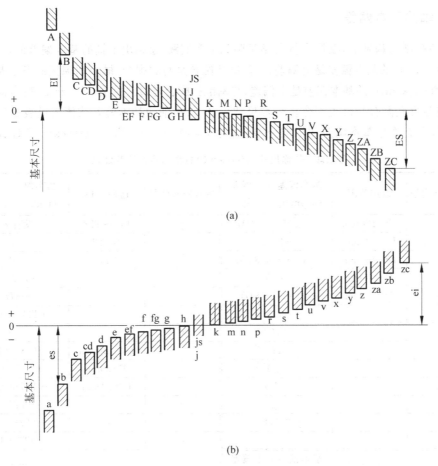

图 2-13　基本偏差系列

(a) 孔的基本偏差系列;(b) 轴的基本偏差系列

由图 2-13 可见,基本偏差在系列中具有以下特征:

(1) 孔的 A~H 基本偏差为下偏差 EI,J~ZC(JS 除外)基本偏差为上偏差 ES;轴的a~h 基本偏差是上偏差 es,i~zc(js 除外)基本偏差为下偏差 ei。

（2）H 与 h 的基本偏差值均为零，但分别是下偏差和上偏差，即 H 表示 EI＝0，h 表示 es＝0。根据基准制规定，H 是基准孔基本偏差，组成的公差带为基准孔公差带，与其他轴公差带组成基孔制配合；h 是基准轴基本偏差，以它组成的公差带为基准轴公差带，它与孔公差带组成基轴制配合。

（3）JS（js）的上下偏差是对称的，上偏差值为＋IT/2，下偏差值为－IT/2，可不计较谁是基本偏差。J 和 j 则不同，它们形成的公差带是不对称的，当其与某些公差等级（高精度）组成公差带时，其基本偏差不是靠近零线的那一偏差。因其数值与 Js(js)相近，在图 2-13 中，这两种基本偏差代号放在同一位置。

（4）绝大多数基本偏差的数值不随公差等级变化，即与标准公差等级无关，但有少数基本偏差则与公差等级有关，轴的基本偏差系列图中，k 的基本偏差画出了两种情况以示区别，孔的基本偏差系列图中，K、M、N 的基本偏差也是如此。

4. 轴的基本偏差

在基孔制的基础上，根据大量科学试验和生产实践，总结出了轴的基本偏差的计算公式，见表 2-4。a～h 的基本偏差是上偏差，与基准孔配合是间隙配合，最小间隙正好等于基本偏差的绝对值；j、k、m、n 的基本偏差是下偏差，与基准孔配合是过渡配合；j～zc 的基本偏差是下偏差，与基准孔配合是过盈配合。公称尺寸≤500mm 轴的基本偏差数值表见表 2-5，而轴的另一个偏差是根据基本偏差和标准公差的关系，按照 es＝ei＋IT 或 ei＝es－IT 计算得出。

表 2-4　公称尺寸≤500mm 轴的基本偏差计算公式

基本偏差代号	适用范围	基本偏差为上偏差 es/μm 的计算公式	基本偏差代号	适用范围	基本偏差为下偏差 ei/μm 的计算公式
a	$D\leqslant120$mm	$-(265+1.3D)$	j	IT5～IT8	没有公式
a	$D>120$mm	$-3.5D$	k	≤IT3	0
b	$D\leqslant160$mm	$-(140+0.85D)$	k	≥IT8	0
c	$D\leqslant40$mm	$-52D^{0.2}$	m		$+(IT7-IT6)$
c	$D>40$mm	$-(95+0.8D)$	n		$+5D^{0.34}$
cd		$-(cd)^{1/2}$	p		$+IT7+(0～5)$
d		$-16D^{0.44}$	r		$+ps^{1/2}$
e		$-11D^{0.41}$	s	$D\leqslant120$mm	$+IT8+(1～4)$
ef		$-(ef)^{1/2}$	s	$D>50$mm	$+IT7+0.4D$
f		$-5.5D^{0.41}$	t	$D>24$mm	$+IT7+0.63D$
fg		$-(fg)^{1/2}$	u		$+IT7+D$
g		$-2.5D^{0.34}$	v	$D>14$mm	$+IT7+1.25D$
h		0	x		$+IT7+1.6D$
基本偏差代号	适用范围	基本偏差为上偏差或下偏差	y	$D>18$mm	$+IT7+2D$
js		$\pm IT/2$	z		$+IT7+2.5D$
js		$\pm IT/2$	za		$+IT8+3.15D$
js		$\pm IT/2$	zb		$+IT9+4D$
js		$\pm IT/2$	zc		$+IT10+5D$

注：D 为公称尺寸的计算尺寸。

表 2-5　公称尺寸≤500mm 轴的基本偏差（GB/T 1800.2—2009）

基本尺寸/mm 大于	至	上偏差 es（所有的级） a	b	c	cd	d	e	ef	f	fg	g	h	js	下偏差 ei j 5,6	j 7	j 8	k 4~7	k ≤3>7
—	3	−270	−140	−60	−34	−20	−14	−10	−6	−4	−2	0		−2	−4	−6	0	0
3	6	−270	−140	−70	−46	−30	−20	−14	−10	−6	−4	0		−2	−4	—	+1	0
6	10	−280	−150	−80	−56	−40	−25	−18	−13	−8	−5	0		−2	−5	—	+1	0
10	14	−290	−150	−95	—	−50	−32	—	−16	—	−6	0		−3	−6	—	+1	0
14	18	−290	−150	−95	—	−50	−32	—	−16	—	−6	0		−3	−6	—	+1	0
18	24	−300	−160	−110	—	−65	−40	—	−20	—	−7	0		−4	−8	—	+2	0
24	30	−300	−160	−110	—	−65	−40	—	−20	—	−7	0	偏差等于 ±IT/2	−4	−8	—	+2	0
30	40	−310	−170	−120	—	−80	−50	—	−25	—	−9	0		−5	−10	—	+2	0
40	50	−320	−180	−130	—	−80	−50	—	−25	—	−9	0		−5	−10	—	+2	0
50	65	−340	−190	−140	—	−100	−60	—	−30	—	−10	0		−7	−12	—	+2	0
65	80	−360	−200	−150	—	−100	−60	—	−30	—	−10	0		−7	−12	—	+2	0
80	100	−380	−220	−170	—	−120	−72	—	−36	—	−12	0		−9	−15	—	+3	0
100	120	−410	−240	−180	—	−120	−72	—	−36	—	−12	0		−9	−15	—	+3	0
120	140	−460	−260	−200	—	−145	−85	—	−43	—	−14	0		−11	−18	—	+3	0
140	160	−520	−280	−210	—	−145	−85	—	−43	—	−14	0		−11	−18	—	+3	0
160	180	−580	−310	−230	—	−145	−85	—	−43	—	−14	0		−11	−18	—	+3	0
180	200	−660	−340	−240	—	−170	−100	—	−50	—	−15	0		−13	−21	—	+4	0
200	225	−740	−380	−260	—	−170	−100	—	−50	—	−15	0		−13	−21	—	+4	0
225	250	−820	−420	−280	—	−170	−100	—	−50	—	−15	0		−13	−21	—	+4	0
250	280	−920	−480	−300	—	−190	−110	—	−56	—	−17	0		−16	−26	—	+4	0
280	315	−1050	−540	−330	—	−190	−110	—	−56	—	−17	0		−16	−26	—	+4	0
315	355	−1200	−600	−360	—	−210	−125	—	−62	—	−18	0		−18	−28	—	+4	0
355	400	−1350	−680	−400	—	−210	−125	—	−62	—	−18	0		−18	−28	—	+4	0
400	450	−1500	−760	−440	—	−230	−135	—	−68	—	−20	0		−20	−32	—	+5	0
450	500	−1650	−840	−480	—	−230	−135	—	−68	—	−20	0		−20	−32	—	+5	0

续表

基本偏差　下偏差 ei　公差等级　所有的级

基本尺寸/mm 大于	至	m	n	p	r	s	t	u	v	x	y	z	za	zb	zc
—	3	+2	+4	+6	+10	+14	—	+18		+20	—	+26	+32	+40	+60
3	6	+4	+8	+12	+15	+19	—	+23		+28	—	+35	+42	+50	+80
6	10	+6	+10	+15	+19	+23	—	+28		+34	—	+42	+52	+67	+97
10	14	+7	+12	+18	+23	+28	—	+33		+40	—	+50	+64	+90	+130
14	18	+7	+12	+18	+23	+28	—	+33	+39	+45	—	+60	+77	+108	+150
18	24	+8	+15	+22	+28	+35	+41	+41	+47	+54	+63	+73	+90	+136	+188
24	30	+8	+15	+22	+28	+35	+41	+48	+55	+64	+75	+88	+118	+160	+218
30	40	+9	+17	+26	+34	+43	+48	+60	+68	+80	+94	+112	+148	+200	+274
40	50	+9	+17	+26	+34	+43	+54	+70	+81	+97	+114	+136	+180	+242	+325
50	65	+11	+20	+32	+41	+53	+66	+87	+102	+122	+144	+172	+226	+300	+405
65	80	+11	+20	+32	+43	+59	+75	+102	+120	+146	+174	+210	+274	+360	+480
80	100	+13	+23	+37	+51	+71	+91	+124	+146	+178	+214	+258	+335	+445	+585
100	120	+13	+23	+37	+54	+79	+104	+144	+172	+210	+254	+310	+400	+525	+690
120	140	+15	+27	+43	+63	+92	+122	+170	+202	+248	+300	+365	+470	+620	+800
140	160	+15	+27	+43	+65	+100	+134	+190	+228	+280	+340	+415	+535	+700	+900
160	180	+15	+27	+43	+68	+108	+146	+210	+252	+310	+380	+465	+600	+780	+1000
180	200	+17	+31	+50	+77	+122	+166	+236	+284	+350	+425	+520	+670	+880	+1150
200	225	+17	+31	+50	+80	+130	+180	+258	+310	+385	+470	+575	+740	+960	+1250
225	250	+17	+31	+50	+84	+140	+196	+284	+340	+425	+520	+640	+820	+1050	+1350
250	280	+20	+34	+56	+94	+158	+218	+315	+385	+475	+580	+710	+920	+1200	+1550
280	315	+20	+34	+56	+98	+170	+240	+350	+425	+525	+650	+790	+1000	+1300	+1700
315	355	+21	+37	+62	+108	+190	+268	+390	+475	+590	+730	+900	+1150	+1500	+1900
355	400	+21	+37	+62	+114	+208	+294	+435	+530	+660	+820	+1000	+1300	+1650	+2100
400	450	+23	+40	+68	+126	+232	+330	+490	+595	+740	+920	+1100	+1450	+1850	+2400
450	500	+23	+40	+68	+132	+252	+360	+540	+660	+820	+1000	+1250	+1600	+2100	+2600

注：1. 基本尺寸小于或等于 1mm 的基本偏差 a 和 b 不使用。

2. 公差带 js7 至 js11，若 IT_n 的数值为奇数，则取 $js=\pm(IT_{n-1})/2$。

5. 孔的基本偏差

孔的基本偏差数值则是由轴的基本偏差数值转换而得。换算原则是：在孔、轴同级配合或孔比轴低一级的配合中，基轴制配合中孔的基本偏差代号与基孔制配合中轴的基本偏差代号相当时（例如 ϕ80G7/h6 中孔的基本偏差 G 对应于 ϕ80H6/g7 中轴的基本偏差 g），应该保证基轴制和基孔制的配合性质相同（极限间隙或极限过盈相同）。

为此，国家标准应用了下列两种规则：通用规则和特殊规则。通用规则指与标准公差等级无关的基本偏差用倒像方法，孔的基本偏差与轴的基本偏差关于零线对称，相当于轴基本偏差关于零线的倒影。特殊规则指与标准公差等级有关的基本偏差，倒像后要经过修正，即孔的基本偏差和轴的基本偏差符号相反，绝对值相差一个 Δ 值。可以用下面的简单表达式阐明。

通用规则：$ES = -ei$ 或 $EI = -es$

特殊规则：$ES = -ei + \Delta$；$\Delta = ITn - IT_{n-1}$。

通用规则适用于所有的基本偏差，但以下情况例外：

(1) 公称尺寸=3～500mm，标准公差等级大于 IT8 的孔的基本偏差 N，其数值（ES）等于零。

(2) 在公称尺寸=3～500mm 的基孔制或基轴制配合中，给定某一公差等级的孔要与更精一级的轴相配（例如 H7/p6 和 P7/h6），并要求具有相等的间隙或过盈。此时，应采用特殊规则。

GB/T 1800.1—2009 规定的公称尺寸≤500mm 孔的基本偏差数值见表 2-6 所示。

采用两种不同规则的原因是：

(1) 体现孔轴"工艺等价"，采用孔比轴低一公差等级相配的形式。即在常用尺寸段的较高等级的零件尺寸，采用同一加工方法。由于相同条件下，孔的加工误差要大于轴的加工误差，因此，对标准公差≤IT8 的配合推荐用孔公差等级比轴的低一级形式；当标准公差≥IT9 时推荐用孔、轴同级形式，如 H8/s7，H9/s9。

(2) 同名配合的需要。即组成配合时，需要用到不同基准制的配合，会出现如同 S8/h7，H8/s7 的配合代号。它们基本偏差代号相对应而基准制不同，这样的两个配合叫同名配合。国家标准考虑到推荐的配合其同名配合应满足配合性质相同，即在改换基准制时只需把基本偏差代号调换，孔轴公差等级不变，便可得到相同性质的配合，即孔轴配合的 S_{max}、S_{min}，或 δ_{max}、δ_{min} 值应分别相等。为达到此目的，对标准公差≤IT8 孔的某些基本偏差值要用加修正的值，使保持孔轴公差带大小及其相互关系（距离）不变，只是改变了坐标零线位置，使由 EI=0 变成 es = 0（或由 es=0 变成 EI=0）达到改变基准制的目的。下列配合示例便可证明。

【例 2-2】　比较 ϕ30H8/f7 和 ϕ30F8/h7 两配合。

解　查表可以确定的孔、轴极限偏差，得 ϕ30H8($^{+0.033}_{0}$)，ϕ30f7($^{-0.020}_{-0.041}$) 和 ϕ30F8($^{+0.053}_{+0.020}$)，ϕ30h7($^{0}_{-0.021}$)。画出公差带图如图 2-14 所示。由于两配合公差带的大小和相互关系没变，其极限间隙不变，即：$S_{max} = S'_{max} = +0.074$mm，$S_{min} = S'_{min} = +0.020$mm，其中 S_{max} 和 S_{min} 表示 ϕ30H8/f7 的最大间隙与最小间隙，S'_{max} 和 S'_{min} 表示 ϕ30F8/h7 的最大间隙与最小间隙。

表 2-6　公称尺寸≤500mm孔的基本偏差（GB/T 1800.2—2009）

下偏差 EI（所有的级）；JS：偏差等于 ±IT/2；上偏差 ES（公差等级）

大于	至	A	B	C	CD	D	E	EF	F	FG	G	H	JS	J 6	J 7	J 8	K ≤8	K >8	M ≤8	M >8	N ≤8	N >8
—	3	+270	+140	+60	+34	+20	+14	+10	+6	+4	+2	0	±IT/2	+2	+4	+6	0	0	−2	−2	−4	−4
3	6	+270	+140	+70	+46	+30	+20	+14	+10	+6	+4	0	±IT/2	+5	+6	+10	−1+Δ	0	−4+Δ	−4	−8+Δ	0
6	10	+280	+150	+80	+56	+40	+25	+18	+13	+8	+5	0	±IT/2	+5	+8	+12	−1+Δ	—	−6+Δ	−6	−10+Δ	0
10	14	+290	+150	+95	—	+50	+32	—	+16	—	+6	0	±IT/2	+6	+10	+15	−1+Δ	—	−7+Δ	−7	−12+Δ	0
14	18	+290	+150	+95	—	+50	+32	—	+16	—	+6	0	±IT/2	+6	+10	+15	−1+Δ	—	−7+Δ	−7	−12+Δ	0
18	24	+300	+160	+110	—	+65	+40	—	+20	—	+7	0	±IT/2	+8	+12	+20	−2+Δ	—	−8+Δ	−8	−15+Δ	0
24	30	+300	+160	+110	—	+65	+40	—	+20	—	+7	0	±IT/2	+8	+12	+20	−2+Δ	—	−8+Δ	−8	−15+Δ	0
30	40	+310	+170	+120	—	+80	+50	—	+25	—	+9	0	±IT/2	+10	+14	+24	−2+Δ	—	−9+Δ	−9	−17+Δ	0
40	50	+320	+180	+130	—	+80	+50	—	+25	—	+9	0	±IT/2	+10	+14	+24	−2+Δ	—	−9+Δ	−9	−17+Δ	0
50	65	+340	+190	+140	—	+100	+60	—	+30	—	+10	0	±IT/2	+13	+18	+28	−2+Δ	—	−11+Δ	−11	−20+Δ	0
65	80	+360	+200	+150	—	+100	+60	—	+30	—	+10	0	±IT/2	+13	+18	+28	−2+Δ	—	−11+Δ	−11	−20+Δ	0
80	100	+380	+220	+170	—	+120	+72	—	+36	—	+12	0	±IT/2	+16	+22	+34	−3+Δ	—	−13+Δ	−13	−23+Δ	0
100	120	+410	+240	+180	—	+120	+72	—	+36	—	+12	0	±IT/2	+16	+22	+34	−3+Δ	—	−13+Δ	−13	−23+Δ	0
120	140	+460	+260	+200	—	+145	+85	—	+43	—	+14	0	±IT/2	+18	+26	+41	−3+Δ	—	−15+Δ	−15	−27+Δ	0
140	160	+520	+280	+210	—	+145	+85	—	+43	—	+14	0	±IT/2	+18	+26	+41	−3+Δ	—	−15+Δ	−15	−27+Δ	0
160	180	+580	+310	+230	—	+145	+85	—	+43	—	+14	0	±IT/2	+18	+26	+41	−3+Δ	—	−15+Δ	−15	−27+Δ	0
180	200	+660	+340	+240	—	+170	+100	—	+50	—	+15	0	±IT/2	+22	+30	+47	−4+Δ	—	−17+Δ	−17	−31+Δ	0
200	225	+740	+380	+260	—	+170	+100	—	+50	—	+15	0	±IT/2	+22	+30	+47	−4+Δ	—	−17+Δ	−17	−31+Δ	0
225	250	+820	+420	+280	—	+170	+100	—	+50	—	+15	0	±IT/2	+22	+30	+47	−4+Δ	—	−17+Δ	−17	−31+Δ	0
250	280	+920	+480	+300	—	+190	+110	—	+56	—	+17	0	±IT/2	+25	+36	+55	−4+Δ	—	−20+Δ	−20	−34+Δ	0
280	315	+1050	+540	+330	—	+190	+110	—	+56	—	+17	0	±IT/2	+25	+36	+55	−4+Δ	—	−20+Δ	−20	−34+Δ	0
315	355	+1200	+600	+360	—	+210	+125	—	+62	—	+18	0	±IT/2	+29	+39	+60	−4+Δ	—	−21+Δ	−21	−37+Δ	0
355	400	+1350	+680	+400	—	+210	+125	—	+62	—	+18	0	±IT/2	+29	+39	+60	−4+Δ	—	−21+Δ	−21	−37+Δ	0
400	450	+1500	+760	+440	—	+230	+135	—	+68	—	+20	0	±IT/2	+33	+43	+66	−5+Δ	—	−23+Δ	−23	−40+Δ	0
450	500	+1650	+840	+480	—	+230	+135	—	+68	—	+20	0	±IT/2	+33	+43	+66	−5+Δ	—	−23+Δ	−23	−40+Δ	0

续表

基本尺寸/mm		基本偏差 上偏差 ES												Δ 公差等级					
		P到ZC																	
		≤7级	>7级																
大于	至	P	R	S	T	U	V	X	Y	Z	ZA	ZB	ZC	3	4	5	6	7	8
—	3	−6	−10	−14	—	−18	—	−20	—	−26	−32	−40	−60	0	0	0	0	0	0
3	6	−12	−15	−19	—	−23	—	−28	—	−35	−42	−50	−80	1	1.5	1	3	4	6
6	10	−15	−19	−23	—	−28	—	−34	—	−42	−52	−67	−97	1	1.5	2	3	6	7
10	14	−18	−23	−28	—	−33	—	−40	—	−50	−64	−90	−130	1	2	3	3	7	9
14	18	−18	−23	−28	—	−33	−39	−45	—	−60	−77	−108	−150	1	2	3	3	7	9
18	24	−22	−28	−35	—	−41	−47	−54	−63	−73	−98	−136	−188	1.5	2	3	4	8	12
24	30	−22	−28	−35	−41	−48	−55	−64	−75	−88	−118	−160	−218	1.5	2	3	4	8	12
30	40	−26	−34	−43	−48	−60	−68	−80	−94	−112	−148	−200	−274	1.5	3	4	5	9	14
40	50	−26	−34	−43	−54	−70	−81	−97	−114	−136	−180	−242	−325	1.5	3	4	5	9	14
50	65	−32	−41	−53	−66	−87	−102	−122	−144	−172	−226	−300	−405	2	3	5	6	11	16
65	80	−32	−43	−59	−75	−102	−120	−146	−174	−210	−274	−360	−480	2	3	5	6	11	16
80	100	−37	−51	−71	−91	−124	−146	−178	−214	−258	−335	−445	−585	2	4	5	7	13	19
100	120	−37	−54	−79	−104	−144	−172	−210	−254	−310	−400	−525	−690	2	4	5	7	13	19
120	140	−43	−63	−92	−122	−170	−202	−248	−300	−365	−470	−620	−800	3	4	6	7	15	23
140	160	−43	−65	−100	−134	−190	−228	−280	−340	−415	−535	−700	−900	3	4	6	7	15	23
160	180	−43	−68	−108	−146	−210	−252	−310	−380	−465	−600	−780	−1000	3	4	6	7	15	23
180	200	−50	−77	−122	−166	−236	−284	−350	−425	−520	−670	−880	−1150	3	4	6	9	17	26
200	225	−50	−80	−130	−180	−258	−310	−385	−470	−575	−740	−960	−1250	3	4	6	9	17	26
225	250	−50	−84	−140	−196	−284	−340	−425	−520	−640	−820	−1050	−1350	3	4	6	9	17	26
250	280	−56	−94	−158	−218	−315	−385	−475	−580	−710	−920	−1200	−1550	4	4	7	9	20	29
280	315	−56	−98	−170	−240	−350	−425	−525	−650	−790	−1000	−1300	−1700	4	4	7	9	20	29
315	355	−62	−108	−190	−268	−390	−475	−590	−730	−900	−1150	−1500	−1900	4	5	7	11	21	32
355	400	−62	−114	−208	−294	−435	−530	−660	−820	−1000	−1300	−1650	−2100	4	5	7	11	21	32
400	450	−68	−126	−232	−330	−490	−595	−740	−920	−1100	−1450	−1850	−2400	5	5	7	13	23	34
450	500	−68	−132	−252	−360	−540	−660	−820	−1000	−1250	−1600	−2100	−2600	5	5	7	13	23	34

（R 至 ZC 栏：在大于 7 级的相应数值上增加一个 Δ 值）

注：1. 公称尺寸小于或等于 1mm 的基本偏差 A 和 B 不使用。

2. 公差带 JS7 至 JS11，若 ITn 的数值为奇数，则取 JS=±(IT$_{n-1}$)/2。

3. 对小于或等于 IT8 的 K、M、N 和小于或等于 IT7 的 P 至 ZC，所取 Δ 值从表内右侧选取。例如，18～30 段的 K7：Δ=8μm，所以，ES=−2+8=6(μm)，18～30 段的 S6：Δ=4μm，所以，ES=−35+4=−31(μm)。

4. 特殊情况：250～315 段的 M6，ES=−9μm(代替−11μm)。

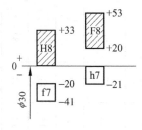

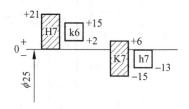

图 2-14　同名配合公差带图示例 1　　　图 2-15　同名配合公差带图示例 2

【例 2-3】　比较 $\phi25H7/k6$ 和 $\phi25K7/h6$ 两配合。

解　查表可以确定孔、轴的极限偏差,得 $\phi25H7(^{+0.021}_{0})$, $\phi25k6(^{+0.015}_{+0.002})$ 和 $\phi25K7(^{+0.006}_{-0.015})$, $\phi25h6(^{0}_{-0.013})$。画出公差带图如图 2-15 所示。同样,两配合公差带的大小和相互关系没变,显然, $S_{max}=S'_{max}=+0.019mm$, $\delta_{max}=\delta'_{max}=-0.015mm$,其中 S_{max} 和 δ_{max} 表示 $\phi25H7/k6$ 的最大间隙与最大过盈, S'_{max} 和 δ'_{max} 表示 $\phi25K7/h6$ 的最大间隙与最大过盈。

由上两例可见,按极限与配合制标准设计的不同基准制的同名配合,其松紧程度相同,即配合性质相同。

6. 公差带与配合的表示

1) 公差带的表示

公差带用基本偏差的字母代号与公差等级的数字代号共同表示,例如,H7 表示一种标准公差等级 7 级的孔公差带,f6 表示一种标准公差等级 6 级的轴公差带,分别可称为孔、轴公差带代号。

要求注出公差的尺寸,用公称尺寸加上所要求的公差带或(和)对应的偏差值表示。

例如,80js7, $\phi50H8$, $\phi25f7$, $\phi25^{-0.020}_{-0.041}$, $\phi25f7(^{-0.020}_{-0.041})$ 等。

所以,一个公差带可有三种表达方式,即上下偏差数值表示、代号表示、公差带图表示。如轴 $\phi25f7(^{-0.020}_{-0.041})$ 以及如图 2-16(a)所示的 f7 公差带是同一种公差带,只是在不同场合使用不同的表达方式而已,前者出现在零件图上,后者出现在设计分析过程中。而代号标注法是用在装配图上,表示孔轴配合的公差带关系。

2) 配合的表示

配合代号是在公称尺寸后面写出孔、轴公差带代号表示,孔、轴公差带代号要写成分数形式,分子为孔公差带代号,分母为轴公差带代号。例如, $\phi25H8/f7$, $\phi25H7/k6$ 或 $\phi25\dfrac{H8}{f7}$, $\phi25\dfrac{H7}{k6}$,其配合的公差带图如图 2-16(a)、(b)所示。

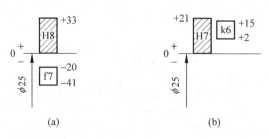

(a)　　　　　　　　　　　(b)

图 2-16　孔、轴配合的公差带图

2.3　光滑孔、轴的公差与配合设计

2.3.1　孔、轴结合的使用要求和设计原则

1. 孔、轴结合的使用要求

孔、轴结合一般按以下三类应用于不同的场合。

（1）活动连接　这类结合孔可以在轴上（或轴可在孔内）周向旋转或轴向移动，主要用于保证具有相对转动和移动的机构中，孔轴之间应有适当的间隙，如轮与轴、轴与支承的结合，导轨与滑块的结合等。

（2）固定连接　这类孔轴结合是将两个零件装配固定成一体，需要传递足够的扭矩或承受很大的轴向力，必须给予足够的过盈，如火车轮与轴的固定连接。

（3）定心可拆连接　这类结合主要用于保证较高的同轴度，以及在不同周期的修理中方便装拆的机构，孔、轴之间可能出现过盈或间隙，但数值都较小。例如，滚动轴承套圈与孔轴的结合、定位销与销孔的结合等。

在孔、轴结合设计时，必然要选定其中一类配合，确定相应的孔、轴公差带，以满足不同松紧需要，同时，公差带宽度的大小也决定了产品的经济性。

2. 孔、轴配合的设计原则

不论采用什么方法来确定孔、轴的配合，最终都必须使设计结果达到下列基本要求：

（1）满足机器设备对该孔、轴结合的配合性质要求；
（2）满足机器设备对该孔、轴结合的精度、质量要求；
（3）满足机器设备制造成本即经济性方面的要求；
（4）满足产品的互换性生产和标准化方面的要求。

2.3.2　常用尺寸的孔、轴公差带与配合

从互换性生产和标准化着想，必须以标准的形式，对孔、轴配合作一定范围的规定，因此，我国《极限与配合》标准规定了相应的间隙配合、过盈配合和过渡配合这三类不同性质的配合，并对组成配合的孔、轴公差带作出推荐。GB/T 1801—2009 针对公称尺寸小于500mm 的轴、孔公差带作出了下列规定。

1. 优先、常用和一般用途公差带

按我国生产的实际情况，考虑适应不同产品的设计需要，兼顾今后的发展，规定如下。轴的一般用途公差带共 113 种，如图 2-17 所示。其中，方框里的是常用公差带，共 59 种，粗体的是优先公差带，共 13 种。孔的一般用途公差带共 105 种，如图 2-18 所示。其中，方框里的是常用公差带，共 44 种；粗体的是优先公差带，共 13 种。

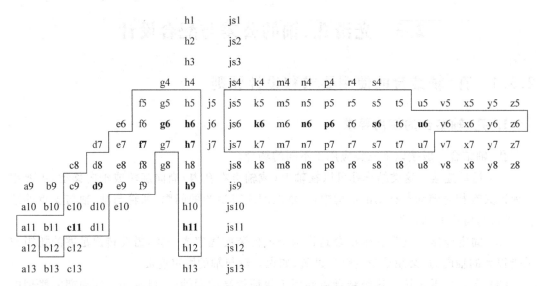

图 2-17　公称尺寸≤500mm 轴的一般、常用和优先公差带

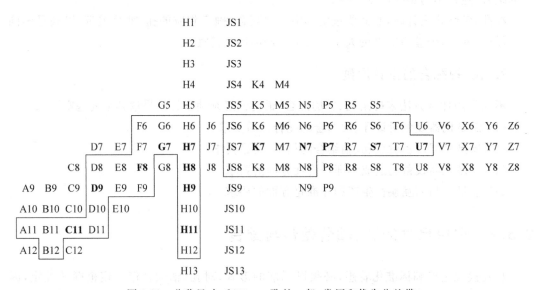

图 2-18　公称尺寸≤500mm 孔的一般、常用和优先公差带

在设计时,应首先考虑选用优先公差带,其次选用常用公差带,再次选用一般用途公差带,若仍未有合适的公差带,允许按 GB/T 1800.2—2009 中规定的标准公差与基本偏差组成所需的公差带。

2. 优先、常用配合与配置配合

国家标准在推荐了孔、轴公差带的基础上,还推荐了常用尺寸段(≤500mm)的基孔制优先和常用配合,列于表 2-7,基轴制优先和常用配合列于表 2-8。

表 2-7　基孔制优先和常用配合

基准孔	轴																				
	a	b	c	d	e	f	g	h	js	k	m	n	p	r	s	t	u	v	x	y	z
	间隙配合								过渡配合			过盈配合									
H6						H6/f5	H6/g5	H6/h5	H6/js5	H6/k5	H6/m5	H6/n5	H6/p5	H6/r5	H6/s5	H6/t5					
H7						H7/f6	**H7/g6**	**H7/h6**	H7/js6	**H7/k6**	H7/m6	**H7/n6**	**H7/p6**	H7/r6	**H7/s6**	H7/t6	**H7/u6**	H7/v6	H7/x6	H7/y6	H7/z6
H8					H8/e7	**H8/f7**	H8/g7	**H8/h7**	H8/js7	H8/k7	H8/m7	H8/n7	H8/p7	H8/r7	H8/s7	H8/t7	H8/u7				
				H8/d8	H8/e8	H8/f8		H8/h8													
H9			H9/c9	**H9/d9**	H9/e9	H9/f9		**H9/h9**													
H10			H10/c10	H10/d10				H10/h10													
H11	H11/a11	H11/b11	**H11/c11**	H11/d11				**H11/h11**													
H12		H12/b12						H12/h12													

注：1. 公称尺寸小于或等于 3mm 的 H6/n5 与 H7/p6 为过渡配合，公称尺寸小于或等于 100mm 的 H8/r7 为过渡配合。

　　2. 表中粗黑框内的配合为优先配合。

表 2-8　基轴制优先和常用配合

基准轴	孔																				
	A	B	C	D	E	F	G	H	JS	K	M	N	P	R	S	T	U	V	X	Y	Z
	间隙配合								过渡配合			过盈配合									
h5						F6/h5	G6/h5	H6/h5	JS6/h5	K6/h5	M6/h5	N6/h5	P6/h5	R6/h5	S6/h5	T6/h5					
h6						F7/h6	**G7/h6**	**H7/h6**	JS7/h6	**K7/h6**	M7/h6	**N7/h6**	**P7/h6**	R7/h6	**S7/h6**	T7/h6	**U7/h6**				
h7					E8/h7	**F8/h7**		**H8/h7**	JS8/h7	K8/h7	M8/h7	N8/h7									
h8				D8/h8	E8/h8	F8/h8		H8/h8													
h9				**D9/h9**	E9/h9	F9/h9		**H9/h9**													
h10				D10/h10				H10/h10													
h11	A11/h11	B11/h11	**C11/h11**	D11/h11				**H11/h11**													
h12		B12/h12						H12/h12													

注：表中粗黑框内的配合为优先配合。

优先和常用配合表中,基孔制有常用配合 59 种,优先配合 13 种;基轴制有常用配合 47 种,优先配合 13 种。它们都是由图 2-17 和图 2-18 中的优先和常用公差带与基准孔或基准轴形成的。基孔制配合常用、优先配合表中,当轴的公差小于或等于 IT7 时,是与低一级的基准孔配合,其余是与同级的基准孔配合。基轴制常用、优先配合表中,当孔的公差小于或等于 IT8 时,是与高一级的基准轴配合,其余是与同级的基准轴配合。

GB/T 1801—2009 在附录 A 中给出了公称尺寸至 500mm 的优先、常用配合极限间隙或极限过盈数值表,用于指导配合的选用。

2.3.3 孔、轴配合的设计

机器中的孔、轴结合(装配)中总有一个间隙或过盈要求,但制造误差的存在使得孔轴的实际配合间隙或过盈无法与设计要求完全相等,因此,实际是设计极限间隙或过盈,作为制造的依据,使得到的实际值在允许范围内。显然,允许的极限范围越大,成批产品的一致性越差,质量变差,成本则降低。

孔轴配合的设计,实际上就是如何根据使用要求正确合理地选择符合标准规定的孔、轴的公差带(包含大小和位置),或者说确定孔、轴公差带及其相互关系,以便在装配图中标注出孔、轴配合代号。假设确定为 $\phi25H8/f7$,从中我们可知是一种基孔制的间隙配合,孔、轴可有相对运动。零件图中孔尺寸则标注 $\phi25H8^{+0.033}_{0}$ 或 $\phi25^{+0.033}_{0}$,轴尺寸则标注 $\phi25f7^{-0.020}_{-0.041}$ 或 $\phi25^{-0.020}_{-0.041}$,以此作为加工制造所遵守的极限。加工完成后,合格的孔、轴便满足配合性质的要求且具有互换性。

要确定一个配合,其中包括了配合的基准制、公差等级和配合种类(基本偏差代号)的选择问题。

1. 配合基准制的确定

基准制中有基孔制和基轴制两种,选择时应优先采用基孔制配合。其主要原因是孔在加工制造时常需要用到尺寸固定且价格较高的刀具(钻头、铰刀、拉刀)和量具(塞规等),为避免种类过多,希望孔尽可能设计为基准孔。要得到不同松紧的配合则变更轴公差带位置即可实现,而轴的公差带种类再多,用同样的刀具、量具(如车刀、千分尺等)都可完成,这样才是经济合理的。

然而也有特殊的情形,在下列三种情况应采用基轴制:

(1) 一根轴与多孔相配且要求的配合性质不同,考虑到若轴为无阶梯的光轴则加工工艺性好(如发动机中的活塞销等),此时应采用基轴制配合。

(2) 一根轴与多孔相配且要求的配合性质不同,考虑到精度要求一般,可直接采用现成冷拉钢料作轴,此时则应采用基轴制配合。如农业机械、纺织机械、建筑机械等使用的长轴。

(3) 与标准件或标准部件配合的孔或轴,必须以标准件为基准件来选择配合制。例如,滚动轴承外圈外径与壳体孔的配合,必须采用基轴制配合;滚动轴承内圈和轴颈的配合,必须采用基孔制配合。

这三种情形,轴可以少加工、不加工或加工方便,达到提高经济性的目的。

例如图 2-19(a)所示的活塞部件,活塞销 1 的两端与活塞 2 应为过渡配合,以保证相对静止;活塞销 1 的中部与连杆 3 应为间隙配合,以保证可以相对转动,而活塞销各处的基本尺寸相同,这种结构就是同一基本尺寸的轴与多个孔相配,且要求实现两种不同的配合。若按一般原则采用基孔制配合,则活塞销要做成两头大、中间小的台阶形,如图 2-19(b)所示。这样不仅给制造上带来困难,而且在装配时,也容易刮伤连杆孔的工作表面。如果改用基轴制配合,则活塞销就是一根光轴,而活塞 2 与连杆 3 的孔按配合要求分别选用不同的公差带(例如 $\phi30M6$ 和 $\phi30H6$),以形成适当的过渡配合($\phi30M6/h5$)和间隙配合($\phi30H6/h5$),其尺寸公差带图如图 2-19(c)所示。

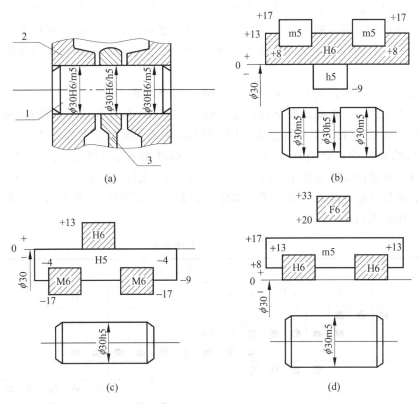

图 2-19　活塞、连杆、活塞销配合制选择

1—活塞销；2—活塞；3—连杆

有时也允许某些配合采用非基孔、基轴制的配合,即配合代号中孔与轴的代号都不是基准孔、轴的基本偏差代号 H(h),上例也可以作如下设计:活塞销 1 与活塞 2 采用基孔制配合($\phi30H6/m5$),为保证活塞销的工艺性好,则整根销为 m5 公差带,此时它要与连杆形成间隙配合,连杆 3 则要选用 $\phi30F6$ 的孔,使它与 $\phi30m5$ 的轴形成符合要求的间隙配合,$\phi30F6/m5$ 就是这样一类非基孔、非基轴制的配合,其公差带如图 2-19(d)所示。如图 2-20 所示,滚动轴承端盖凸缘与箱体孔的配合,轴上用来轴向定位的隔套与轴的配合,采用的就是非基准制。

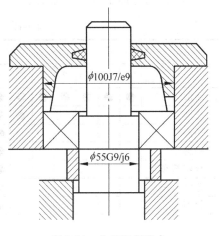

图 2-20　非基准制配合

2. 公差带的设计

配合是由孔、轴公差带组成的,要使所设计的孔轴配合能满足孔轴装配的实际松紧要求,孔、轴公差带可以有多种选择,而公差带是由标准公差和基本偏差共同组成,得到确定的上下(极限)偏差,故设计时需要确定孔、轴的标准公差等级,并确定非基准件的基本偏差代号。

1) 公差等级的选择

公差等级的高低决定着产品的质量和成本。公差等级高,质量虽好,但成本增高。质量和成本可以说是难以调和的矛盾。选择公差等级时,要尽可能地协调好使用要求和生产制造成本之间的关系,基本的原则是:在满足使用性能要求的前提下,尽量选取较低的公差等级去实现。

公差等级的选择除遵循上述原则外,还应考虑以下问题。

(1) 工艺等价性 在确定有配合的孔、轴的公差等级时,还应该考虑到孔、轴的工艺等价性。公称尺寸≤500mm 且标准公差≤IT8 的孔比同级的轴加工困难,国家标准推荐孔与比它高一级的轴配合;而公称尺寸≤500mm 且标准公差＞IT8 的孔以及公称尺寸＞500mm 的孔,测量精度容易保证,国家标准推荐孔、轴采用同级配合。

(2) 了解各公差等级的应用范围 具体的公差等级的选择,可参考国家标准推荐的公差等级的应用范围,见表 2-9。

表 2-9 公差等级的应用

应 用	公 差 等 级(IT)																			
	01	0	1	2	3	4	5	6	7	8	9	10	11	12	13	14	15	16	17	18
量块	●	●	●																	
量规			●	●	●	●	●	●	●											
配合尺寸							●	●	●	●	●	●	●	●	●					
特别精密的配合				●	●	●														
非配合尺寸														●	●	●	●	●	●	●
原材料尺寸									●	●	●	●	●	●	●	●	●			

(3) 熟悉各加工方法的加工精度 具体各种加工方法所能达到的加工精度,见表 2-10。

表 2-10 各种加工方法的加工精度

加工方法	公 差 等 级(IT)																			
	01	0	1	2	3	4	5	6	7	8	9	10	11	12	13	14	15	16	17	18
研磨	●	●	●	●	●	●	●													
珩磨						●	●	●	●											
圆磨							●	●	●											
平磨							●	●	●	●										
金刚石车							●	●	●											
金刚石镗							●	●	●											
拉削							●	●	●	●										

加工方法	公差等级(IT)																			
	01	0	1	2	3	4	5	6	7	8	9	10	11	12	13	14	15	16	17	18
铰孔								●	●	●	●	●								
车									●	●	●	●	●							
镗									●	●	●	●	●							
铣										●	●	●	●							
刨、插												●	●							
钻												●	●	●	●					
滚压、挤压												●	●							
冲压												●	●	●	●	●				
压铸													●	●	●					
粉末冶金成形							●	●	●											
粉末冶金烧结									●	●	●	●								
砂型铸造、气割																		●	●	●
锻造																	●	●		

(4) 相关件和相配件的精度　例如,齿轮孔与轴的配合,它们的公差等级决定于相关件齿轮的精度等级,与标准件滚动轴承相配合的外壳孔和轴颈的公差等级决定于相配件滚动轴承的公差等级。

(5) 加工成本　为了降低成本,对于一些精度要求不高的配合,孔、轴的公差等级可以相差 2～3 级。如图 2-20 所示,轴承端盖凸缘与箱体孔的配合为 $\phi100J7/e9$,轴上隔套与轴的配合为 $\phi55G9/j6$,它们的公差等级相差分别为 2 级和 3 级。

若已经知道孔轴配合具体的极限间隙或极限过盈的要求,其配合公差决定了孔轴的公差要求,可简单地用计算方法求得孔轴的公差,并查表确定其标准公差等级。若连配合精度都未知,则要通过分析产品的机械精度要求,按误差分解传递的原理求解出该环节的公差要求。也可根据该配合在机器中的重要程度,按类比方法确定其公差等级,此方法需要有经验的积累或利用设计手册中总结的相关知识。公差等级的最终确定,还要考虑以上 5 个方面的问题。

2) 基本偏差的确定

基本偏差决定公差带的位置,孔、轴公差带的相互位置关系又决定着配合的性质,因此,在设计基本偏差时,必须首先知道配合性质要求,若已知配合的极限间隙或极限过盈要求,则可按计算法求得孔、轴的上下偏差,并决定基本偏差代号。其实,在基准制确定后,基准件的基本偏差就已确定(H 或 h),所要设计的只是非基准件的基本偏差。

若未知间隙、过盈要求,要确定配合性质,则要根据产品对该配合的使用要求,用计算法、试验法得到所需的极限间隙或极限过盈量。其中计算法要用到一些理论或经验公式,如对作滑动轴承用的间隙配合,可用流体润滑及热变形理论,计算应有的最小和最大间隙。对过盈配合,可按弹、塑性变形及强度理论设计装配时的最小过盈量,过盈配合时所产生的变形力应满足传递负荷的要求,过盈增大可传递的动力也增大,但超过一定数值会使不能装配或使零件破坏,故要受到零件材料强度条件的限制。计算法有其科学性,但是实际中影响配合松紧的因素很多,理论的计算也难以保证恰当,往往还需根据其他因素加以调整,或再经试验验证。试验法是指通过改变孔轴之一的尺寸制造出许多试件,分别进行装配,得到各种不同的松紧,据此对机器、装置的性能进行检测,取得性能和成本都较合适的极限要求。这种确定配合的方法,需花大量人力物力,成本较高,但通常能得到可靠的结果。

一般的常见配合也可用类比法设计,它是参考同类机器或机构中经过使用证明适用的配合,再根据所设计机器的实际使用情况加以调整。这种方法要求设计者必须具备较丰富的实际知识和经验。表 2-11 列出轴的各种基本偏差的应用范围;表 2-12 是优先配合的选用说明;表 2-13 是工作条件对配合松紧的要求,可作为设计的依据。

表 2-11　轴的各种基本偏差应用范围

基本偏差	配合	特性及应用(与基本偏差为 H 的孔相配)
a,b	间隙配合	可得到特别大的间隙,应用很少。主要用于工作温度高、热变形大的零件之间的配合
c		可得到很大的间隙,一般适用于缓慢、松弛的可动配合,用于工作条件较差(如农业机械)、受力变形大,或为了便于装配,而必须保证有较大间隙的场合。推荐配合为 H11/c11,用于如光学仪器中光学镜片与机械零件的连接。其较高等级的配合如 H8/c7,适用于轴在高温工作时紧密的动配合,例如内燃机排气阀和导管的配合
d		一般用于 IT7～IT11 级,适用于松的转动配合,如密封盖、滑轮、空转皮带轮等孔与轴的配合,也适用于大直径滑动轴承配合。如透平机、球磨机、轧滚成形和重型弯曲机,以及其他重型机械中的一些滑动轴承
e		多用于 IT7、IT8、IT9 级,通常用于要求有明显间隙、易于转动的轴承配合,如大跨距轴承、多支点轴承等配合。高等级时适用于高速、重载的大支承,如涡轮发电机、大型电动机和内燃机主要轴承、凸轮轴轴承等配合
f		多用于 IT6、IT7、IT8 级的一般转动配合,被广泛用于常温下普通润滑油(或润滑脂)润滑的轴承,如齿轮箱、小电动机、泵等的转轴与滑动轴承的配合
g		适用于 IT5、IT6、IT7 级,配合间隙很小,最适合于不回转的精密滑动配合,有时用于负荷很轻的精密装置的转动配合。也用于插销等定位配合,如精密连杆与滑套、活塞及滑阀、连杆销、分度头主轴与轴承等的配合
h		可用等级:IT4～IT11 级,广泛用于无相对转动的结合,作为一般的定位配合用;若没有温度、变形影响,也用于精密滑动配合
js	过渡配合	多用在 IT4～IT7 级场合,偏差完全对称($\pm$IT/2),配合所得的平均间隙较小,用于要求间隙比 h 轴小、并允许略有过盈的定位场合,如联轴节、齿圈与钢制轮毂的配合,可用木槌装配
k		适用等级 IT4～IT7 级,配合所得平均间隙接近于零,推荐用于稍有过盈的定位配合,一般用木槌装配。例如,为了消除振动用的定位配合
m		适用等级 IT4～IT7 级,配合的平均过盈较小,一般可用木槌装配,但在最大过盈时,要求相当的压入力
n		适用等级 IT4～IT7 级,得到的平均过盈比 m 轴稍大,很少得到间隙,用槌或压入机装配,推荐用于紧密的组件配合,H6/n5 已是过盈配合

续表

基本偏差	配合	特性及应用(与基本偏差为 H 的孔相配)
p	过盈配合	与 H6 或 H7 配合时是过盈配合,与 H8 孔配合时则为过渡配合。对非铁类金属零件,为较轻的压入配合,需要时还可方便拆卸;对钢、铸铁或铜、钢组件,装配是标准压入配合
r		对铁类零件为中等打入配合,对非铁类零件为轻打入的配合,需要时还可以拆卸。与 H8 孔配合,直径在 100mm 以上时为过盈配合,直径小时为过渡配合
s		用于钢和铁制零件的永久性和半永久性装配,能产生相当大的结合力。当用轻合金等弹性材料时,配合性质相当于钢铁类零件的 p 轴。为保护配合表面,需用热胀冷缩法进行装配
t		
u		用于过盈量较大的配合,对钢铁类零件适合作永久性结合,不需要键可传递力矩。用热胀冷缩法装配
v,x,y,z		过盈量很大,需验算在最大过盈量时工件是否损坏。用热胀冷缩法装配
		一般不推荐使用

表 2-12 优先配合的选用说明

优先配合		选用说明
基孔制配合	基轴制配合	
H11/c11	C11/h11	间隙极大,用于转速很高、轴孔温差很大的滑动轴承;精度要求低,有大间隙的外露部分;要求装配极方便的配合
H9/d9	D9/h9	间隙很大,用于转速较高、轴颈压力较大、精度要求不高的滑动轴承
H8/f7	F8/h7	间隙不大,用于中等转速、中等轴颈压力、有一定精度要求的一般滑动轴承;要求装配方便的中等定位精度的配合
H7/g6	G7/h6	间隙很小,用于低速转动或轴向移动的精密定位的配合;需要精确定位又常装拆的不动配合
H7/h6 H8/h7 H9/h9 H11/h11	H7/h6 H8/h7 H9/h9 H11/h11	最小间隙为零,用于间隙定位配合,公差等级由定位精度决定,工作时一般无相对运动,也用于高精度低速轴向移动的配合
H7/k6	K7/h6	平均间隙接近于零,用于要求装拆的精密定位的配合
H7/n6	N7/h6	较紧的过渡配合,用于一般不拆卸的更精密定位的配合
H7/p6	P7/h6	过盈很小,用于要求定位精度高、配合刚性好的配合,而不能只靠过盈传递载荷
H7/s6	S7/h6	过盈适中,用于靠过盈传递中等载荷的配合
H7/u6	U7/h6	过盈较大,装配时需加热孔或冷却轴,用于靠过盈传递较大载荷的配合

表 2-13 工作条件对配合松紧的要求

工 作 条 件	过盈	间隙	工 作 条 件	过盈	间隙
经常装拆	减少		装配时可能歪斜	减少	增大
工作时孔的温度比轴低	减少	增大	旋转速度高	增大	增大
工作时轴的温度比孔低	增大	减少	有轴向运动		增大
形状和位置误差较大	减少	增大	表面较粗糙	增大	减少
有冲击和振动	增大	减少	装配精度高	减少	减少
配合长度较大	减少	增大	对中性要求高	减少	减少

3. 有关计算过程

已知极限间隙和极限过盈量的实际要求,通过配合公差与孔、轴公差的关系式以及极限间隙、极限过盈与孔、轴极限偏差的关系式,便可计算得到满足配合需要的孔、轴的极限偏差值,再按标准化的要求正确选择配合代号。计算过程中应注意以下几点:

(1) 公差等级的选择以孔、轴公差之和不大于配合公差值为前提,并尽可能地考虑孔轴工艺等价,如≤IT8 时的配合孔应比轴低一级相配。

(2) 基准件确定后,非基准件的基本偏差代号则利用极限偏差与极限间隙过盈量的关系求得非基准件的允许的极限偏差。

(3) 查表选用公差带代号时,要求被选的公差带尽可能地充满计算所得的公差带即可。

【例 2-4】 孔轴公称尺寸为 40mm,要求配合最大间隙 $S_{max} = +0.037mm$,最大过盈 $\delta_{max} = -0.030mm$,要求确定孔轴的配合代号。

解 (1) 选择配合制

本例无特殊要求,选用基孔制,因此基准孔 $EI = 0$。

(2) 选择公差等级

根据使用要求,得

$$T_f = S_{max} - \delta_{max} = T_D + T_d = (+37) - (-30) = 67(\mu m)$$

先取孔轴同等级作试探,则 $T_D = T_d = T_f/2 = 33.5\mu m$,从表 2-3 查得:孔和轴的公差等级介于 IT7 和 IT8 之间,由于 IT7 和 IT8 符合≤IT8 条件,所以孔和轴应取不同的公差等级:孔为 IT8,$T_D = 39\mu m$,轴为 IT7,$T_d = 25\mu m$,配合公差为 $64\mu m$ 小于要求的 $T_f(67\mu m)$,满足要求,故为所选,并得出孔的公差带为 $\phi 40H8^{+0.039}_{0}$。

(3) 选择配合代号

根据使用要求,本例为过渡配合且已确定采用基孔制,由公式 $S_{max} = ES - ei$,$\delta_{max} = EI - es$,得

$$ei = ES - S_{max} = (+39) - (+37) = +2\mu m$$

$$es = EI - \delta_{max} = 0 - (-30) = +30\mu m$$

轴的基本偏差应为 ei。查表 2-5,轴的基本偏差代号 k,$ei = +2\mu m$,公差带 $\phi 40k7(^{+0.027}_{+0.002})$,$es = +27\mu m$,满足≤$+30\mu m$ 条件。最后选得 $\phi 40 \dfrac{H8}{k7}$ 这一配合。

(4) 验算设计结果

$\phi 40 \dfrac{H8}{k7}$ 的最大间隙为 $+37\mu m$,最大过盈为 $-27\mu m$,满足在最大间隙 $+37\mu m$ 和最大过盈 $-30\mu m$ 之内的设计要求,并最大限度地充满了原要求的配合公差带,经济性最好,同时已标准化。

4. 配制配合

对于尺寸大于 500mm 的零件除采用互换性生产外,根据其制造特点可采用配制配合。GB/T 1801—2009 在附录 B 中提出了对配制配合零件的一般要求:

(1) 先按互换性生产选取配合,配制的结果应满足此配合公差。

(2) 一般选择较难加工,但能得到较高测量精度的那个零件(在大多数情况下是孔)作为先加工条件,给它一个比较容易达到的公差或按"线性尺寸的未注公差"加工。

(3) 配制件(多数情况下是轴)的公差可按所定的配合公差来选取。所以,配制件的公差比采用互换性生产时单个零件的公差要宽。配制件的偏差和极限尺寸以先加工件的实际尺寸为基数来确定。

(4) 配制配合是关于尺寸极限方面的技术规定,不涉及其他技术要求,如零件的形状和位置公差、表面粗糙度等,不因采用配制配合而降低。

(5) 测量对保证配合性质有很大关系,要注意温度、形状和位置误差对测量结果的影响。配制配合应采用尺寸相互比较的测量方法。在同样条件下测量,使用同一基准装置或校对量具,由同一组计量人员进行测量,以提高测量精度。

标准规定用代号 MF(matched fit)表示配制配合,并借用基准代号 H 或基准轴代号 h 表示先加工件。在装配图和零件图的相应部位均应标出,同时装配图上还要标明按互换性生产时的配合要求。

【例 2-5】 对 $\phi3000$mm 的孔轴按配制配合确定相应孔轴的公差带,以孔作为先加工件,并完成配制件极限尺寸的计算。

解　在装配图上可标注为 $\phi3000$H6/f6MF,对于先加工件孔,应给一个较容易达到的公差,例如 H8,其在零件图中标注为 $\phi3000$H8MF。

若按"线性尺寸的未注公差"加工,则标注为 $\phi3000$MF。

这时,配制件为轴,根据已确定的配合公差选取合适的公差带,例如 f7,此时最大间隙为 0.355mm、最小间隙为 0.145mm,图上标注为 $\phi3000$f7 MF 或 $\phi3000_{-0.355}^{-0.145}$MF。

然后,用尽可能准确的方法测出先加工件(孔)的实际尺寸,例如为 $\phi3000.195$mm,则配制件(轴)的极限尺寸计算如下:

$$上极限尺寸 = 3000.195 - 0.145 = 3000.05(mm)$$
$$下极限尺寸 = 3000.195 - 0.355 = 2999.84(mm)$$

2.4　其他尺寸公差带规定

2.4.1　尺寸＝500～3150mm 的常用孔、轴公差带

1. 大尺寸孔、轴公差的特点

在工程上,通常将公称尺寸大于 500mm 的孔、轴称为大尺寸零件。大尺寸零件主要用于重型机械,如大型汽轮机、重型电机、大型水轮机、矿山机械等。相应地,大尺寸零件多为单件或小批生产,并采用通用机床、刀具、量具以及其他工装设备,而不用定尺寸的刀、量具。

大尺寸孔、轴与一般尺寸孔、轴的最主要差别是:

(1) 大尺寸孔、轴的加工难易程度相近。因为在一般尺寸范围内,由于刀具刚性、散热状况、排屑条件、测量误差等原因,使同样加工条件下孔的尺寸误差比轴的大,而在大尺寸范围内,上述原因引起的加工误差,对孔、轴的影响差别不大。有时,由于轴的测量器具的刚性

不好,反而使轴的测量误差比孔的还大。

（2）由于尺寸的增大,工件(特别是孔)的形状误差也会相应增大,它将直接影响装配性。

（3）影响"大尺寸"加工误差的主要因素是测量误差。"大尺寸"的孔、轴测量比较困难,测量时很难找到真正的直径位置,测量结果值往往小于实际值;"大尺寸"外径的测量,受测量方法和测量器具的限制,比测量内径更困难、更难掌握,测量误差也更大;"大尺寸"测量时的温度变化对测量误差有很大的影响;"大尺寸"测量中,基准的准确性和工件与量具中心轴线的同轴误差对测量也有很大影响。在加工过程中,工件与测量器具的温差将增大测量误差,在工作状态下,相配孔、轴实际温度对标准温度的差异,将影响配合性质。

综合以上各种原因,对公称尺寸大于 500mm 的孔、轴,规定采用不同于公称尺寸 ≤500mm 的公差单位 I (公差因子)。

对全部 14 种基本偏差代号,孔的基本偏差数值与相应代号的轴的基本偏差数值,大小相等、符号相反,即对于 D、E、F、G、H,EI＝－es;对于 K、M、N、P、R、S、T、U,ES＝－ei。

2. 常用孔、轴公差带

GB/T 1801—2009 对公称尺寸＝500～3150mm 的孔、轴规定了 41 种轴的常用公差带(见图 2-21)和 31 种孔的常用公差带(见图 2-22)。根据以上分析,大尺寸孔、轴公差与配合的选用与一般尺寸亦有所不同。通常,只选用≥IT6 的中等与较低公差等级,而且相配孔、轴的公差等级一般取成相同的。当工作温度对标准温度的差异较大时,特别是孔、轴的温差和线胀系数差较大时,应该估算工作条件下的间隙或过盈,以保证其工作的可靠性。

			g6	h6	js6	k6	m6	n6	p6	r6	s6	t6	u6
		f7	g7	h7	js7	k7	m7	n7	p7	r7	s7	t7	u7
d8	e8	f8		h8	js8								
d9	e9	f9		h9	js9								
d10				h10	js10								
d11				h11	js11								
				h12	js12								

图 2-21　大尺寸轴的常用公差带

			G6	H6	JS6	K6	M6	N6
		F7	G7	H7	JS7	K7	M7	N7
D8	E8	F8		H8	JS8			
D9	E9	F9		H9	JS9			
D10				H10	JS10			
D11				H11	JS11			
				H12	JS12			

图 2-22　大尺寸孔的常用公差带

2.4.2　尺寸≤18mm 的孔、轴公差带

1. 小尺寸孔、轴公差的特点

为了满足仪器仪表和钟表工业的特殊需要,GB/T 1803—2003 规定了基本尺寸≤18mm 的常用孔、轴公差带,目前仍可应用。通常,基本尺寸≤18mm 的孔、轴称为小尺寸零件。这

个尺寸段与基本尺寸≤500mm(常用尺寸段)是重叠的,所以它们的标准公差的计算公式和基本偏差数值的确定方法也是完全相同的,只是增加了适应仪器仪表和钟表工业特殊需要的公差带。这些公差带的特点主要是:

(1) 基轴制配合采用较多,大体上与基孔制配合的数目相同。

(2) 相配孔、轴公差等级的关系比较复杂,不仅有相同等级相配,也有相差 1～3 级的孔、轴相配,且孔的等级高于轴的等级也往往多于轴的等级高于孔的等级的配合。

(3) 由于受结构尺寸的限制,不能采用附加连接件,因此直接采用过盈配合(特别是大过盈配合)连接孔、轴的较为多见。

(4) 仪器仪表与钟表工业的产品一般要求有较高的公差等级。

2. 常用孔、轴公差带

国标规定了主要用于仪器仪表和钟表工业的 163 种轴的公差带(见图 2-23)和 145 种孔的公差带(见图 2-24)。

```
                              h1    js1
                              h2    js2
              ef3 f3  fg3 g3  h3    js3 k3 m3 n3 p3 r3
              ef4 f4  fg4 g4  h4    js4 k4 m4 n4 p4 r4 s4
   c5 cd5 d5 e5 ef5 f5  fg5 g5 h5 j5 js5 k5 m5 n5 p5 r5 s5 u5 v5 x5 z5
   c6 cd6 d6 e6 ef6 f6  fg6 g6 h6 j6 js6 k6 m6 n6 p6 r6 s6 u6 v6 x6 z6 za6
   c7 cd7 d7 e7 ef7 f7  fg7 g7 h7 j7 js7 k7 m7 n7 p7 r7 s7 u7 v7 x7 z7 za7 zb7 zc7
b8 c8 cd8 d8 e8 ef8 f8  fg8 g8 h8   js8 k8 m8 n8 p8 r8 s8 u8 v8 x8 z8 za8 zb8 zc8
a9 b9 c9 cd9 d9 e9 ef9 f9 fg9 g9 h9 js9 k9 m9 n9 p9 r9 s9 u9    x9 z9 za9 zb9 zc9
a10 b10 c10 cd10 d10 e10 ef10 f10  h10 js10 k10
a11 b11 c11     d11                h11 js11
a12 b12 c12                        h12 js12
a13 b13 c13                        h13 js13
```

图 2-23　公称尺寸≤18mm 时常用轴的公差带

由图 2-23 和图 2-24 可见,该标准推荐的孔、轴公差带覆盖了 GB/T 1801—2009 中规定的除 T、Y 和 t、y 两种基本偏差以外的全部一般用途的孔、轴公差带;具有较宽的公差等级范围,特别是包含了较高的公差等级;并推荐了只用于小尺寸的、由基本偏差 CD、EF、FG 和 cd、ef、fg 与相应公差等级组成的公差带;为了满足大过盈配合的需要,列入了由 ZA、ZB、ZC 和 za、zb、zc 与相应公差等级组成的公差带;并且,相对于 GB/T 1803—1979,GB/T 1803—2003 增加了 12 个孔公差带和 6 个轴公差带。

3. 一般公差(线性尺寸的未注公差)

一般公差是指在车间一般加工条件下可以保证的公差(要通过测量评估),它是机床设备在正常维护和操作情况下,可以达到的经济加工精度。采用一般公差的尺寸时,在该尺寸后不标注极限偏差或其他代号(故亦称未注公差),而且在正常情况下,一般可不检验。除另

```
                              H1    JS1
                              H2    JS2
              EF3 F3 FG3 G3 H3    JS3 K3 M3 N3 P3 R3
              EF4 F4 FG4 G4 H4    JS4 K4 M4 N4 P4 R4
           E5 EF5 F5 FG5 G5 H5    JS5 K5 M5 N5 P5 R5 S5
     CD6 D6 E6 EF6 F6 FG6 G6 H6 J6 JS6 K6 M6 N6 P6 R6 S6 U6 V6 X6 Z6
     CD7 D7 E7 EF7 F7 FG7 G7 H7 J7 JS7 K7 M7 N7 P7 R7 S7 U7 V7 X7 Z7 ZA7 ZB7 ZC7
  B8 C8 CD8 D8 E8 EF8 F8 FG8 G8 H8 J8 JS8 K8 M8 N8 P8 R8 S8 U8 V8 X8 Z8 ZA8 ZB8 ZC8
A9 B9 C9 CD9 D9 E9 EF9 FG9 G9 H9  JS9 K9 M9 N9 P9 R9 S9 U9   X9 Z9 ZA9 ZB9 ZC9
A10 B10 C10 CD10 D10 E10 EF10      H10 JS10     N10
A11 B11 C11    D11                 H11 JS11
A12 B12 C12                        H12 JS12
                                   H13 JS13
```

图 2-24　公称尺寸≤18mm 时常用孔的公差带

有规定外,即使检验出超差,但若未达到损害其功能时,通常不应拒收。

GB/T 1804—2000 规定了线性尺寸的一般公差等级和相应的极限偏差数值,如表 2-14 所列。由表可见,线性尺寸的一般公差分为:f(精密级)、m(中等级)、c(粗糙级)和 v(最粗级)4 个等级,在公称尺寸 0.5～4000mm 范围内分为 8 个尺寸分段。各公差等级和尺寸分段内的极限偏差数值均为对称分布,即上、下偏差大小相等、符号相反。

线性尺寸的一般公差主要适用于金属切削加工的尺寸,也适用于一般的冲压加工的尺寸。非金属材料或其他工艺方法加工的尺寸亦可参照采用。规定线性尺寸的一般公差,应该根据产品的精度要求和车间的加工条件,在表 2-14 规定的公差等级中选取,并在图样标题栏附近或技术要求上、技术文件(如企业标准)中,用标准号和公差等级代号表示。

表 2-14　线性尺寸一般公差的公差等级及其极限偏差数值

公差等级	基本尺寸分段/mm							
	0.5～3	>3～6	>6～30	>30～120	>120～400	>400～1000	>1000～2000	>2000～4000
精密级 f	±0.05	±0.05	±0.1	±0.15	±0.3	±0.5	±0.5	—
中等级 m	±0.1	±0.1	±0.2	±0.3	±0.8	±1.2	±1.2	±2
粗糙级 c	±0.2	±0.3	±0.5	±0.8	±2	±3	±3	±4
最粗级 v	—	±0.5	±1	±1.5	±4	±6	±6	±8

例如,选用中等级时,表示为 GB 1804-m。如果某要素的功能要求允许采用比一般公差更大的公差(如盲孔深度尺寸),则应在尺寸后注出相应的极限偏差数值,以满足生产的要求。

GB/T 1804—2000 还对倒圆半径和倒角高度尺寸这两种常用的特定线性尺寸的一般公差作了规定,见表 2-15。由表 2-15 可见,其公差等级也分为:f(精密级)、m(中等级)、c(粗糙级)和 v(最粗级)4 个等级,而尺寸分段只有 0.5～3、>3～6、>6～30 和>30 四段。其极限偏差数值亦为对称分布,即上、下偏差大小相等,符号相反。

表 2-15　倒圆半径与倒角高度尺寸一般公差的公差等级及其极限偏差数值

公差等级	基本尺寸分段/mm			
	0.5～3	>3～6	>6～30	>30
精密级 f,中等级 m	±0.2	±0.5	±1	±2
粗糙级 c,最粗级 v	±0.4	±1	±2	±4

注：倒圆半径和倒角的含义见 GB/T 6403.4。

2.5　尺寸极限与配合应用实例

本节以 2.1 节引入的一级直齿圆柱减速器为例,分析其相关尺寸极限与配合的精度设计问题。如图 2-1 所示,一级直齿圆柱减速器中主要包括与传动轴相关的尺寸极限与配合设计以及端盖与箱体孔、箱体孔与轴承外圈的配合设计。其他减速器,包括二级圆柱齿轮减速器的尺寸极限与配合与一级直齿圆柱减速器的尺寸极限与配合精度设计内容基本一致。

1. 与传动轴相关的尺寸极限与配合设计

与传动轴相关的尺寸极限与配合设计主要包括传动轴两端轴颈与轴承内圈的配合、传动轴与齿轮内孔的配合、键与轴和轮毂槽的配合及输出轴驱动轴颈的尺寸精度设计。

1) 传动轴与齿轮内孔的配合设计

对于图 2-1 所示的直齿圆柱齿轮减速器,轴 10 的轴 $\phi50$ 与齿轮 12 的齿轮孔 $\phi50$ 的配合设计问题。因为一般没有给定孔轴配合的极限间隙与极限过盈,无法采用计算法完成配合设计。为此,从以下几个方面考虑配合设计：

(1) 配合制的选择　根据本章孔轴配合制选择的建议,一般选择基孔制配合,这样就确定齿轮孔 $\phi50$ 的基本偏差为 H。

(2) 配合精度的选择　根据配合选择的精度协调原则,对于 $\phi50$ 轴、孔的精度等级应与齿轮的精度等级一致,原因是齿轮孔 $\phi50$ 既是加工的重要工艺基准,也是齿轮安装的重要安装基准。该齿轮 12 为 6 级精度,因此确定 $\phi50$ 轴、孔的精度等级分别为 IT6、IT7。

(3) $\phi50$ 轴的基本偏差的确定　该直齿圆柱齿轮减速器的输出轴有一定的转速范围、承受较大的负载,为了保证齿轮 12 的传动精度、承载能力和传动平稳性,要求齿轮孔 $\phi50$ 与相配轴 $\phi50$ 应完全没有间隙,但也不能有太大的过盈。基孔制下过渡配合情况,轴基本偏差包括 js、k、m、n,与孔 $\phi50$H7 配合可能会产生间隙。而基孔制下过盈配合情况,轴基本偏差包括 p、r、s 等,其中基本偏差 p 所形成的最大过盈最小,完全满足配合定心与消除配合间隙的要求。同时,参考相关的表,选择 $\phi50$ 轴的基本偏差为 p。

(4) 确定孔轴配合　根据以上分析,确定孔公差带为 $\phi50$H7、轴公差带为 p6,配合表示为 $\phi50$H7/p6。

2) 传动轴两端轴颈与轴承内圈的配合设计

该直齿圆柱齿轮减速器输出轴两端轴颈 $\phi45$ 与单列圆锥滚子轴承 30309 内圈、输入轴

两端轴颈 $\phi30$ 与单列圆锥滚子轴承 30306 内圈的配合,采用基孔制配合。由于轴承作为标准件,其轴承内圈公差带朝内,其要求与所配轴颈组成过盈配合。根据本书轴承部分的精度设计内容,考虑正常载荷,选择轴颈 $\phi45$ 的公差带为 m6、轴颈 $\phi30$ 的公差带为 k6。具体设计过程,请参看本书轴承一章。

3) 键与轴和轮毂槽的配合

键连接在这里起着传递动力的作用,它同时与轴槽和齿轮轮毂槽组成配合,因此采用基轴制配合。该直齿圆柱齿轮减速器的传动轴的连接键采用平键,根据相关标准或本书键连接精度设计内容,平键的宽度公差带为 h9,轴槽公差带为 N9,齿轮轮毂槽公差带为 JS9。具体设计过程,请参考本书单键结合的互换性内容。

4) 输出轴驱动轴颈的公差带

该直齿圆柱齿轮减速器的输出轴驱动轴颈 $\phi35$,通过与相配合的齿轮、链轮等内孔配合以及键连接,完成动力的输出。因此,该轴颈 $\phi35$ 的精度设计要求是保证较好的定心精度,并根据表 2-11,采用基孔制配合,选择轴颈 $\phi35$ 的公差带为 m6,使得与未来进行配合的 H7 孔组成过渡配合,保证一定的定心精度和装配的便利。

2. 箱体孔与轴承外圈、端盖止口与箱体孔的配合设计

该直齿圆柱齿轮减速器所选择的轴承分别是单列圆锥滚子轴承 30306 和 30309,参考本书轴承的互换性设计内容,考虑载荷性质为存在正常载荷情况和轴承的精度等级 P6,首先选择箱体孔 $\phi72$ 的公差带为 H7、箱体孔 $\phi100$ 的公差带为 H7,如果载荷性质为冲击载荷,箱体孔 $\phi72$ 的公差带应为 J7、箱体孔 $\phi100$ 的公差带为 J7。然后,考虑箱体孔 H7 公差带与端盖止口的配合应为间隙配合,并且对配合精度没有实质性要求,因此选择 IT9 级精度,并确定基本偏差为 f,组成 f9 公差。

根据以上设计,最后得到相关的孔轴配合要求,并应合理地标注在直齿圆柱齿轮减速器装配图上,如图 2-1 所示。

3. 箱体有关的尺寸精度设计

该直齿圆柱齿轮减速器的箱体轴承座孔 $\phi72$ 与 $\phi100$ 的孔心距为 122mm,该尺寸精度会影响减速器齿轮啮合的齿侧间隙。由于齿轮精度等级为 6 级,孔心距 122mm 的公差带选为 IT8 公差等级,并确定为对称分布,即 ±0.031mm。其他的尺寸精度设计,还涉及减速箱上下箱体定位的两销钉孔之间的孔心水平与垂直方向的尺寸精度,该销钉孔位置要求也可采用位置度公差控制。

习　题

2-1 简述尺寸要素、实际(组成)要素、提取组成要素、拟合组成要素的含义。

2-2 简述孔与轴、实际尺寸与公称尺寸、偏差与公差、间隙与过盈的定义及其区别。

2-3 简述标准公差、基本偏差的定义,并说明它们与公差等级的联系。

2-4　简述配合、基准制的含义。配合有哪几类？配合性质由什么决定？

2-5　简述标准中基本偏差代号的规定及其规律。

2-6　简述尺寸公差带的表示方法及其应用场合。

2-7　公差与配合的设计主要是确定哪三个方面的内容？其基本原则是什么？

2-8　间隙配合、过盈配合与过渡配合各适用于什么场合？每类配合在选定松紧程度时应考虑哪些因素？

2-9　配合的选择应考虑哪些问题？

2-10　什么是配制配合？其应用场合和应用目的是什么？如何选用配制配合？

2-11　是非判断题(你认为对的在括号内填上"√"，错的填上"×")

(1) 拟合组成要素是直接由实际(组成)要素经过某种操作而获得的。　　　　(　　)

(2) 某基孔制配合，孔的公差为 $27\mu m$，最大间隙为 $13\mu m$，则该配合一定是过渡配合。

　　　　　　　　　　　　　　　　　　　　　　　　　　　　(　　)

(3) 孔与轴的加工精度越高，其配合精度越高。　　　　　　　　　　(　　)

(4) 一般来说，零件的实际尺寸愈接近基本尺寸愈好。　　　　　　　(　　)

(5) 为了得到基轴制的配合，不一定要先加工轴，也可以先加工孔。　　(　　)

(6) 配合公差越大，则配合越松。　　　　　　　　　　　　　　　(　　)

(7) 公差可以为正值、负值和零，而极限偏差必须是正值。　　　　　(　　)

(8) 配合 H7/g6 和 H7/s6，前者比后者形成的孔轴配合松。　　　　(　　)

(9) 某轴的设计要求为 $\phi 20\pm 0.05mm$，其公差为 $\pm 0.05mm$。　　　　(　　)

(10) 基轴制过渡配合的孔，其下偏差必小于零。　　　　　　　　(　　)

2-12　根据表中已知数据，填写表中空格，并按适当比例绘制出各孔、轴的公差带图。

序号	尺寸标注	公称尺寸	上极限尺寸	下极限尺寸	上极限偏差	下极限偏差	公差
1	轴 $\phi 35^{+0.031}_{0}$						
2	孔	$\phi 50$	$\phi 50.039$			$+0.010$	
3	轴	$\phi 40$			$+0.030$		0.035
4	孔		$\phi 30.025$	$\phi 30.005$			

2-13　根据表中已知数据，填写表中空格，并按适当比例绘制出各对配合的尺寸公差带图。

序号	公称尺寸/mm		极限尺寸/mm		极限偏差/mm		公差 T /mm	最大、最小间隙或过盈
			max	min	ES(es)	EI(ei)		
1	孔	15	15.039	15.00				
2	轴				-0.015	-0.025		
3	孔	30	30.015			0.005		
4	轴			30.010	$+0.025$			
5	孔	50			-0.018	-0.049		
6	轴		50.000	49.981				

2-14　查表并用公差带代号表示下列各尺寸的公差要求。

(1) $\phi 45_{-0.016}^{0}$（轴）　　　　　　(2) $\phi 90_{0}^{+0.054}$（孔）

(3) $\phi 20_{-0.041}^{-0.020}$（轴）　　　　　(4) $\phi 60_{-0.041}^{+0.005}$（孔）

(5) $\phi 120 \pm 0.070$（孔或轴）　　　　(6) $\phi 30_{-0.023}^{+0.010}$（孔）

2-15　配合的公称尺寸是 $\phi 30$，要求装配后的间隙在（$+0.018 \sim +0.088$）范围内，试按照基孔制确定它们的配合代号。

2-16　试计算孔 $\phi 35_{0}^{+0.025}$ 与轴 $\phi 35_{+0.017}^{+0.033}$ 配合中的极限间隙（或极限过盈），并指明配合性质。

2-17　根据下列三对孔、轴配合的实际使用要求，确定符合要求的配合代号，画出配合的公差带图，并进行极限间隙或极限过盈的验算。

(1) 配合的公称尺寸 $\phi 60$，$S_{max} = +0.088$，$S_{min} = +0.010$；

(2) 配合的公称尺寸 $\phi 15$，$\delta_{max} = -0.025$，$S_{max} = +0.025$；

(3) 配合的公称尺寸 $\phi 220$，$\delta_{max} = -0.160$，$\delta_{min} = -0.080$。

第 3 章

几 何 公 差

3.1 概　　述

图 3-1 所示为一种二级减速器的高速轴零件,根据设计要求,零件转速为 1440r/min,其中 $\phi30$ 的轴段和皮带轮连接,连接方式是 C 型平键,两端 $\phi45$ 的轴颈和滚动轴承连接。

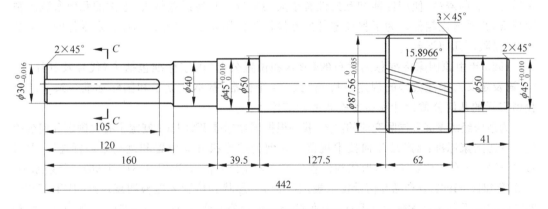

图 3-1　二级减速器高速轴

零件的使用要求是带轮与轴颈 $\phi30$ 正确连接并传递力矩,斜齿圆柱齿轮能正常啮合,旋转不出现偏心,零件高速转动中振动小。

根据零件使用要求,确定零件加工工艺。首先在轴的两端打好中心孔作为零件加工的基准,零件的后期加工、检测都是以这一中心孔为基准进行的。加工好中心孔后,通过车削(粗车和精车)加工各外圆,并通过磨削加工连接面。那么对于这一轴的几何公差(形状和位置公差)应当如何规定,将在本章进行探讨。

几何误差(形状和位置误差)对零件的使用性能影响有很多,归纳起来主要有以下影响。

(1) 影响配合性质　圆柱表面的形状误差,在间隙配合中,会使得间隙大小分布不均匀,当配合件之间有相对运动的时候,容易造成局部表面磨损,影响配合件的工作精度,降低零件的使用寿命;在过盈配合中,会使得过盈量分布不均匀,影响连接强度。

（2）影响可装配性　例如,花键轴各键的位置误差和箱盖、法兰盘等零件上各螺栓孔的位置误差过大,将难以顺利装配。

（3）影响工作精度　例如,车床床身导轨的直线度误差会影响床鞍的运动精度;车床主轴两支承轴颈的几何误差将影响主轴的回转精度;齿轮箱上各轴承孔的位置误差会影响齿轮齿面载荷分布的均匀性和齿侧间隙。

（4）影响零件的其他功能要求　有结合要求的表面若存在形状误差,将影响结合的密封性,并因实际接触面积的减小而降低承载能力。特别是对于精密机器、精密仪器以及经常在高速和重载条件下工作的机械,几何误差的影响更为严重。因此,几何误差的大小是衡量产品质量的重要技术指标。

3.2　基　本　概　念

3.2.1　几何公差标准概况

机械零件上几何要素的形状和位置精度是一项重要的质量指标。零件在加工过程中由于受各种因素的影响,其几何要素不可避免地会产生形状误差和位置误差(简称几何误差),它们对产品的寿命、使用性能和互换性有很大的影响。几何误差越大,零件的几何参数的精度越低,其质量也越低。为了保证零件的互换性和使用要求,需要正确地给定零件的几何公差,用以限制几何误差。

1980 年由原国家标准总局发布的《形状和位置公差》国家标准包括了《代号及其注法》《术语及定义》《未注公差的规定》《检测规定》4 个标准,基本建立了和国际标准一致又结合我国实际的几何公差设计和误差检测的标准体系。

为适应经济发展和国际交流的需要,我国根据国际标准 ISO 1101 制定了有关确定几何公差的一系列国家标准:《产品几何技术规范　几何公差形状方向位置和跳动公差标注》(GB/T 1182—2008/ISO 1101:2004)、《形状和位置公差　未注公差值》(GB/T 1184—1996)、《公差原则》(GB/T 4249—1996)、《产品几何量技术规范(GPS)　形状和位置公差检测规定》(GB/T 1958—2004)、《产品几何量技术规范(GPS)　几何公差　位置公差注法》(GB/T 13319—2004)、《形状和位置公差　最大实体要求、最小实体要求和可逆要求》(GB/T 16671—2009)。作为贯彻上述标准的技术保证,还发布了一系列几何误差评定和检测标准:《直线度误差检测》(GB/T 11336—2004)、《平面度误差检测》(GB/T 11337—2004)、《圆度误差的评定——两点、三点法》(GB/T 4380—2004)、《产品几何量技术规范(GPS)圆度测量　术语、定义及参数》(GB/T 7234—2004)、《产品几何量技术规范(GPS)　评定圆度误差的方法　半径变化量测量》(GB/T 7235—2004)。

3.2.2　几何公差的规定对象

几何公差规定的对象是零件的几何形体。从几何角度讲,构成零件的点、线、面都称为零件的几何要素(见图 3-2)。因此,几何公差所规定的对象就是零件的这三种要素。"点"是指线的交点、圆心、球心等;"线"是指零件的棱边、素线、轴线或中心线等;"面"是指零件中心平面或各种形状的轮廓面(包括内外表面、圆柱面、圆锥面、球面)。点具有位置的描述,但无大小可言,因此点要求控制的特性仅是位置没有形状。线和面则需控制形状和位置。因此位置公差控制的对象是点、线和面,而形状公差控制的对象是线和面要素。

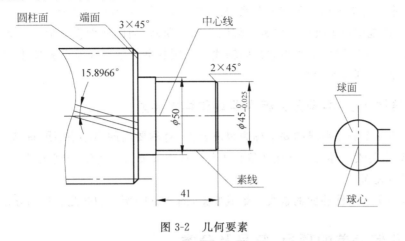

图 3-2   几何要素

按存在状态、所处的地位、功能关系及结构特征的不同,要素可以分为以下几种。

1. 按存在状态,要素可以分为拟合要素和实际要素

具有几何意义的要素,即不存在任何误差的要素称为拟合要素。如具有理想形状的点、线、面都是拟合要素。

实际要素是指零件上实际存在的要素。在测量时,实际要素由提取要素来体现。由于存在测量误差,提取要素并非该要素的真实状况。

2. 按所处的地位,要素分为被测要素和基准要素

在零件图样上给出形状或(和)位置公差的要素,即需要研究确定其形状或(和)位置误差的要素,称为被测要素。用来确定理想被测要素的方向或(和)位置的要素,称为基准要素。理想的基准简称为基准。基准要素有基准平面、基准直线和基准点三种。

图 3-3(a)中对 $\phi 30_{-0.013}^{0}$ 轴的素线给出了直线度公差,图 3-3(b)中对 $\phi 30_{-0.013}^{0}$ 轴的中心线规定了同轴度公差,所以这些要素是被测要素。而图 3-3(b)中 $\phi 40_{-0.016}^{0}$ 的中心线的理想位置应与 $\phi 30_{-0.013}^{0}$ 中心线重合,因此 $\phi 40_{-0.016}^{0}$ 轴的中心线为基准要素。

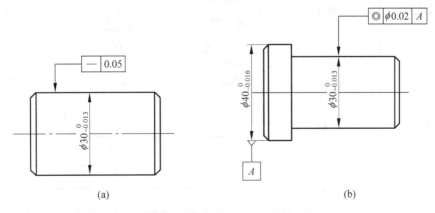

(a)　　　　　　　　　　　　　　(b)

图 3-3   被测要素与基准要素

3．按功能关系，要素分为单一要素和关联要素

仅对要素自身提出形状公差的要素，称为单一要素。对其他要素有功能关系的要素，称为关联要素，即规定位置公差的要素。如图 3-3(a)所示，当圆柱面仅有形状公差时，圆柱面为单一要素；图 3-3(b)所示为小圆柱面轴线对大圆柱面轴线有位置公差要求时，则小圆柱面为关联要素，大圆柱面为基准。

4．按结构特征，要素分为组成要素和导出要素

由一个或几个表面形成的要素称为组成要素，对称要素的中心点、线、面或回转表面的轴线，称为导出要素。导出要素往往依存于相应的组成要素。例如，球心依存于球面；中心线依存于回转表面。

图 3-3(a)所示的圆柱面的素线为组成要素，图 3-3(b)所示的被测要素为导出要素。

3.2.3　几何公差的项目、符号及分类

GB 1182—2008 规定，几何公差分为形状公差和位置公差两大类。形状公差是对单一要素的要求，如直线度、平面度、圆度、圆柱度、位置公差是对关联要素的要求。它包括定向公差，即平行度、垂直度和倾斜度；定位公差，即位置度、同轴(心)度和对称度；跳动公差，即圆跳动和全跳动。线轮廓度和面轮廓度则有两重性，当无基准要求时属于形状公差；有基准要求时，则属于位置公差。

几何公差共有 14 个项目，各项目的名称及符号见表 3-1。

表 3-1　几何公差项目及符号

公　　差		特征项目	符号	基准要求
形状	形状	直线度	——	无
		平面度	▱	无
		圆度	○	无
		圆柱度	⌀	无
形状或位置	轮廓	线轮廓度	⌒	有或无
		面轮廓度	⌓	有或无
位置	定向	平行度	//	有
		垂直度	⊥	有
		倾斜度	∠	有
	定位	同轴度	◎	有
		对称度	=	有
		位置度	⊕	有或无
	跳动	圆跳动	↗	有
		全跳动	↗↗	有

3.2.4　几何公差带

1. 几何公差带基本概念

几何公差标注是图样中对几何要素的形状、位置提出精度要求时作出的表示。一旦有了这一标注,也就明确了被控制的对象(要素)是谁,允许它有何种误差,允许的变动量(即公差值)多大,范围在哪里,实际要素只要做到在这个范围之内就为合格。在此前提下,被测要素可以具有任意形状,也可以占有任何位置。这使几何要素(点、线、面)在整个被测范围内均受其控制。

几何公差带是由形状(理想包容形状)、大小(公差值)、方向和位置 4 个要素组成的。公差带的要求是由零件的功能和互换性确定。形状公差是单一实际被测要素对其拟合要素的允许变动全量,形状公差带则是限制单一实际被测要素变动的区域,形状公差带的方向和位置一般是浮动的,即可随实际被测要素的方向和位置变动而变动。

为讨论方便,可以用图形来描绘允许实际要素变动的区域,这就是公差带图。它必须表明形状、大小、方向和位置关系。

2. 几何公差带的 4 个要素

几何公差带的 4 个要素就是指公差带形状、大小、方向和位置的关系。

1) 公差带的形状

公差带的形状是由要素本身的特征和设计要求确定的。常用的公差带有以下 9 种形状:圆内区域、两同心圆间的区域、两同轴圆柱面间的区域、两平行直线之间的区域、两等距线之间的区域、两平行平面之间的区域、两等距面间的区域、圆柱内区域、球内区域,如图 3-4所示。

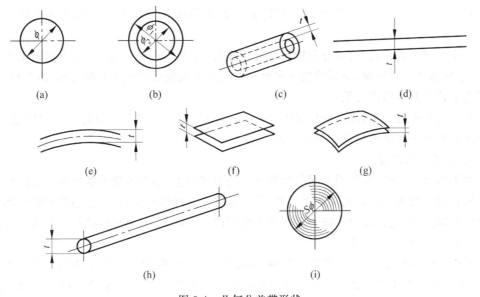

图 3-4　几何公差带形状

公差带呈何种形状,取决于被测要素的形状特征、公差项目和设计时表达的要求。

在某些情况下,被测要素的形状特征就确定了公差带形状。如被测要素是平面,则其公差带只能是两平行平面;被测要素是非圆曲面或曲线,其公差带只能是两等距曲面或两等距曲线。必须指出:被测要素要由所检测的公差项目确定,如在平面、圆柱面上要求的是直线度公差项目,则要作一截面得到被测要素,被测要素此时是平面(截面)内的直线。

在多数情况下,除被测要素的特征外,设计要求对公差带形状起着重要的决定作用。如对于轴线,其公差带可以是两平行直线、两平行平面或圆柱面,设计时根据给定平面内、给定方向上或是任意方向上的要求而定。

有时,几何公差的项目就已决定了几何公差带的形状。如同轴度,由于零件孔或轴的轴线是空间直线,同轴要求必是指任意方向的,其公差带只有圆柱形一种。圆度公差带只可能是两同心圆,而圆柱度公差带则只有两同轴圆柱面一种。

2) 公差带的大小

公差带的大小是指公差标注中公差值的大小,它是指允许实际要素变动的全量,它的大小表明形状位置精度的高低,按上述公差带的形状不同,可以是指公差带的宽度或直径,这取决于被测要素的形状和设计的要求,设计时可在公差值前加与不加符号 ϕ 加以区别。对于同轴度和任意方向上的轴线直线度、平行度、垂直度、倾斜度和位置度等要求,所给出的公差值应是直径值,公差值前必须加符号 ϕ。对于空间点的位置控制,有时要求任意方向控制,则用到球状公差带,符号为 $S\phi$。

对于圆度、圆柱度、轮廓度(包括线和面)、平面度、对称度和跳动等公差项目,公差值只可能是宽度值。对于在一个方向上、两个方向上或一个给定平面内的直线度、平行度、垂直度、倾斜度和位置度所给出的一个或两个互相垂直方向的公差值也均为宽度值。

公差带的宽度或直径值是控制零件几何精度的重要指标。一般情况下,应根据 GB/T 1184—1996 来选择标准数值,如有特殊需要,也可另行规定。

3) 公差带的方向

在评定几何误差时,形状公差带和位置公差带的放置方向直接影响到误差评定的正确性。

对于形状公差带,其放置方向应符合最小条件(见几何误差评定)。对于定向位置公差带,由于控制的正是方向,故其放置方向要与基准要素成绝对理想的方向关系,即平行、垂直或理论准确的其他角度关系。

对于定位位置公差,除点的位置度公差外,其他控制位置的公差带都有方向问题,其放置方向由相对于基准的理论正确尺寸来确定。

4) 公差带的位置

对于形状公差带,只是用来限制被测要素的形状误差,本身不作位置要求。如圆度公差带限制被测的截面圆实际轮廓圆度误差,至于该圆轮廓在哪个位置上、直径多大都不属于圆度公差控制之列,它们是由相应的尺寸公差控制的。实际上,只要求形状公差带在尺寸公差带内便可,允许在内任意浮动。

对于定向位置公差带,强调的是相对于基准的方向关系,其对实际要素的位置是不作控制的,而是由相对于基准的尺寸公差或理论正确尺寸控制。如机床导轨面对床脚底面的平行度要求,它只控制实际导轨面对床脚底面的平行性方面是否合格,至于导轨面离地面的高度,由其对床脚底面的尺寸公差控制,被测导轨面只要位于尺寸公差内,且不超过给定的平行度公差带,就视为合格。因此,导轨面的平行度公差带可移到尺寸公差带的上部位置,依被测要素离基准的距离不同,平行度公差带可以在尺寸公差带内上或下浮动变化。如果由理论正确尺寸定位,则几何公差带的位置由理论正确尺寸确定,其位置是固定不变的。

对于定位位置公差带,强调的是相对于基准的位置(其必包含方向)关系,公差带的位置由相对于基准的理论正确尺寸确定,公差带是完全固定位置的。其中同轴度、对称度的公差带位置与基准(或其延伸线)位置重合,即理论正确尺寸为 0,而位置度则应在 x、y、z 坐标上分别给出理论正确尺寸。

3.3　几何公差的符号及标注

3.3.1　几何公差符号

1. 几何公差代号

1) 公差框格及填写的内容

如图 3-5 所示,公差框格在图样上一般应水平放置,若有必要,也允许竖直放置。对于水平放置的公差框格,应由左往右依次填写公差项目符号、公差值及有关符号、基准字母及有关符号。基准可多至三个,但先后有别,基准字母代号前后排列不同将有不同的含义。对于竖直放置的公差框格,应该由下往上填写有关内容。公差框格的格数为 2~5 格,由需要填写的内容决定。

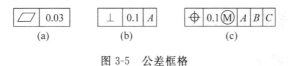

图 3-5　公差框格

2) 指引线

公差框格用指引线与被测要素联系起来,指引线由细实线和箭头构成。它从公差框格的一端引出,并保持与公差框格端线垂直,引向被测要素时允许弯折,但不得多于两次。指引线的箭头应指向公差带的宽度方向或径向,如图 3-6 所示。

2. 基准代号

与被测要素相关的基准用一个大写字母表示。字母标注在基准方格内,与一个涂黑或空白的三角形相连以表示基准,如图 3-7 所示。表示基准的字母还应标注在公差框格内。涂黑的和空白的基准三角形含义相同。

基准的种类有单一基准、组合基准和三基面体系。

(1) 单一基准　由一个要素建立的基准,如一个平面、中心线或轴线等。

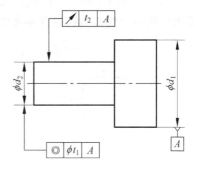

图 3-6　几何公差标注示例

（2）组合基准   由两个或两个以上的要素建立的一个独立基准，也称为公共基准，如由基准 A 和基准 B 组成的共同基准，标注为 A—B。

（3）三基面体系   由三个相互垂直的平面构成的基准体系。如图 3-8 所示，A、B、C 三个平面相互垂直，基准平面按功能要求有顺序之分，最主要的为第一基准平面，依次为第二基准平面和第三基准平面。

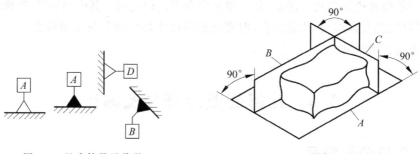

图 3-7   基准符号及代号   图 3-8   三基面体系

单一基准要素的名称用大写拉丁字母 $A,B,C,\cdots$ 表示。为不致引起误解，字母 E,F,I,J,L,M,O,P,R 不得采用。公共基准名称由组成公共基准的两基准名称字母，在中间加一横线组成。在位置度公差中常采用三基面体系来确定要素间的相对位置，应将三个基准按第一基准、第二基准和第三基准的顺序从左至右分别标注在各小格中，而不一定是按 $A,B,C,\cdots$ 字母的顺序排列。三个基准面的先后顺序是根据零件的实际使用情况，按一定的工艺要求确定的。通常第一基准选取最重要的表面，加工或安装时由三点定位，其余依次为第二基准（两点定位）和第三基准（一点定位），基准的多少取决于对被测要素的功能要求。

3.3.2   几何公差的标注方法

1. 被测要素的标注

标注被测要素时，要特别注意公差框格的指引线箭头所指的位置和方向，箭头的位置和方向的不同将有不同的公差要求解释，因此，要严格按国家标准的规定进行标注。

（1）当被测要素为组成要素时，指示箭头应指在被测表面的可见轮廓线上，也可指在轮廓线的延长线上，且必须与尺寸线明显地错开（见图 3-9(a)）。

（2）对视图中的一个面提出几何公差要求，有时可在该面上用一小黑点引出参考线，公差框格的指引线箭头则指在参考线上（见图 3-9(b)）。

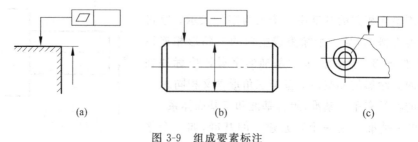

(a)   (b)   (c)

图 3-9   组成要素标注

（3）当被测要素为导出要素，如中心点、圆心、轴线、中心线、中心平面时，指引线的箭头应对准尺寸线，即与尺寸线的延长线相重合。若指引线的箭头与尺寸线的箭头方向一致时，可合并为一个（见图 3-10）。

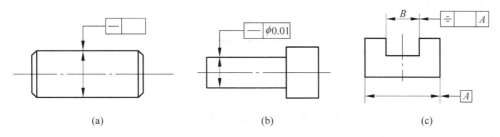

图 3-10 导出要素的标注

当被测要素是圆锥体轴线时，指引线箭头应与圆锥体的大端或小端的尺寸线对齐。必要时也可在圆锥体上任一部位增加一个空白尺寸线与指引箭头对齐（见图 3-11（a）、（b））。

（4）当要限定局部部位作为被测要素时，必须用粗点画线示出其部位并加注大小和位置尺寸（见图 3-11（c））。

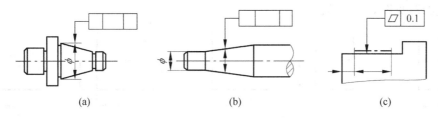

图 3-11 锥体和局部要素标注

2. 基准要素的标注

（1）当基准要素是边线、表面等组成要素时，基准代号中的短横线应靠近基准要素的轮廓线或轮廓面，也可靠近轮廓的延长线，但要与尺寸线明显错开（见图 3-12（a））。

（2）当受到图形限制，基准代号必须注在某个面上时，可在面上画出小黑点，由黑点引出参考线，基准代号则置于参考线上。如图 3-12（b）所示应为环形表面。

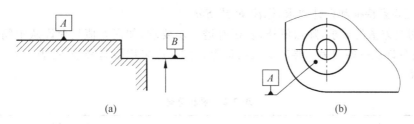

图 3-12 轮廓基准要素

（3）当基准要素是中心点、轴线、中心平面等导出要素时，基准代号的连线应与该要素的尺寸线对齐（见图 3-13），基准代号中的短横线也可代替尺寸线的其中一个箭头（见图 3-13（b））。

（4）当基准要素为圆锥体轴线时，基准代号上的连线应与基准要素垂直，即应垂直于轴线而不是垂直于圆锥的素线，而基准短横线应与圆锥素线平行（见图 3-13（c））。

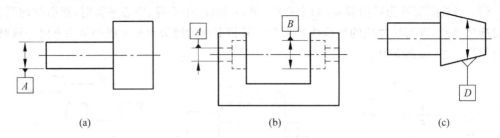

图 3-13　中心基准要素

（5）当以要素的局部范围作为基准时,必须用粗点画线示出其部位,并标注相应的范围和位置尺寸(见图 3-14)。

（6）当采用基准目标时,应在有关表面上给出适当的点、线或局部表面来代表基准要素。当基准目标为点时,用 45°的交叉粗实线表示(见图 3-15(a));当基准目标为直线时,用细实线表示,并在棱边上加 45°交叉粗实线(见图 3-15(b));当基准目标为局部表面时,以双点画线画出局部表面轮廓,中间画出斜45°的细实线(见图 3-15(c))。

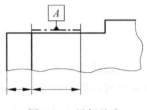

图 3-14　局部基准

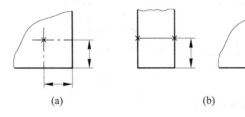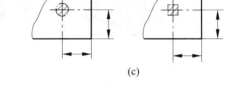

图 3-15　基准目标

3. 公差值的标注

（1）公差值表示公差带的宽度或直径,是控制误差量的指标。公差值的大小是几何公差精度高低的直接体现。

（2）公差值标注在公差框格的第 2 格中。如是公差带宽度只标注公差值 t,如是公差带直径则应视要素特征和设计要求,标注 ϕt 或 $S\phi t$。

（3）对公差值的要求,除数值外,若还有进一步要求,如误差值只允许从中间凸起不允许凹下,或只许从一端向另一端减少或增加等,此时,应采用限制符号(见表 3-2),标注在公差值的后面。

表 3-2　限制符号

含　义	符　号	举　例
只允许向材料内凹下	(－)	— $t(-)$
只允许向材料外凸起	(＋)	▱ $t(+)$
只允许从左至右减小	(▷)	╱ $t(\triangleright)$
只允许从左至右增大	(◁)	╱ $t(\triangleleft)$

4. 附加符号的标注

在几何公差标注中,为了进一步表达其他一些设计要求,可以使用标准规定的附加符号,在标注框格中作出相应的表示。

1) 包容要求符号 Ⓔ 的标注

对于极少数要素需严格保证其配合性质,并要求由尺寸公差控制其形状公差时,应标注包容符号 Ⓔ,Ⓔ 应标注在该要素尺寸极限偏差或公差带代号的后面(见图 3-16)。

图 3-16　包容要求标注

2) 最大实体要求符号 Ⓜ、最小实体要求符号 Ⓛ 的标注

当被测要素采用最大(最小)实体要求时,符号 Ⓜ(Ⓛ)置于公差框格内公差值的后面(见图 3-17(a));当基准要素采用最大(小)实体要求时,符号 Ⓜ(Ⓛ)应置于公差框格内基准名称字母后面(见图 3-17(b)、(c));当被测要素和基准要素都采用最大实体要求时,符号 Ⓜ(Ⓛ)应同时置于公差值和基准名称字母的后面(见图 3-17(c))。

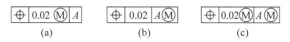

图 3-17　最大实体要求标注

3) 可逆要求符号 Ⓡ

可逆要求应与最大实体要求或最小实体要求同时使用,其符号 Ⓡ 标注在 Ⓜ 或 Ⓛ 的后面。可逆要求用于最大实体要求时的标注方法见图 3-18;可逆要求用于最小实体要求时的标注方法见图 3-19。

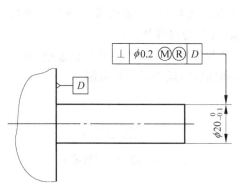

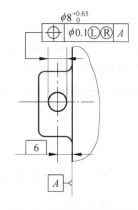

图 3-18　可逆要求标注(用于最大实体要求)　　图 3-19　可逆要求标注(用于最小实体要求)

4) 延伸公差带符号 Ⓟ 的标注

延伸公差带符号 Ⓟ 标注在公差框格内的公差值的后面,同时也应加注在图样中延伸公差带长度数值的前面(见图 3-20)。

5）自由状态条件符号Ⓕ的标注

对于非刚性被测要素在自由状态时,若允许超出图样上给定的公差值,可在公差框格内标注出允许的几何公差值,并在公差值后面加注符号Ⓕ,表示被测要素的几何公差是在自由状态条件下的公差值,未加Ⓕ则表示的是在受约束力情况下的公差值(见图3-21)。

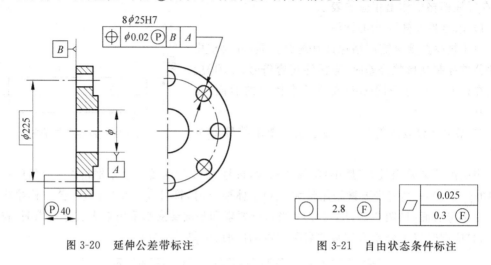

图 3-20   延伸公差带标注   图 3-21   自由状态条件标注

5. 特殊规定

除了上述规定外,GB/T 1184—2008 根据 ISO 1101:2004 及我国实际需要,对下述方面作了专门的规定。

1）部分长度上的公差值标注

由于功能要求,有时不仅需限制被测要素在整个范围内的几何公差,还需要限制特定长度或特定面积上的几何公差。对部分长度上要求几何公差时的标注方法如图 3-22 所示。

图 3-22 表示每 200mm 长度上,直线度公差值为 0.05mm。即要求在被测要素的整个方位内的任意一个 200mm 长度均应满足此要求,属于局部限制。

如在部分长度内控制几何公差的同时,还需要控制整个范围内的几何公差值,其表示方法如图 3-23 的上一格所示。此时,两个要求应同时满足,属于进一步限制。

图 3-22   局部限制标注   图 3-23   进一步限制标注

2）公共公差带的标注

当两个或以上的要素,同时受一个公差带控制,以保证这些要素共面或共线时,可用一个几何框格表示,但需在框格内用 CZ 表示共线或共面的要求(见图3-24),此时被测要素直接与框格相连。

3）螺纹、花键、齿轮的标注

在一般情况下,以螺纹轴线作为被测要素或基准要素时均为中径轴线,表示大径或小径的情况较少。因此规定：如被测要素和基准要素系指中径轴线，则不需另加说明，如指大径轴线，则应在公差框格下部加注大径代号"MD"（见图 3-25），小径代号则为"LD"。对于齿轮和花键轴线，节径轴线用"PD"表示；大径（外齿轮为顶圆直径，内齿轮为根圆直径）用"MD"表示；小径（外齿轮为根圆直径，内齿轮为顶圆直径）用"LD"表示。

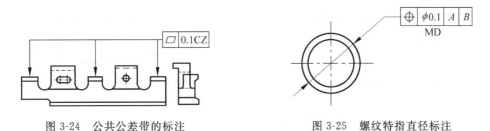

图 3-24　公共公差带的标注　　　　　　　图 3-25　螺纹特指直径标注

4）轮廓全周符号的标注

对于所指为横截面周边的所有轮廓线或所有轮廓面的几何公差要求时，可在公差框格指引线的弯折处画一个细实线小圆圈，如图 3-26 所示。图 3-26(a) 为线轮廓度要求，图 3-26(b) 为面轮廓度要求。

5）任选基准的标注

当被测要素与基准要素相似并不易辨认时，应采用任选基准，即任一要素均可作为基准要素，反之也可作为被测要素。任选基准的标注方法见图 3-27。

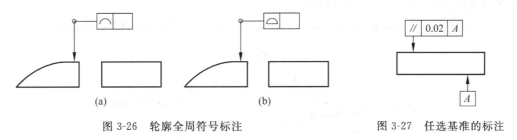

　　　　(a)　　　　　　　　　　(b)

图 3-26　轮廓全周符号标注　　　　　　图 3-27　任选基准的标注

3.3.3　简化标注

为了提高绘图效率，在保证读图方便又不致引起误解的前提下，可采用简化标注的方法。

(1) 同一要素有多项几何公差要求时，可在一条指引线的末端画出多个框格，如图 3-28 所示为发动机进（排）气阀圆锥要求的直线度和跳动度。测量方向不一致时，不能合用一条指引线。如图 3-29 所示，对零件的锥体同时提出了素线直线度公差和圆度公差的要求，两者就不能用一个指示箭头。因为素线直线度公差的指示箭头应垂直于锥体的素线，而圆度公差的指示箭头应垂直于锥体的轴线。

(2) 对不同要素有相同几何公差要求（可为一项或多项），可从框格端的同一引出线分出多个指示箭头指向各要素（见图 3-30）。

(3) 相同要素有同一几何公差项目，但其遵守的要求及公差值不同时，可共用项目框格或基准框格。图 3-31 所示要素的平行度采用最大实体要求，但其进一步限制最大误差不超过 0.03mm。

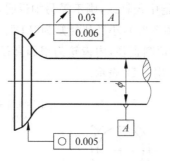

图 3-28 多项要求同时标注

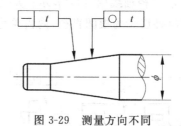

图 3-29 测量方向不同

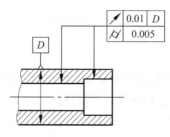

图 3-30 多要素同要求

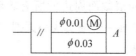

图 3-31 共项目和基准

必须指出,其公差要求仍应按两项公差分别标注时一样分别解释,即有两个公差带解释,各自进行判别,都满足要求则为合格。

(4) 当以中心孔为基准时,可仅从中心线和端面的交点处引出标注(见图 3-32)。

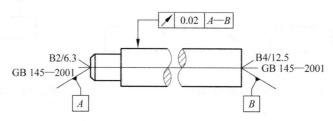

图 3-32 中心孔为基准的标注

(5) 对于同样的结构要素具有相同的几何公差,可以只标注一个公差框格,并在框格上方加以文字说明或数字表示被测要素的个数。

3.3.4 今后不允许出现的标注方法

1980 年标准规定的标注方法,给设计者带来很多方便,并得到广泛的应用,但有一些标注容易引起不同的理解,这种不唯一且易产生混淆的标注方法在 ISO 1101 中已经明确规定不再采用,我国现行标准已不再出现此类示例,设计中也不允许再有下述的标注方法。

(1) 不允许将指引线和箭头直接指在轴线或对称平面等导出要素上(见图 3-33)。

(2) 不允许将基准符号直接与标注框格相连(见图 3-34(a)),基准符号也不再使用短横线、圆圈加字母的标注形式,如图 3-34(b)所示。

（3）不允许将几何公差基准符号直接标注在零件轴线或对称平面等导出要素上（见图 3-35）。

（4）不允许用双箭头作互为基准的标注（见图 3-36），改用图 3-27 的形式标注。

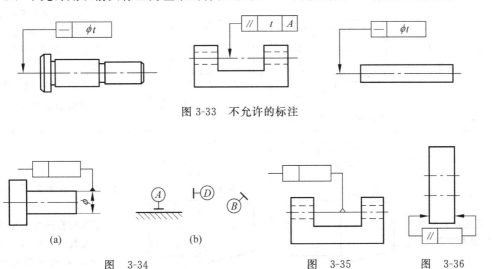

图 3-33　不允许的标注

（a）　　　　　　　（b）

图　3-34　　　　　　　　图　3-35　　　　图　3-36

（5）当两个或以上的要素，同时受一个公差带控制，不能在框格上部标注共线或共面的要求（见图 3-37），正确的标注方法见图 3-24。

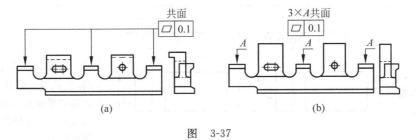

（a）　　　　　　　　　　　　　　（b）

图　3-37

3.3.5　几何公差标注中容易出现的错误

表 3-3 列出了几何公差标注中容易出现的错误标注。

表 3-3　容易出现的错误标注

项目内容	错　误	正　确	简要说明
组成要素和导出要素	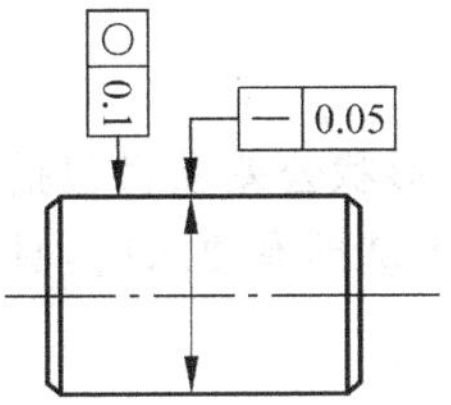 （要求素线直线度）	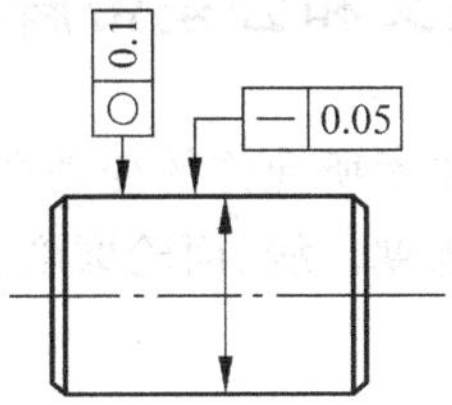	（1）公差框格水平放置时，书写顺序从左至右；公差框格垂直放置时，书写顺序是从下至上 （2）当被测要素（基准要素）为组成要素时，箭头（或基准符号）应明显地与尺寸线错开

续表

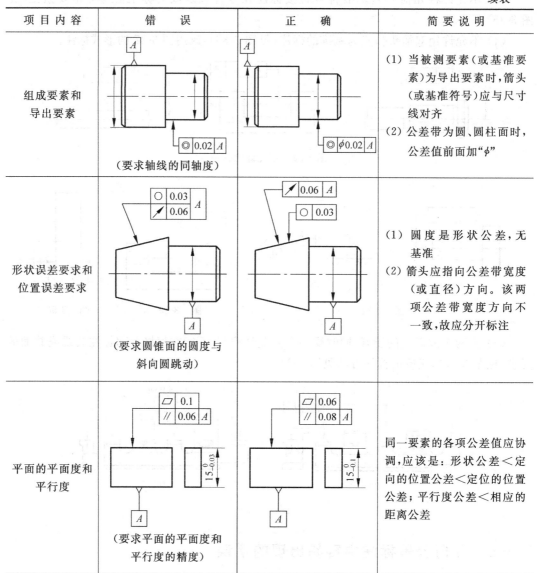

项目内容	错　误	正　确	简 要 说 明
组成要素和导出要素	（要求轴线的同轴度）		（1）当被测要素（或基准要素）为导出要素时，箭头（或基准符号）应与尺寸线对齐 （2）公差带为圆、圆柱面时，公差值前面加"ϕ"
形状误差要求和位置误差要求	（要求圆锥面的圆度与斜向圆跳动）		（1）圆度是形状公差，无基准 （2）箭头应指向公差带宽度（或直径）方向。该两项公差带宽度方向不一致，故应分开标注
平面的平面度和平行度	（要求平面的平面度和平行度的精度）		同一要素的各项公差值应协调，应该是：形状公差＜定向的位置公差＜定位的位置公差；平行度公差＜相应的距离公差

3.4　几何公差定义和公差带解释

3.4.1　形状公差的定义和公差带解释

形状公差是指单一实际要素所允许的变动全量。形状公差项目包括直线度、平面度、圆度、圆柱度、线轮廓度和面轮廓度。线、面轮廓度相对于基准有要求时，具有位置公差特征。

1. 直线度公差

直线度公差是限制实际直线对理想直线变动量的指标。直线度公差有以下几种情况。

1）平面内直线的直线度公差

钢尺上的刻线属于平面内（上）的一根直线。导轨面在其长度方向提出直线度的要求，其实也是评定平面内直线，因为此时必须过测量平面作一截面才能得到被测直线，它必定在截面内，因此是给定平面内的直线度要求。圆柱、圆锥表面上的素线直线度要求也是如此（在过轴线的截面内）。平面内的某一直线的直线度公差仅控制该实际直线一个方向的变动量，其公差带是两平行直线之间的区域。

在平面内直线的直线度公差是指距离为公差值 t 的两平行直线之间的区域。

例如图 3-38（a）所示零件表面为平面，则实际表面的素线必须位于图样所示投影面且距离为公差值 0.1 的两平行直线内（见图 3-38（b））。

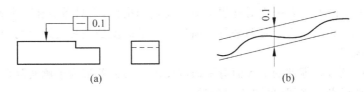

图 3-38　在给定平面内的直线度公差

2）给定方向上的直线度公差

两个面的交线是空间一直线，一根轴线或一个孔的轴心线也是空间直线，它们可以在空间任何一个方向上发生弯曲。在提出直线度公差要求时，要表明评定的方向。公差值前无直径代号，则是一种给定方向的直线度公差要求，它是在指引箭头方向上控制实际直线一维的变动量。需要时可在 x、y 方向上各标注一个公差框格，得到 x 和 y 两个方向上的直线度公差要求。要控制某一方向的直线度误差，其公差带应该是两平行平面。若给定互相垂直的两个方向上的直线度公差，则在 x 和 y 两个方向上各有一对平行平面作为各自的公差带。

给定方向上的直线度公差是指在给定方向上距离为公差值 t 的两平行平面之间的区域。

例如图 3-39（a）表示刀口尺棱线必须位于垂直于箭头所示方向、距离为公差值 0.02 的两平行平面之间，如图 3-39（b）所示。

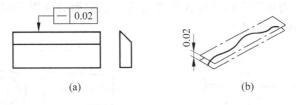

图 3-39　给定方向上的直线度

3）给定任意方向的直线度公差

对于空间一直线，可提出任意方向上的直线度公差要求，若需要在任意方向上控制直线度误差，则应给出圆柱形公差带，此时需在公差数值前加注 ϕ 表示，其公差带是直径为公差值 t 的圆柱内的区域，它意味着实际直线在 360° 方向上受到圆柱面的控制。任意方向上的直线度公差仅适用于回转体轴线。

给定任意方向的直线度公差必须在公差值前加注 ϕ，它指的是直径为 t 的圆柱内区域。

如图 3-40（a）所示，圆柱面轴线有直线度要求。其公差带为被测外圆柱面的提取中心线必须位于直径为公差值 $\phi 0.04$ 的圆柱内(见图 3-40(b))。

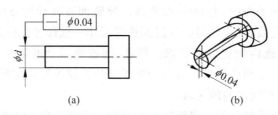

(a)

(b)

图 3-40 给定任意方向的直线度公差

2. 平面度公差

平面度公差是限制实际平面对理想平面变动量的指标,它只需要在一个方向(垂直于该表面)上给出要求,其公差带只是两平行平面形状。平面度公差带是距离为公差值 t 的两平行平面之间的区域。

如图 3-41(a)所示,零件的上表面有平面度要求。其公差带为被测实际表面必须位于距离为 0.1 的两平行平面之间(见图 3-41(b))。

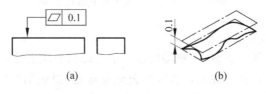

(a)

(b)

图 3-41 平面度公差

3. 圆度公差

圆度公差是限制实际圆对理想圆变动量的指标,它是控制截面上圆的误差指标,其公差带只是两同心圆形成的环形区域。它适用于圆柱、圆锥和球体截面上圆的误差控制。

圆度公差带是在同一正截面上的半径差为公差值 t 的两同心圆之间的区域。被测表面若为球面,则为过该球心的任一横截面上(见图 3-42(c))。

圆度公差的解释为被测实际圆柱或圆锥面任一正截面的圆周必须位于半径差为 0.02 的两同心圆之间(见图 3-42(d))。

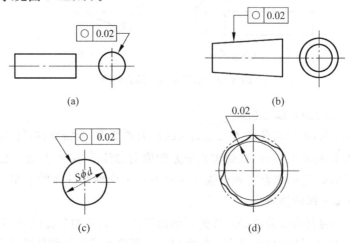

(a)

(b)

(c)

(d)

图 3-42 圆度公差

4. 圆柱度公差

圆柱度公差是限制实际圆柱面对理想圆柱面变动量的指标,它可综合控制圆柱表面在横截面和纵截面内的各项形状误差,如圆度、素线直线度、轴线直线度等,是一项控制圆柱体零件形状误差的综合指标,其公差带只有一种,是两同轴圆柱面形成的环形区域。圆柱度公差带是半径差为公差值 t 的两同轴圆柱面之间的区域。

圆柱度公差解释如图 3-43 所示,圆柱度公差带是被测圆柱体的实际表面必须位于半径差为 0.05 的两同轴圆柱面之间。

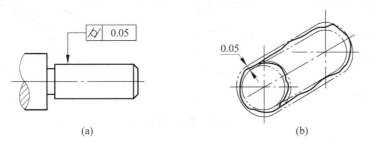

图 3-43　圆柱度公差

5. 线轮廓度公差

线轮廓度公差是对轮廓线形状误差提出的要求,一般用于非圆曲线的形状控制,是限制实际曲线对理想曲线变动量的指标。由于被测要素是轮廓线,故它要对外形轮廓作平行于正投影面的截心才能得到。

线轮廓度公差带是包络一系列直径为公差值 t 的圆的两包络线之间的区域,诸圆的圆心位于具有理论正确几何形状的线上。

线轮廓度公差解释如图 3-44(c)所示,在平行于图样所示投影面的任一截面上,被测实际轮廓线必须位于包络一系列直径为公差值 0.04,且圆心位于具有理论正确几何形状的线上的两包络线之间。图 3-44(a)、(b)所示分别为无基准和有基准要求的线轮廓度公差标注示例。

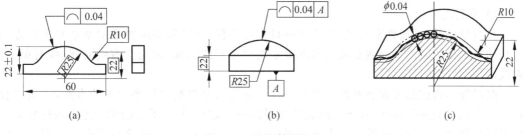

图 3-44　线轮廓度公差

6. 面轮廓度公差

面轮廓度是对零件轮廓表面形状误差作控制的公差要求,一般用于非圆曲面,是限制实际曲面对理想曲面变动量的指标。

面轮廓度公差带是包络一系列直径为公差值 t 的球的两包络面之间的区域,诸球的球心应位于具有理论正确几何形状的面上。

面轮廓度公差带如图 3-45(c)所示,被测实际轮廓面必须位于包络一系列球的两包络面之间,诸球的直径为公差值 0.02,且球心位于具有理论正确几何形状的面上。图 3-45(a)、(b)分别为无基准和有基准要求的面轮廓度公差标注示例。

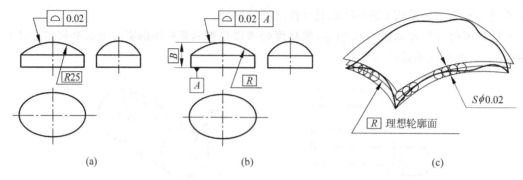

图 3-45   面轮廓度公差

线、面轮廓度公差既可用作形状公差,也可用作位置公差。无基准要求的线、面轮廓度为形状公差,有基准要求的线、面轮廓度为位置公差,此时其理想轮廓线或理想轮廓面由相应的基准以及标注的理论正确尺寸共同确定。

3.4.2   位置公差的定义和公差带解释

位置公差是指关联实际要素的方向和位置对基准所允许的变动全量。它包括定向公差、定位公差和跳动公差三类。

1. 定向公差

定向公差是指关联实际要素对基准在方向上所允许的变动全量。定向公差项目包括平行度、垂直度和倾斜度公差;定位公差项目包括同轴度、对称度和位置度公差;跳动公差项目包括圆跳动和全跳动公差。

1) 平行度公差

平行度公差(可简称平行度,以下各项目亦可简称)是限制实际要素对基准在平行方向上变动量的指标。由于被测要素与基准要素均可以是线或面,因此会有线对线、线对面、面对线、面对面的平行度情况。

线对线是指被测要素和基准要素都是线。它可以是在给定的平面上的直线(平面内直线),也可以是空间的直线,对于空间直线可提出一个方向、相互垂直的两个方向或任意方向的平行度要求。空间直线的某一方向的平行度要求,公差带将是两平行平面。任意方向的平行度,在公差值前应加注 ϕ,公差带是直径为公差值 t 且平行于基准轴线的圆柱内的区域,提取中心线必须位于其中。线对面情况与线对线相似,只是基准为平面。当被测要素是平面时,则只有一个方向控制的情形。

(1) 线对线平行度

① 给定一个方向的平行度要求时,公差带是距离为公差值 t 且平行于基准线、位于给

定方向上的两平行平面之间的区域。

图 3-46(a)所示为给定一个方向上的平行度公差,它的公差带如图 3-46(b)所示,解释为孔 ϕD_2 的被测提取中心线必须位于距离为公差值 0.1 且平行于基准孔 ϕD_1 的轴线 A 的两平行平面之间。

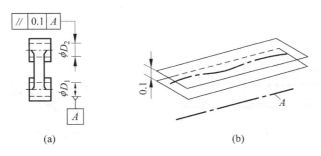

图 3-46　给定一个方向上的平行度公差

② 给定相互垂直的两个方向的平行度要求时,公差带是两互相垂直的距离分别为 t_1、t_2 且平行于基准线的两平行平面之间的区域。如图 3-47(a)所示为给定相互垂直两个方向的平行度要求,它的公差带如图 3-47(b)所示,解释为在 x、y 两相互垂直的方向上,被测 ϕD_2 的提取中心线必须位于距离分别为 0.2 和 0.1,且平行于基准孔 ϕD_1 轴线的两组平行平面之间。

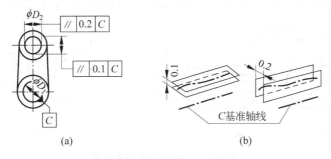

图 3-47　给定相互垂直的两个方向的平行度公差

③ 任意方向的平行度要求是在公差值前加注 ϕ,公差带是直径为公差值 t 且平行于基准线的圆柱面内的区域。如图 3-48 所示为对任意方向的平行度要求,其公差带解释为被测提取中心线必须位于直径为公差值 $\phi 0.03$,且平行于基准孔 ϕD_1 轴线的圆柱面内。

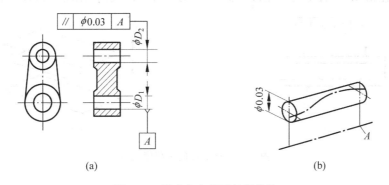

图 3-48　任意方向的平行度公差

（2）线对面平行度

线对面平行度公差带是距离为公差值 t 且平行于基准平面的两平行平面之间的区域。

图 3-49(a)所示为孔的中心线对底面的平行度要求，其公差带解释为被测孔 ϕD 的提取中心线必须位于距离为公差值 0.03 且平行于基准表面 A（基准平面）的两平行平面之间。

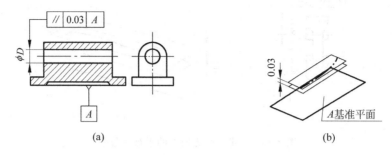

图 3-49　线对面的平行度公差

（3）面对线平行度

面对线平行度公差带是距离为公差值 t 且平行于基准线的两平行平面之间的区域。如图 3-50(a)所示为平面对内孔中心线平行度要求。其公差带解释为被测实际表面（上表面）必须位于距离为公差值 0.1 且平行于基准线 C（基准轴线）的两平行平面之间（见图 3-50(b)）。

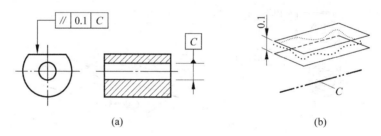

图 3-50　面对线的平行度公差

（4）面对面平行度

面对面平行度公差带是距离为公差值 t 且平行于基准平面的两平行平面之间的区域。如图 3-51(a)所示为要求上表面与下表面的平行度。其公差解释为被测实际上表面必须位于距离为公差值 0.01 且平行于基准平面 D 的两平行平面之间（见图 3-51(b)）。

图 3-51　面对面的平行度公差

2）垂直度公差

垂直度公差用于限制被测要素对基准要素垂直的误差。

（1）线对线的垂直度

线对线垂直度公差带是距离为公差值 t 且垂直于基准线的两平行平面之间的区域。如图 3-52(a)所示要求孔 ϕD_2 中心线与孔 ϕD_1 垂直度，其公差带解释为在给定的方向上被测轴线必须位于距离为公差值 0.05，且垂直于基准平面 A 的两平行平面之间（见图 3-52(b)）。

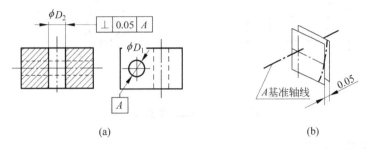

图 3-52　线对线的垂直度公差

（2）线对面的垂直度

① 在给定的方向上线对面的垂直度公差带是距离为公差值 t 且垂直于基准平面的两平行平面之间的区域。图 3-53(a)要求圆柱 ϕd 中心线与底面的垂直度，其公差带解释为在给定的方向上被测轴线必须位于距离为公差值 0.1，且垂直于基准平面 A 的两平行平面之间（见图 3-53(b)）。

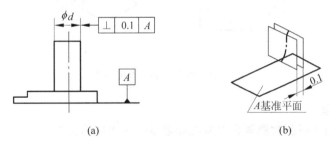

图 3-53　给定方向上线对面的垂直度公差

② 任意方向的垂直度要求是在公差值前加注 ϕ，则公差带是直径为公差值 t 且垂直于基准面的圆柱面内的区域。如图 3-54(a)所示在垂直度公差值前加注了 ϕ，其公差解释为被测 ϕd 轴线必须位于直径为公差值 $\phi 0.05$，且垂直于基准面 A 的圆柱面内。

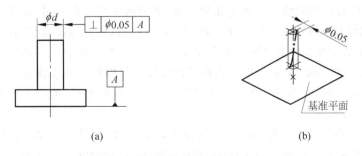

图 3-54　任意方向上线对面的垂直度公差

（3）面对线的垂直度

面对线垂直度公差带是距离为公差值 t 且垂直于基准线的两平行平面之间的区域。如图 3-55 所示为要求轴的底面与圆柱 ϕd 的中心线垂直,其公差带解释为被测端面必须位于距离为公差值 0.05,且垂直于基准轴线 A 的两平行平面之间（见图 3-55(b)）。

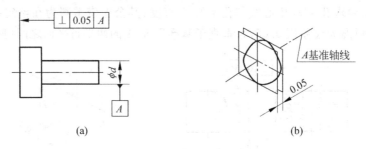

图 3-55　面对线的垂直度公差

（4）面对面的垂直度

面对面垂直度公差带是距离为公差值 t 且垂直于基准面的两平行平面之间的区域。如图 3-56(a)所示要求侧面与底面的垂直度,其公差带的解释为被测侧面必须位于距离为公差值 0.05,且垂直于基准平面 A 的两平行平面之间（见图 3-56(b)）。

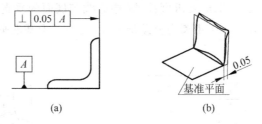

图 3-56　面对面的垂直度公差

3）倾斜度公差

倾斜度公差用于限制被测要素对基准要素成一定角度的误差。

（1）线对线倾斜度

线对线倾斜度公差有以下两种情况：

① 被测线和基准线在同一平面内,公差带是距离为公差值 t 且与基准线成一给定角度的两平行平面之间的区域；如图 3-57(a)所示要求 ϕD_2 的中心线与 ϕD_1 孔的中心线倾斜度,两个孔中心线在同一平面内。其公差带解释为被测孔 ϕD_2 的提取中心线必须位于距离为公差值 0.1,且与基准孔 ϕD_1 的轴线成一理论正确角度 $60°$ 的两平行平面之间（见图 3-57(b)）。

② 若被测线和基准线不在同一平面内,此被测线应投影到包含基准轴线且平行于被测线的平面上,以此线的投影作评价。图 3-58(a)所示为要求以水平方向轴线为基准,要求与其夹 $60°$ 的孔轴线倾斜度,公差带解释为被测轴线投影到包含基准轴线的平面上,它必须位于距离为公差值 0.08,并与 $A—B$ 公共基准线成理论正确角度 $60°$ 的两平行平面之间。

（2）线对面倾斜度

① 给定平面内线对面的倾斜度公差带是距离为公差值 t 且与基准成一给定角度的两平行平面之间的区域。如图 3-59(a)所示要求被测孔 ϕD 与基准平面 A 的倾斜度,公差带解

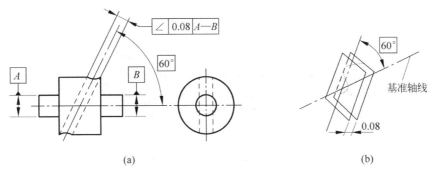

图 3-57 同一平面内的倾斜度公差

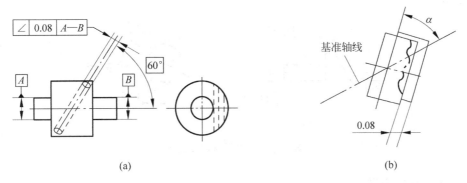

图 3-58 不同平面内的倾斜度公差

释为被测孔 ϕD 的提取中心线必须位于距离为公差值 0.08，且与基准平面 A 成理论正确角度 $60°$ 的两平行平面之间（见图 3-59(b)）。

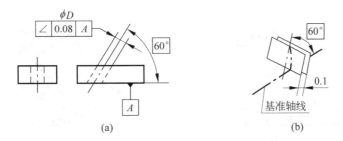

图 3-59 给定平面内线对面倾斜度公差

② 给定任意方向的倾斜度要求时，在公差值前加注 ϕ，则公差带是直径为公差值 t 的圆柱面内的区域，该圆柱面的轴线应与基准平面成一给定角度并平行于另一基准平面。

如图 3-60(a)所示要求被测孔 ϕD 的轴线与基准平面 A 的倾斜度，公差值前加注了 ϕ。公差带解释为被测孔 ϕD 的轴线必须位于直径为公差值 $\phi 0.05$，且与基准平面 A 成理论正确角度 $45°$、平行于基准平面 B 的圆柱面内（见图 3-60(b)）。

（3）面对线倾斜度

面对线倾斜度公差带是距离为公差值 t 且与基准线成一给定角度的两平行平面之间的区域。如图 3-61(a)所示为要求平面与轴的中心线倾斜度，其公差带解释为被测实际斜表面

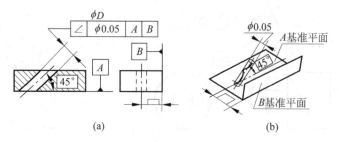

图 3-60　给定任意方向的倾斜度公差

必须位于距离为公差值 0.05，且与基准轴线 A 成理论正确角度 60° 的两平行平面之间（见图 3-61(b)）。

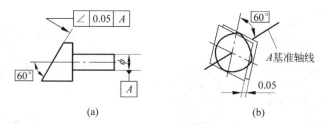

图 3-61　面对线倾斜度公差

（4）面对面倾斜度

面对面倾斜度公差带是距离为公差值 t 且与基准面成一给定角度的两平行平面之间的区域。如图 3-62(a)所示要求上表面与底面之间的倾斜度，其公差带解释为被测实际斜表面必须位于距离为公差值 0.08，且与基准平面 A 成理论正确角度 45° 的两平行平面之间（见图 3-62(b)）。

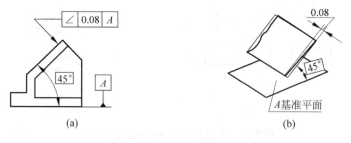

图 3-62　面对面倾斜度公差

2. 定位公差

定位公差是指关联实际要素对基准在位置上所允许的变动全量。

1）同轴度公差

同轴度公差用于被测要素和基准要素都是轴线，且互相处在对方的延伸线方向上的情形。当轴线很短时，可以将同轴度看成同心度。

同轴度公差带是直径为公差值 ϕt 的圆柱面（圆）内的区域，该圆柱面（圆）的轴线（圆心）与基准轴线（圆心）同轴（心）（零件为片状时，忽略厚度则为同心度）。

图 3-63 所示要求大圆柱 ϕd 与两侧圆柱 ϕd_1 的圆心同轴，其公差带解释为被测 ϕd（大圆柱）的轴线必须位于直径为公差值 $\phi 0.1$，且轴线与 A—B 公共基准轴线同轴的圆柱面内（图 3-63(b)）。

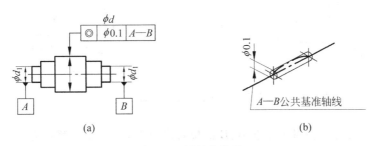

图 3-63　同轴度公差

2) 对称度公差

对称度公差用于被测要素和基准要素都是导出要素情形。即被测要素和基准要素两者可以同是轴线（但不处在延伸线方向），同是中心平面；或其中一要素为轴线，另一要素为平面。

对称度公差带是距离为公差值 t 且相对于基准的中心平面对称配置的两平行平面之间的区域。图 3-64(a)所示为要求孔 ϕD 的中心线与两侧槽的中心线对称，其公差带解释为被测 ϕD 的轴线必须位于距离为公差值 0.1，且相对 A—B 公共基准中心平面对称配置的两平行平面之间（见图 3-64(b)）。

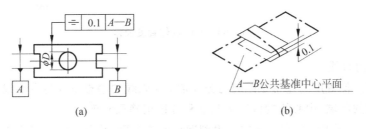

图 3-64　对称度公差

3) 位置度公差

位置度是限制被测要素的实际位置对理想位置变动量的指标，它的定位尺寸为理论正确尺寸。位置度公差要用到三基面体系和理论正确尺寸确定理想位置。位置度公差应用非常广泛，它包括点的位置度、线的位置度和面的位置度三种。

(1) 平面内点

在平面内点的位置度公差值前加注 ϕ，公差带是直径为公差值 t 的圆内区域。圆心的位置以 A、B 基准和理论正确尺寸确定。图 3-65(a)所示要求孔与基准平面 A、B 保持位置度公差，其公差带解释为被测圆心必须位于以 A、B 基准和理论正确尺寸所确定的点为圆心，直径为公差值 $\phi 0.3$ 的圆的区域内。

(2) 空间点

在空间点位置度公差值前加注 $S\phi$，公差带是直径为公差值 t 的球内区域，球心点的位置由 A、B、C 基准和理论正确尺寸确定（轴线为相互垂直的两基准平面的交线）。如图 3-66(a)所示

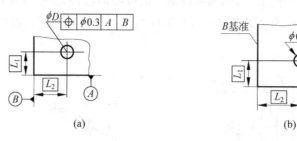

图 3-65   平面内点位置度公差

要求球形槽的球心分别相对于基准 A、B 的位置度公差,其公差带解释为被测 $S\phi D$ 球面的中心必须位于以 A、B 基准和理论正确尺寸所确定的点为球心,直径为公差值 $S\phi 0.08$ 的球内(见图 3-66(b))。

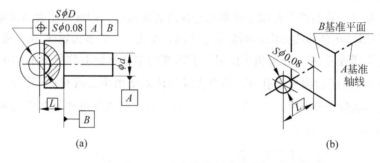

图 3-66   空间点位置度公差

(3)平面内直线

平面内直线位置度公差带是距离为公差值 t 且以线的理想位置为中心线对称配置的两平行直线之间的区域,中心线的位置由基准和理论正确尺寸确定。

图 3-67 所示要求钢尺在平面内 4 根刻度线的位置度,其公差带解释为 4 根被测线必须分别位于距离为公差值 0.05,且相对基准 A 和理论正确尺寸确定的理想位置对称配置的 4 对平行直线之间(见图 3-67(b))。

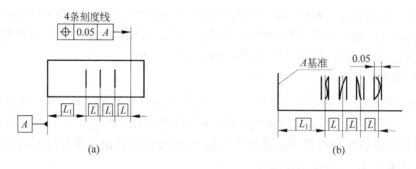

图 3-67   平面内直线位置度

(4)空间直线指定方向

空间直线指定方向的位置度公差带是两对相互垂直的距离分别为公差值 t_1 和 t_2,且以轴线的理想位置为中心对称配置的两平行平面之间的区域。轴线的理想位置由三基面体系和理论正确尺寸确定。如图 3-68 所示要求 8 个孔的中心相对于基准 A、B、C 的位置度,其公差带解释为 8 个 ϕD 被测孔的每根轴线必须位于两对互相垂直且距离分别为公差值 0.05 和 0.2,以理想位置对称配置的平行平面之间。该理想位置由 A、B、C 基准表面和理论正确尺寸确定。

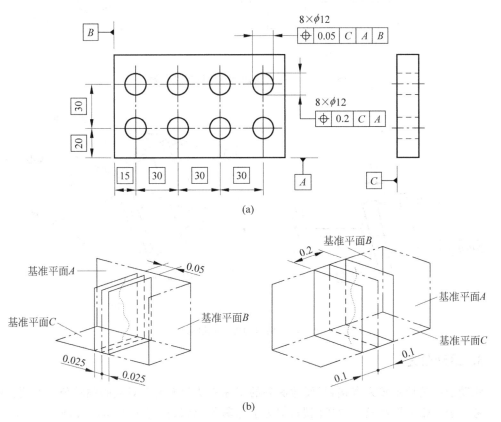

图 3-68   空间直线指定方向位置度公差

（5）空间直线任意方向

在空间直线任意方向的位置度公差值前加注 ϕ,公差带是直径为公差值 ϕt 的圆柱面内区域,公差带的轴线位置由三基面体系和理论正确尺寸确定(多根被测轴线也一样)。

如图 3-69(a)所示要求孔与基准 A、B、C 的位置度,其公差带解释为 ϕD 被测孔的轴线必须位于直径为公差值 $\phi 0.08$,以理想位置为轴线位置的圆柱面内。该理想位置由 A、B、C 基准表面和理论正确尺寸确定(见图 3-69(b))。

（6）面对面的位置度

面对面的位置度公差带是距离为公差值 t 且以面的理想位置为中心面对称配置的两平行平面之间的区域。面的理想位置由三面体系和理论正确尺寸确定。

如图 3-70(a)所示要求左侧端面相对基准 A、B 的位置度公差,其公差带解释为被测表面必须位于距离为公差值 0.05,且相对于以基准 A、B 和理论正确尺寸 L 所确定的理想位置为中心面对称配置的两平行平面之间(见图 3-70(b))。

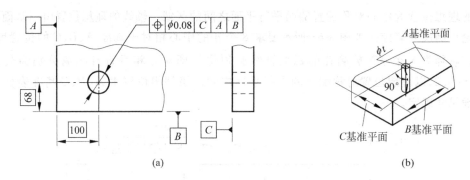

图 3-69   空间直线任意方向位置度公差

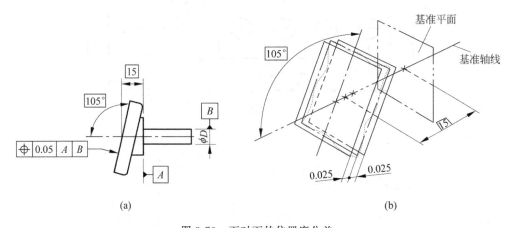

图 3-70   面对面的位置度公差

3. 跳动公差

跳动公差的评定较为直接,只要检测到的实际跳动量不超出对应的跳动公差值便合格,无须考虑公差带的形状及位置等问题,但为了与其他形状、位置公差作比较,同样可作出公差带的描述。跳动公差是用跳动量综合控制被测要素形状和位置变动量的指标,它分为圆跳动和全跳动。

1)圆跳动

圆跳动是被测要素围绕基准轴线在无轴向移动的前提下旋转一周时,在任一测量面内测得的最大示值变动量。即在测量过程中,测量表示值的不断变化,在其最大值与最小值之差。

圆跳动分为径向圆跳动、端面圆跳动和斜向圆跳动三种。

(1)径向圆跳动

径向圆跳动公差带是在垂直于基准轴线的任一测量平面内,半径差为公差值 t 且圆心在基准轴线上的两个同心圆之间的区域。

径向圆跳动的检测是仪器的测量头按直径方向放置,被测圆柱面旋转一周,便测得一个最大变动量。理论上要对整个圆柱面所有截面进行测量,但实际评定时,根据被测圆柱面的长度仅作若干截面的测量便可确定跳动误差数值。径向圆跳动可控制实际圆表面的圆度和同轴度的综合误差。

图 3-71(a)所示为要求直径 ϕd 的圆柱与以基准 A、B 共同组成的基准的跳动度,公差带解释为被测端面围绕基准轴线 A 旋转一周时,在任一测量圆柱面内轴向的跳动量不得大于 0.05(见图 3-71(b))。

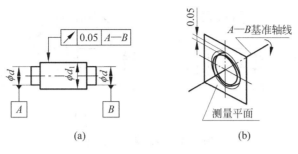

(a)　　　　　　　　(b)

图 3-71　径向圆跳动度公差

(2) 端面圆跳动

端面圆跳动公差带是在与基准同轴的任一直径位置的测量圆柱面上距离为公差值 t 的两圆之间的区域。

端面圆跳动的检测是仪器的测量头按轴线方向放置,被测圆柱旋转一周,便可测得端面的一个最大变动量。理论上要对整个端面在任意不同直径处进行测量,但实际评定时根据被测圆柱直径的大小,仅作若干直径处的测量便可确定跳动误差数值,一般应包括最大直径处的跳动量。端面圆跳动在一般情况下反映了端面直线度、平面度和垂直度综合误差,但相对于轴线对称分布的垂直度误差,在端面圆跳动测量中得不到反映或控制。

如图 3-72(a)所示要求左端面相对基准 A 的端面圆跳动,其公差带解释为被测端面围绕基准轴线 A 旋转一周时,在任一测量圆柱面内轴向的跳动量不得大于 0.05(见图 3-72(b))。

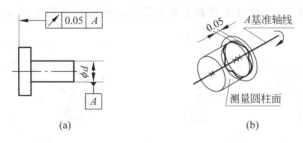

(a)　　　　　　　　(b)

图 3-72　端面圆跳动公差

(3) 斜向圆跳动

斜向圆跳动公差带是在与基准轴线同轴的任一测量圆锥面上距离为公差值 t 的两圆之间的区域(测量方向与被测面垂直)。

斜向圆跳动是一种用于圆锥零件的跳动公差。被测圆锥面的素线可以是斜直线(见图 3-73(a)),也可以是斜曲线(见图 3-73(b)),此时公差框格的箭头是垂直于被测圆锥面素线的。若要求在某一特定角度进行测量时,应将角度注出(见图 3-73(c))。测量时,测量头按垂直于素线或按指定的角度方向放置,同样要求在多处进行测量。斜向圆跳动反映了锥面上截面圆的圆度和圆心对基准的同轴度的综合误差。

图 3-73(a)～(c)要求圆锥素线相对基准 A 的斜向圆跳动,其公差带解释为被测圆锥面绕基准轴线旋转一周时,在任一测量圆锥面上的跳动量均不得大于 0.05(见图 3-73(d))。

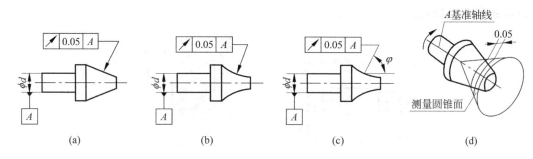

图 3-73   斜向圆跳动公差

2)全跳动

全跳动是被测要素绕基准轴线在无轴向移动的前提下匀速旋转,测量仪表沿平行于轴线或垂直于轴线的方向匀速移动,测得在整个表面上的最大示值变动量,即指示表的示值变化中最大值与最小值之差。

全跳动分为径向全跳动和端面全跳动两种。

(1)径向全跳动

径向全跳动公差带是半径差为公差 t 且与公共基准轴线同轴的两圆柱之间的区域。

径向全跳动的检测是仪器的测量头按直径方向放置测量圆柱表面。径向全跳动可反映被测实际圆柱表面的圆柱度和同轴度误差的综合。

如图 3-74(a)所示要求大圆柱相对于 $A—B$ 共同组成的基准的全跳动,其公差带解释为被测圆柱面绕公共基准轴线 $A—B$ 作连续旋转若干周,同时测量仪器与工件间沿基准轴线方向作轴向的相对移动,此时被测要素上各点间的示值差均不得大于 0.2(见图 3-74(b))。

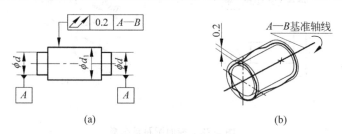

图 3-74   斜向圆跳动公差

(2)端面全跳动

端面全跳动公差带是距离为公差值 t 且与基准轴线垂直的两平行平面之间的区域。

端面全跳动的检测是仪器的测量头按轴向方向放置测量圆柱端面。端面全跳动可反映被测实际端面的直线度、平面度和垂直度综合的误差。

如图 3-75(a)所示为要求左侧端面相对基准 A 的全跳动,其公差带解释为被测端面绕基准轴线 A 作连续旋转若干周,同时测量仪器与工件间沿垂直于基准轴线方向作径向的相对移动,此时被测要素上各点间的示值差均不得大于 0.05(见图 3-75(b))。

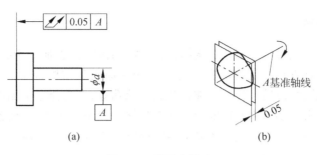

图 3-75　端面全跳动

3.5　几何公差及其应用实例

3.5.1　几何公差的应用

几何公差的应用涉及如何选择几何公差项目、公差值和相关的要求。如前所述,几何公差对机器、仪器的使用性能有很大的影响,是评定零件质量的重要指标。因此正确选择几何公差项目和合理确定公差数值,能保证零件使用要求,提高经济效益。

首先必须明确,一个工厂企业,按照一般的设备和工艺水平加工的零件,几何误差的大小已经可以满足到一个"常用精度等级"水平,为使设计图纸简洁明了、主次分明,这个范围内的几何公差要求是不需要在图纸上标明的,零件大部分要素的几何公差属于此范围,检验时有相应的国家标准。只有当零件的功能、配合性质、装配性等方面有更高的要求时,才需要在图纸上直接表明所需的公差值。

1. 几何公差项目的选择

(1) 考虑零件的几何特征　零件加工误差出现的形式,与零件的几何特征有密切联系,例如,圆柱形零件会出现圆柱度误差,凸轮类零件会出现轮廓度误差,阶梯轴、孔会出现同轴度误差,键槽会出现对称度误差等。因此在选择几何公差项目时应考虑零件的几何特征,对上述零件应分别选择圆柱度公差、平面度公差、轮廓度公差、同轴度公差和对称度公差。

(2) 考虑零件的功能要求　对于不同的零件功能要求各不相同,因此需要选择不同的几何公差项目。例如,减速箱两孔轴线的不平行,将影响正常啮合,降低承载能力,故应选择平行度公差项目。对于类似滚轧钢板用的轧辊,因功能需要保证轧出的钢板厚薄均匀,必须保证轧辊圆柱素线的直线度和横截面的圆度,同时还要保证轧辊圆柱轴线与两支承轴颈公共轴线的同轴。这一要求用径向全跳动公差同样可以控制。大多数几何公差项目都是为了保证零件的特定功能要求而设的,按所需要求较容易选择到合适的几何公差项目。

(3) 考虑加工和检测的方便性　几何公差项目的选择除了考虑零件的功能要求外,还需要兼顾企业现有加工和测量设备情况、测量评定的可能性,选择相应的形状公差和位置公差项目,以经济可行的误差检测和控制,达到保证零件的功能。

2. 基准的选择

基准要素的选择包括基准部位的选择、基准数量的确定、基准顺序的合理安排。在基准部位选择时主要根据设计和使用要求,考虑基准统一原则和结构特征。如箱体的底平面和侧面、盘类零件的轴线、回转零件的支撑轴颈或支承孔等,在选择基准面时选择零件在机器中定位的结合面。另外要考虑基准要素应具有足够的大小和刚度,如两条或两条以上相距较远的轴线组合成公共基准要比一条基准轴线稳定。还要考虑选择加工精确的表面作为基准,尽量使装配、加工和检测基准统一。

一般来说,应当根据公差项目的定向、定位要求来确定基准的数量。定向公差一般只需要一个基准,而定位公差则需要一个或多个基准。例如,对于平行度、垂直度、同轴度公差项目,一般只用一个平面或一条轴线作基准;对于位置度公差,需要确定孔系的位置精度,就可能用到两个或三个基准要素。

当选用两个以上基准要素时,就要明确基准要素的次序,并按第一、第二、第三的顺序写在公差框格中,第一基准要素是主要的,第二基准要素次之。

3. 几何公差值的选择

几何公差值决定几何公差带的宽度或直径,是控制零件制造精度的重要指标。合理地给出几何公差值,对于保证产品功能、提高产品质量、降低制造成本是非常重要的。

确定几何公差值的方法,有类比法和计算法两种。确定公差值时,应按照下列方法进行。

(1) 形状公差、位置公差和尺寸公差应协调

① 在同一要素上给出的形状公差值应小于位置公差值。例如要求平行的两个平面,其平面度公差值应小于平行度公差值。

② 圆柱形零件的形状公差值(轴线的直线度除外)一般情况下应小于其尺寸公差值。

③ 平行度公差值应小于其相应的距离公差值。

(2) 考虑配合要求

有配合要求的要素,其形状公差目前多按照占尺寸公差的百分比来考虑。根据功能要求及工艺条件,通常在尺寸公差的 25%～63% 中选取,有特殊要求的可取更小的百分比。应当注意:形状公差占尺寸公差的百分比过小,将会对工艺装备的精度要求过高;而占尺寸公差的百分比过大,则会给保证尺寸本身的精度带来困难。所以,通常对一般零件的形状公差,如圆度,可取尺寸公差的 63% 或 40%。

(3) 考虑零件的结构特点和加工的难易程度

对于难加工的几何形状,可适当降低 1～2 级几何公差。例如:孔相对于轴;细长比较大的轴或孔;距离较大的轴或孔;宽度较大(一般大于 1/2 长度)的零件表面;线对线和线对面相对于面对面的平行度;线对线和线对面相对于面对面的垂直度。

3.5.2　几何公差值

1. 直接注出几何公差值

按照国家标准《形状和位置公差　未注公差值》(GB/T 1184—1996)中的规定,在几何公

差的 14 个项目中,除了线轮廓度和面轮廓度两个项目未规定公差值以外,其余 12 个项目都规定了公差值。从标准附录 B 中的公差值表、数系表中选择。这些数值表摘录如下:

直线度、平面度公差值见表 3-4,主参数 L 示例见图 3-76。

图 3-76　直线度、平面度标注图例

表 3-4　直线度、平面度公差值

主参数 L/mm	公差等级											
	1	2	3	4	5	6	7	8	9	10	11	12
	公差值/μm											
≤10	0.2	0.4	0.8	1.2	2	3	5	8	12	20	30	60
>10~16	0.25	0.5	1	1.5	2.5	4	6	10	15	25	40	80
>16~25	0.3	0.6	1.2	2	3	5	8	12	20	30	50	100
>25~40	0.4	0.8	1.5	2.5	4	6	10	15	25	40	60	120
>40~63	0.5	1	2	3	5	8	12	20	30	50	80	150
>63~100	0.6	1.2	2.5	4	6	10	15	25	40	60	100	200
>100~160	0.8	1.5	3	5	8	12	20	30	50	80	120	250
>160~250	1	2	4	6	10	15	25	40	60	100	150	300
>250~400	1.2	2.5	5	8	12	20	30	50	80	120	200	400
>400~630	1.5	3	6	10	15	25	40	60	100	150	250	500
>630~1000	2	4	8	12	20	30	50	80	120	200	300	600
>1000~1600	2.5	5	10	15	25	40	60	100	150	250	400	800
>1600~2500	3	6	12	20	30	50	80	120	200	300	500	1000
>2500~4000	4	8	15	25	40	60	100	150	250	400	600	1200
>4000~6300	5	10	20	30	50	80	120	200	300	500	800	1500
>6300~10000	6	12	25	40	60	100	150	250	400	600	1000	2000

圆度、圆柱度公差值见表 3-5,主参数 $d(D)$ 示例见图 3-77。

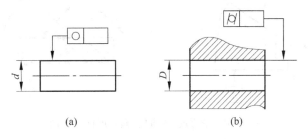

(a)　　　　　　　　(b)

图 3-77　圆度、圆柱度标注图例

表 3-5   圆度、圆柱度公差值

主参数 d(D)/mm	公差等级											
	1	2	3	4	5	6	7	8	9	10	11	12
	公差值/μm											
≤3	0.1	0.2	0.5	0.8	1.2	2	3	4	6	20	14	25
>3~6	0.1	0.2	0.6	1.0	1.5	2.5	4	5	8	25	18	30
>6~10	0.12	0.25	0.6	1.0	1.5	2.5	4	6	9	30	22	36
>10~18	0.15	0.25	0.8	1.2	2	3	5	8	11	40	27	43
>18~30	0.2	0.3	1	1.5	2.5	4	6	9	13	50	33	52
>30~50	0.25	0.4	1	1.5	2.5	4	7	11	16	60	39	62
>50~80	0.3	0.6	1.2	2	3	5	8	13	19	80	46	74
>80~120	0.4	1.0	1.5	2.5	4	6	10	15	22	100	54	87
>120~180	0.6	1.2	2	3.5	5	8	12	18	25	120	63	100
>180~250	0.8	1.5	3	4.5	7	10	14	20	29	150	72	115
>250~315	1.0	1.6	4	6	8	12	16	23	32	200	81	130
>315~400	1.2	2	5	7	9	13	18	25	36	250	89	140
>400~500	1.5	2.5	6	8	10	15	20	27	40	300	97	155

平行度、垂直度、倾斜度公差值见表 3-6，主参数 L、$d(D)$ 示例见图 3-78。

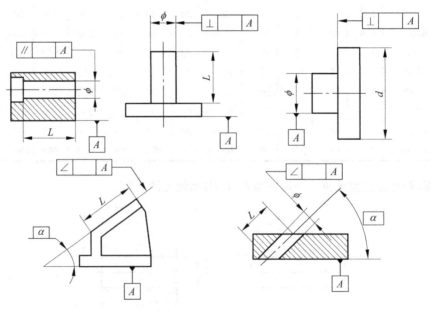

图 3-78   平行度、垂直度、倾斜度标注图例

表 3-6　平行度、垂直度、倾斜度公差值

主参数 L/mm	公差等级											
	1	2	3	4	5	6	7	8	9	10	11	12
	公差值/μm											
≤10	0.4	0.8	1.5	3	5	8	12	20	30	50	80	120
>10～16	0.5	1	2	4	6	10	15	25	40	60	100	150
>16～25	0.6	1.2	2.5	5	8	12	20	30	50	80	120	200
>25～40	0.8	1.5	3	6	10	15	25	40	60	100	150	250
>40～63	1	2	4	8	12	20	30	50	80	120	200	300
>63～100	1.2	2.5	5	10	15	25	40	60	100	150	250	400
>100～160	1.5	3	6	12	20	30	50	80	120	200	300	500
>160～250	2	4	8	15	25	40	60	100	150	250	400	600
>250～400	2.5	5	10	20	30	50	80	120	200	300	500	800
>400～630	3	6	12	25	40	60	100	150	250	400	600	1000
>630～1000	4	8	15	30	50	80	120	200	300	500	800	1200
>1000～1600	5	10	20	40	60	100	150	250	400	600	1000	1500
>1600～2500	6	12	25	50	80	120	200	300	500	800	1200	2000
>2500～4000	8	15	30	60	100	150	250	400	600	1000	1500	2500
>4000～6300	10	20	40	80	120	200	300	500	800	1200	2000	3000
>6300～10000	12	25	50	100	150	250	400	600	1000	1500	2500	4000

同轴度、对称度、圆跳动和全跳动公差值见表 3-7，主参数 $d(D)$、B、L 示例见图 3-79。

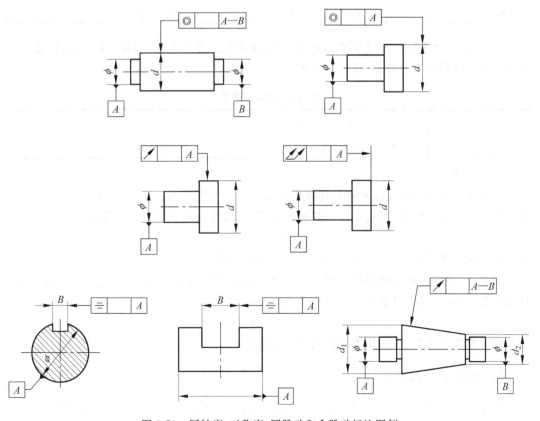

图 3-79　同轴度、对称度、圆跳动和全跳动标注图例

表 3-7   同轴度、对称度、圆跳动和全跳动公差值

主参数 L/mm	公差等级											
	1	2	3	4	5	6	7	8	9	10	11	12
	公差值/μm											
≤1	0.4	0.6	1.0	1.5	2.5	4	6	10	15	25	40	60
>1~3	0.4	0.6	1.0	1.5	2.5	4	6	10	20	40	60	120
>3~6	0.5	0.8	1.2	2	3	5	8	12	25	50	80	150
>6~10	0.6	1	1.5	2.5	4	6	10	15	30	60	100	200
>10~18	0.8	1.2	2	3	5	8	12	20	40	80	120	250
>18~30	1	1.5	2.5	4	6	10	15	25	50	100	150	300
>30~50	1.2	2	3	5	8	12	20	30	60	120	200	400
>50~120	1.5	2.5	4	6	10	15	25	40	80	150	250	500
>120~250	2	3	5	8	12	20	30	50	100	200	300	600
>250~500	2.5	4	6	10	15	25	40	60	120	250	400	800
>500~800	3	5	8	12	20	30	50	80	150	300	500	1000
>800~1250	4	6	10	15	25	40	60	100	200	400	600	1200
>1250~2000	5	8	12	20	30	50	80	120	250	500	800	1500
>2000~3150	6	10	15	25	40	60	100	150	300	600	1000	2000
>3150~5000	8	12	20	30	50	80	120	200	400	800	1200	2500
>5000~8000	10	15	25	40	60	100	150	250	500	1000	1500	3000
>8000~10000	12	20	30	50	80	120	200	300	600	1200	2000	4000

对位置度,国家标准只规定了公差值数系,而未规定公差等级,如表 3-8 所示,位置度公差值一般与被测要素的类型、连接方式等有关。

表 3-8   位 置 度 数 系

1	1.2	1.5	2	2.5	3	4	5	6	8
1×10^n	1.2×10^n	1.5×10^n	2×10^n	2.5×10^n	3×10^n	4×10^n	5×10^n	6×10^n	8×10^n

注:n 为整数。

位置度常用于控制螺栓和螺钉连接中孔距的位置精度要求。例如,用螺栓连接时,被连接零件上的孔均为通孔,其孔径大于螺栓的直径,位置度公差可用下式计算,即

$$t = X_{min}$$

式中,t 为位置度公差;X_{min} 为通孔与螺栓间的最小间隙。

用螺钉连接时,被连接零件中有一个零件上的孔是螺纹,而其余零件上的孔都是通孔,且孔径大于螺钉直径,位置度公差可用下式计算,即

$$t = 0.5X_{min}$$

按上式计算确定的公差,经化整并按表 3-8 选择公差值。

2. 未注几何公差值

图样上没有标注几何公差值的要素,其几何精度要求由未注几何公差来控制。国家标准 GB/T 1184—1996 中规定了未注公差时仍然必须遵守的公差值。未注公差值是中等制

造精度所能达到的值,因此不必标出。但对于低精度的要求,若其公差大于未注公差值,则可用两种处理方式:一是不必标注公差;二是若标出公差会给生产带来经济效益的,则要求标注,但这种情况很少见到。

(1)直线度和平面度的未注公差值如表 3-9 所示。

表 3-9　直线度和平面度的未注公差值　　　　　　　　　　mm

公差等级	基本长度范围					
	≤10	>10～30	>30～100	>100～300	>300～1000	>1000～3000
H	0.02	0.05	0.1	0.2	0.3	0.4
K	0.05	0.1	0.2	0.4	0.6	0.8
L	0.1	0.2	0.4	0.8	1.2	1.6

(2)垂直度的未注公差值见表 3-10。形成直角的两要素中的较长者作为基准要素,较短者为被测要素,如两者相等则可取任一要素作为基准要素。

表 3-10　垂直度未注公差值　　　　　　　　　　mm

公差等级	基本长度范围			
	≤100	>100～300	>300～1000	>1000～3000
H	0.2	0.3	0.4	0.5
K	0.4	0.6	0.8	1
L	0.6	1	1.5	2

(3)对称度的未注公差值如表 3-11 所示。应取两要素中较长者作为基准,较短者作为被测要素;若两要素长度相等则可选任一要素为基准。

表 3-11　对称度的未注公差值　　　　　　　　　　mm

公差等级	基本长度范围			
	≤100	>100～300	>300～1000	>1000～3000
H	0.5			
K	0.6		0.8	1
L	0.6	1	1.5	2

对称度的未注公差值用于至少两个要素中有一个是中心平面,或者是轴线相互垂直的两要素。

(4)圆跳动包括径向、端面和斜向圆跳动,它们的未注公差值如表 3-12 所示。

对于圆跳动未注公差值,应选择设计或工艺给出的支承表面作为基准要素,否则应取两要素中较长者为基准要素,如果两要素的长度相等,则可选任一要素为基准。

表 3-12　圆跳动未注公差值　　mm

公差等级	圆跳动公差值
H	0.1
K	0.2
L	0.5

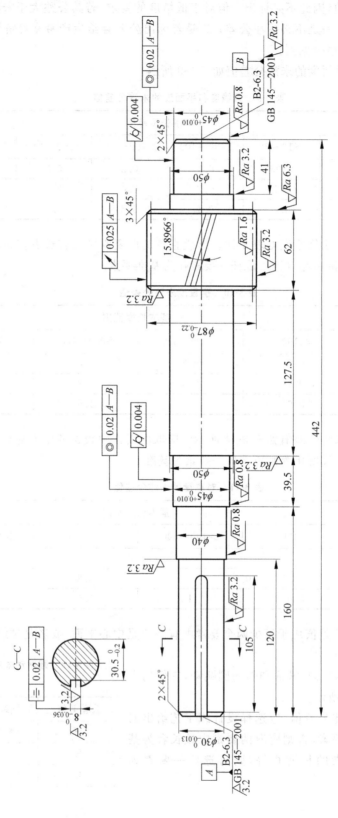

图 3-80 齿轮箱减速器高速轴的零件图

（5）其他各项几何公差的未注公差值。

线轮廓度、面轮廓度、倾斜度和位置度的未注公差值在标准中均未作具体规定，因为线、面轮廓度误差直线与该线、面轮廓的尺寸公差有关，可用尺寸公差控制。倾斜度误差由其角度公差控制。位置度误差是一项综合误差，是各项误差的综合反映，其未注公差值不需另作规定。

圆度的未注公差值等于标准的直径公差值，但不能大于表 3-10 中的径向圆跳动值。圆柱度的未注公差值不作规定。

径向圆跳动值已经包含了同轴度误差和圆度误差，因此，在极限情况下，同轴度误差值可取表 3-11 中的径向圆跳动值。

平行度的未注公差值等于其相应的尺寸公差（两要素间的距离公差）值，或者等于其平面度或直线度的未注公差值，取两者中数值较大者。两个要素中取长者作为基准要素，取较短者作为被测要素。若长度相等则可取任一要素作为基准要素。

未注公差值的图样表示法为：在标题栏附近或在技术要求、技术文件（如企业标准）中标注出标准号及公差等级代号，如选用 H 级，则标注为：GB/T 1184-H。

3.5.3　几何公差应用实例

例如图 3-1 所示的减速器高速轴，为了保证所述的传动性能，根据轴的加工工艺，首先确定轴的工艺孔（轴两端的中心孔为测量基准），分别为基准 A 和 B。为了保证轴承的顺利装配，规定 $\phi45$ 轴颈的圆度公差，为了保证传动的平稳性，规定 $\phi45$ 轴颈与基准 A—B 的同轴度公差，也规定齿顶圆 $\phi87$ 与基准的跳动度公差。为了保证键的顺利安装和传递动力，规定键槽的对称度公差，其几何公差标注如图 3-80 所示。

图 3-81～图 3-83 是几个简单零件图，图中的几何公差标注较多，不一定符合实际需要，作为标注示例供参考。

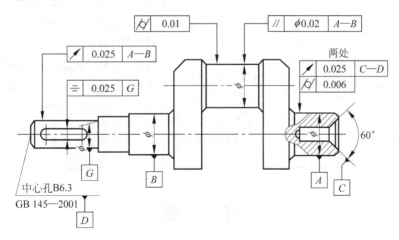

图 3-81　图例 1

对于图 3-82 所示的滚锥轴承内圈几何公差标注解释和公差带说明如表 3-13 所示。

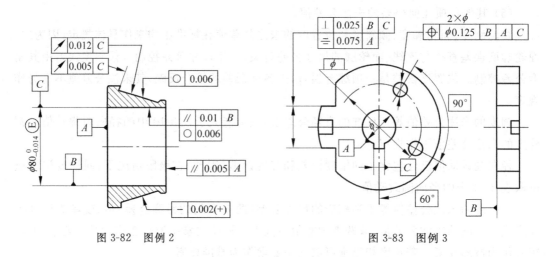

图 3-82　图例 2　　　　　　　　　　　　　　图 3-83　图例 3

表 3-13　滚锥轴承内圈几何公差的解释

序号	代号	解释	公差带
1	// 0.005 A	右端面对基准平面 A（左端面）的平行度公差 0.005mm	距离为公差值 0.005mm 且平行于基准平面 A 的两平行平面之间的区域
2	○ 0.006	$\phi 80_{-0.014}^{0}$ ⓔ内圆柱面的圆度公差为 0.005mm	在同一正截面上半径差为 0.005mm 的两同心圆之间的区域
3	// 0.01 B	$\phi 80_{-0.014}^{0}$ ⓔ内圆柱面上处于直径位置的素线为基准 B 间的平行度公差 0.01mm	在轴线横截面内距离为 0.01mm，且平行于某素线的两平行平面之间的区域
4	↗ 0.005 C	圆锥表面对基准轴线为基准 C（$\phi 80_{-0.014}^{0}$ ⓔ）的斜向圆跳动公差 0.005mm	在与基准轴线同轴且母线垂直于被测圆锥面母线的测量圆锥面上，沿母线方向宽度为 0.005mm 的圆锥面区域
5	○ 0.006	滚道圆锥表面的圆度公差 0.006mm	在同一正截面上半径差为 0.006mm 的两同心圆之间的区域
6	— 0.002(+)	滚道素线的直线度公差 0.002mm（只允许中间向材料外凸起）	在与基准轴线同轴且母线垂直于被测圆锥面母线的测量圆锥面上，沿母线方向宽度为 0.002mm 的圆锥面区域
7	↗ 0.012 C	滚道圆锥表面对基准轴线（$\phi 80_{-0.014}^{0}$ ⓔ）的斜向圆跳动公差 0.012mm	在与基准轴线同轴且母线垂直于被测圆锥面母线的测量圆锥面上，沿母线方向宽度为 0.012mm 的圆锥面区域

习　　题

3-1　什么叫几何要素？说明什么是被测要素、基准要素、单一要素、关联要素、组成要素和导出要素。

3-2　几何研究的对象是什么？如何区分理想要素和导出要素？

3-3　试说明形状公差和位置公差各有几项,其名称和符号是什么？

3-4　标注几何公差时,指引线如何引出？如何区分被测要素和基准要素是组成要素还是导出要素？

3-5　什么是几何公差带？几何公差带的形状如何确定？

3-6　定向位置公差、定位位置公差和跳动公差各有什么特点？

3-7　解释题图 3-1 所标注的各项几何公差(说明被测要素、基准要素、公差带形状、大小、方向和位置)。

3-8　哪些情况下在几何公差前要加注符号 ϕ、$S\phi$？哪些场合要用理论正确尺寸？是怎样标注的？

3-9　用文字叙述图 3-81 中各项几何公差要求(要求说明被测要素、基准要素、公差带形状、大小、方向和位置),并画出几何公差带。

3-10　将下列尺寸和几何公差要求标注在题图 3-1 上。

(1) 圆锥面对 ϕd_1 轴线的斜向圆跳动公差 0.03mm；

(2) ϕd_1 轴颈的圆柱度公差 0.005mm；

(3) ϕd_2 左端面对 ϕd_1 轴线的端面圆跳动公差 0.02mm；

(4) ϕd_2 轴的轴线相对于 ϕd_1 轴的轴线同轴度公差 0.01mm,采用最大实体要求；

(5) ϕd_1 和 ϕd_2 均采用 h6 公差带并采用包容要求；

(6) 圆锥左端面对 ϕd_1 轴线的垂直度公差 0.02mm；

(7) 圆锥的圆度公差为 0.008mm。

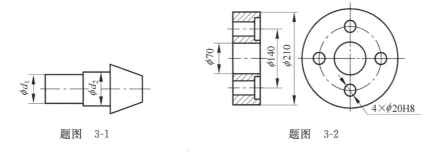

题图 3-1　　　　　题图 3-2

3-11　将下列尺寸和几何公差要求标注在题图 3-2 上。

(1) 左端面的平面度公差 0.01mm；

(2) 右端面对左端面的平行度公差 0.02mm；

(3) $\phi70$ 孔按 H7 遵守包容要求,$\phi210$ 外圆尺寸公差 h7；

(4) $\phi70$ 孔的轴线对左端面的垂直度公差 0.025mm；

(5) $\phi210$ 外圆轴线对 $\phi70$ 孔的轴线同轴度公差 0.008mm；

(6) $4\times\phi20$H8 孔轴线对左端面(第一基准)及 $\phi70$ 孔轴线的位置度公差为 $\phi0.15$mm(要求均布),并采用最大实体要求,同时进一步要求 $4\times\phi20$H8 孔之间轴线垂直度公差为 $\phi0.05$mm(对第一基准)。

3-12 在不改变几何公差项目的前提下,改正题图 3-3、题图 3-4 中的错误标注(用×指出其错误所在,并在旁边改正)。

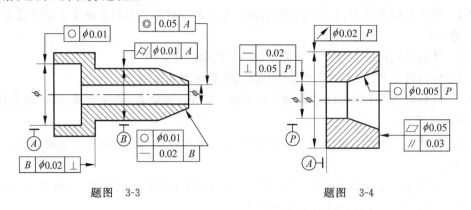

题图 3-3   题图 3-4

第 4 章

公差原则及其应用

在设计零件时,常常对零件的同一要素既规定尺寸公差,又规定几何公差。因此必须研究尺寸公差与几何公差之间的关系。确定尺寸公差与几何公差之间相互关系的原则称为公差原则。公差原则分为独立原则和相关要求两大类,而相关要求又分为包容要求、最大实体要求、最小实体要求和可逆要求。

4.1 独立原则

1. 独立原则的含义

独立原则是指图样上给定的尺寸公差与几何公差相互独立,分别满足要求的公差原则。它是尺寸公差和几何公差相互关系遵循的基本原则。当被测要素的尺寸公差和几何公差采用独立原则时,图样上给出的尺寸公差只控制要素的尺寸偏差,不控制要素的几何误差;而图样上给定的几何公差只控制被测要素的几何误差,与要素的实际尺寸无关。几何公差与尺寸公差遵守独立原则时,在图样上不做任何附加标记。

图 4-1 是独立原则应用于单一要素的示例。加工好的轴,实际尺寸要求控制在 $\phi 49.950 \sim \phi 49.975$mm 之间,轴线直线度误差不得大于 $\phi 0.012$mm。只有同时满足上述两个条件,轴才合格。图 4-2 是独立原则应用于关联要素的示例。加工后的轴,实际尺寸必须在 $\phi 9.972 \sim \phi 9.987$mm 之间;轴线对基准端面 A 的垂直度误差不得大于 $\phi 0.01$mm。只有同时满足上述两个条件时,轴才合格。

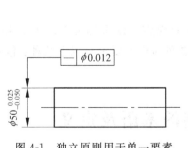

图 4-1 独立原则用于单一要素

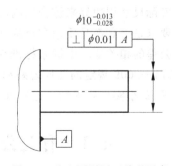

图 4-2 独立原则用于关联要素

对于尺寸公差和几何公差采用独立原则的被测要素,应对实际尺寸和几何误差分别检测,实际尺寸采用两点法测量,几何误差使用通用或专用量仪测量。

2. 独立原则的应用

独立原则主要用于要求严格控制要素的几何误差场合。例如,减速器的齿轮箱轴承孔的同轴度公差和孔径的尺寸公差必须按独立原则给出,否则将影响齿轮的啮合质量。又如,钢板轧机的轧辊,对它的直径无严格的精度要求,但对它的形状精度有较高的要求,以保证钢板厚度的均匀性,故其形状公差应按独立原则给出。再如,要求密封性良好的零件,常对其形状精度提出较严格的要求,其尺寸公差与形状公差也应采用独立原则。

我国国家标准 GB/T 4249—2009 及国际标准 ISO 8015 中均明确作出规定:独立原则是图样中应遵循的基本原则。统计表明,机械图样中 95% 以上的公差要求遵循的是独立原则。

4.2   几何公差与尺寸公差的关系

按照独立原则检验的产品是可以保证特定功能要求的,但是零件的使用要求是多种多样的,有些着重要求保证配合性质,有些则只要求满足装配性质,这时候对几何误差的要求将有高低之分。对于只要求满足装配性的零件,若用独立原则来设计,将会使得成本增高,会把一些几何误差稍大但可装配的零件误废掉。

假设某一轴销只要求满足装配性,在实际尺寸符合公差要求的情况下,只要能顺利装进某个特定的孔,其形状误差是可接受的。此时,我们可以要求轴销的体外作用尺寸不超过这个孔的体外作用尺寸,若实际尺寸加工到较小值(但不超极限)时,则形状误差(如弯曲)可允许增大,甚至超出图样中标注的公差值还可以满足装配。从这些实际情况考虑,最好能通过直接控制尺寸误差和几何误差综合的结果判别其合格性。若就以这个孔(以实效尺寸制造)来作为检验工具,在轴销没有小于其最小极限尺寸的前提下,不论尺寸、几何误差如何变化,凡是能装进去的便是合格可用的。这一检验方式实质是用边界控制作用尺寸的方式,控制的是各项误差的综合结果,形状误差允许超出标注值是因为利用了尺寸方面未用完的公差,使按独立原则时分别判定超差但综合结果可用的零件判定为合格,从而大大减少原先检验所造成的浪费现象,提高了产品的经济性。

为了适应上述需要,公差标准必须有相应的原则,表明几何公差与尺寸公差的关系,这便是相关原则。几何误差与实际尺寸分别由各自的公差带控制,这属于独立原则;要求几何误差与实际尺寸用边界来综合控制,这属于相关原则(要求)。正确采用尺寸公差、几何公差的相关要求是提高产品质量和经济性的关键。

几何公差的相关要求由国家标准作出了相应的规定。国家标准 GB/T 4249—2009 及 GB/T 16671—2009 规定的几何公差和尺寸公差之间的相关要求有以下几种:包容要求、最大实体要求、最小实体要求和可逆要求。

4.3   有关公差原则的术语及定义

1. 局部实际尺寸(简称实际尺寸 D_{ai}、d_{ai})

在实际要素的任意截面上,两对应点之间测得的距离称为局部实际尺寸。

2. 体外作用尺寸(D_{fe}、d_{fe})

体外作用尺寸是指在被测要素的给定长度上,与实际内表面体外相接的最大理想面或与实际外表面体外相接的最小理想面的直径或宽度。对于关联要素,该理想面的轴线或中心平面,必须与基准要素保持图样上给定的几何关系。

3. 体内作用尺寸(D_{fi}、d_{fi})

体内作用尺寸是指在被测要素的给定长度上,与实际内表面体内相接触的最小理想面,或与实际外表面体内相接触的最大理想面的直径或宽度。对于关联要素,该理想面的轴线或中心平面,必须与基准要素保持图样上给定的几何关系。

必须指出,作用尺寸是零件在加工完成后才形成的,它是由实际尺寸和几何误差综合形成的,对于每个零件各不相同,但是每个实际的轴或孔只有一个作用尺寸。在加工中必须对要素的作用尺寸进行控制,以便满足配合要素,即保证配合时的最小间隙或最大过盈。从这一点讲,作用尺寸是实际要素在配合中真正起作用的尺寸。

4. 最大实体状态和最大实体尺寸

最大实体状态用代号 MMC(maximum material condition)表示,它是指实际要素在尺寸公差范围内具有材料量最多的状态。实际要素在最大实体状态时的尺寸,称为最大实体尺寸,用代号 MMS(maximum material size)表示。

5. 最小实体状态和最小实体尺寸

最小实体状态用代号 LMC(least material condition)表示,它是指实际要素在尺寸公差范围内具有材料量最少的状态。实际要素在最小实体状态时的尺寸,称为最小实体尺寸,用代号 LMS(least material size)表示。

6. 最大实体实效状态和最大实体实效尺寸

最大实体实效状态(maximum material virtual condition,MMVC)是指在给定长度上,实际要素处于最大实体状态且其导出要素的几何误差等于给出的几何公差值时的综合极限状态。

最大实体实效尺寸(maximum material virtual size,MMVS)是最大实体实效状态下的体外作用尺寸。对于内表面,为最大实体尺寸减去导出要素的几何公差值 $t_{形位}$;对于外表面,为最大实体尺寸加上导出要素的几何公差值 $t_{形位}$,即

$$MMVS = MMS \pm t_{形位}$$

7. 最小实体实效状态和最小实体实效尺寸

最小实体实效状态(least material virtual condition,LMVC)是指在给定长度上,实际要素处于最小实体状态且其导出要素的几何误差等于给出的几何公差值时的综合极限状态。

最小实体实效尺寸(least material virtual size,LMVS)是最小实体实效状态下的体内

作用尺寸。对于内表面，为最小实体尺寸加导出要素的几何公差值 $t_{形位}$；对于外表面，为最小实体尺寸减导出要素的几何公差值 $t_{形位}$，即

$$LMVS = LMS \pm t_{形位}$$

8. 最大实体边界和最小实体边界

尺寸为最大实体尺寸的边界称为最大实体边界（maximum material boundary，MMB）；尺寸为最小实体尺寸的边界称为最小实体边界（least material boundary，LMB）。

9. 最大实体实效边界和最小实体实效边界

尺寸为最大实体实效尺寸的边界称为最大实体实效边界（maximum material virtual boundary，MMVB）。即是直径或距离尺寸为最大实体实效尺寸，且具有理想形状和位置的极限圆柱面或平行面。

尺寸为最小实体实效尺寸的边界称为最小实体实效边界（least material virtual boundary，LMVB）。即是直径或距离尺寸为最小实体实效尺寸，且具有理想形状和位置的极限圆柱面或平行面。

【例 4-1】　图 4-3(a)、(b)所示为加工轴、孔零件，实际测得轴的直径尺寸为 ϕ19.97，其轴线的直线度误差为 0.02，孔的直径尺寸为 20.08，其轴线直线度误差为 0.02，试求轴和孔的最大实体尺寸、最小实体尺寸、体外作用尺寸、体内作用尺寸、最大实体实效尺寸和最小实体实效尺寸。

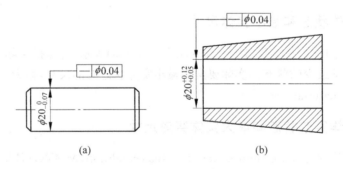

(a)　　　　　　　　　　(b)

图 4-3　孔、轴零件

解　(1) 按图 4-3(a)加工零件，根据有关公式可计算出：

最大实体尺寸　　　　　　　　$d_{M} = d_{max} = \phi20$

最小实体尺寸　　　　　　　　$d_{L} = d_{min} = 20 - 0.07 = \phi19.93$

体外作用尺寸　　　　　　　　$d_{fe} = d_{ai} + f_{形位} = 19.97 + 0.02 = \phi19.99$

体内作用尺寸　　　　　　　　$d_{fi} = d_{ai} - f_{形位} = 19.97 - 0.02 = \phi19.95$

最大实体实效尺寸　　　　　　$d_{MV} = d_{M} + t_{形位} = 20 + 0.04 = \phi20.04$

最小实体实效尺寸　　　　　　$d_{LV} = d_{L} - t_{形位} = 19.93 - 0.04 = \phi19.89$

(2) 按图 4-3(b)加工零件，根据有关公式可计算出：

最大实体尺寸　　　　　　　　$D_{M} = D_{min} = \phi20.05$

最小实体尺寸	$D_\text{L}=D_\text{max}=\phi20.12$
体外作用尺寸	$D_\text{fe}=D_\text{ai}-f_{形位}=20.08-0.02=\phi20.06$
体内作用尺寸	$D_\text{fi}=D_\text{ai}+f_{形位}=20.08+0.02=\phi20.10$
最大实体实效尺寸	$D_\text{MV}=D_\text{M}-t_{形位}=20.05-0.04=\phi20.01$
最小实体实效尺寸	$D_\text{LV}=D_\text{L}+t_{形位}=20.12+0.04=\phi20.16$

从以上计算可知,实效尺寸与作用尺寸是两个相似但不相同的尺寸概念。所谓相似,是指它们都是"尺寸"与"几何"的综合,且都具有理想形状或理想方位;所谓不同,是指它们在概念上有原则性的区别。实效尺寸是设计者确定的,当图样上给定了尺寸公差(确定了最大实体尺寸)和几何公差之后,其实效尺寸即随之确定,为一固定值;而作用尺寸是零件上实际要素所具有的尺寸,其值随零件实际要素的局部实际尺寸和几何误差值的不同而变化,故为变值。显然,当零件上实际要素处于最大实体尺寸,且几何误差达到最大时的作用尺寸,即等于实效尺寸。所以,实效尺寸在某些情况下可以是控制作用的边界尺寸。

10. 最大实体要求和最小实体要求

最大实体要求(maximum material requirement,MMR)是被测要素的实际轮廓应遵守其最大实体实效边界,当其实际尺寸偏离最大实体尺寸时,允许其几何误差值超出在最大实体状态下给出的公差值的一种要求。

最小实体要求(least material requirement,LMR)是被测要素的实际轮廓应遵守其最小实体实效边界,当其实际尺寸偏离最小实体尺寸时,允许其几何误差值超出在最小实体状态下给出的公差值的一种要求。

11. 可逆要求(reciprocity requirement,RPR)

导出要素的几何误差值小于给出的几何公差值时,允许在满足零件功能要求的前提下扩大尺寸公差。

(1) 可逆要求用于最大实体要求　被测要素的实际轮廓应遵守其最大实体实效边界,当其实际尺寸偏离最大实体尺寸时,允许其几何误差值超出在最大实体状态下给出的几何公差值。当其几何误差小于给出的几何公差值时,也允许其实际尺寸超出在最大实体尺寸的一种要求。

(2) 可逆要求用于最小实体要求　被测要素的实际轮廓应遵守其最小实体实效边界,当其实际尺寸偏离最小实体尺寸时,允许其几何误差值超出在最小实体状态下给出的几何公差值。当其几何误差小于给出的几何公差值时,也允许其实际尺寸超出在最小实体尺寸的一种要求。

12. 零几何公差

被测要素采用最大实体要求或最小实体要求时,其给出的几何公差值为零,用"0 Ⓜ"或"0 Ⓛ"表示。

4.4 包 容 要 求

1. 包容要求的含义及特点

包容要求是指要求实际要素处处不得超过最大实体边界的一种公差原则,即实际组成要素应遵守最大实体边界,作用尺寸不超出最大实体尺寸。按照这一公差原则,如果实际要素达到最大实体状态,就不得有任何几何误差;只有在实际要素偏离最大实体状态时,才允许存在与偏离量相对应的几何误差。显然,遵守包容要求时对于孔而言,其局部实际尺寸应当不大于其最小实体尺寸;对于轴而言,其局部实际尺寸应不小于其最小实体尺寸。

包容要求的实质是当要素的实际尺寸偏离最大实体尺寸时,允许其形状误差增大,它反映了尺寸公差与几何公差之间的补偿关系。采用包容要求时,被测要素应遵守最大实体边界,即要素的体外作用尺寸不得超越其最大实体尺寸,且局部实际尺寸不得超越其最小实体尺寸,即

对于外表面: $\qquad d_{fe} \leqslant d_M(d_{max})$, $d_{ai} \geqslant d_L(d_{min})$

对于内表面: $\qquad D_{fe} \geqslant D_M(D_{min})$, $D_{ai} \leqslant D_L(D_{max})$

包容要求只适合于处理单一要素尺寸公差和几何公差的相互关系。在图样上,单一要素的尺寸极限偏差或公差带之后注有 Ⓔ 符号时就表示该单一要素采用包容要求,如图 4-4(a)所示。按照包容要求的含义,轴的实际表面不得超越最大实体边界,该边界是直径为最大实体尺寸 $\phi 20$,长度为结合长度的理想圆柱面。

(1) 轴的体外作用尺寸不得大于 $\phi 20$,其局部实际尺寸不得小于最小实体尺寸 $\phi 19.97$。

(2) 当轴处于最大实体状态时,不允许有形状误差,即形状公差为零;当轴的直径均为最小实体尺寸 $\phi 19.97$ 时,允许轴具有 $\phi 0.03$ 的直线度误差,如图 4-4(b)所示。

(3) 轴的局部实际尺寸可在 $\phi 19.97 \sim \phi 20$ 之间变动。图 4-4(c)给出了轴为不同实际尺寸所允许的几何误差值。

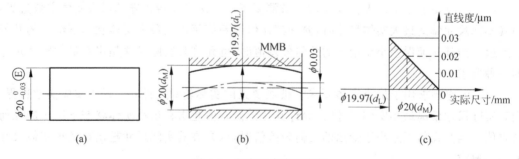

图 4-4 包容要求应用实例

可见,包容要求是将尺寸误差和几何误差同时控制在尺寸公差范围内的一种要求,主要用于必须保证配合性质的要素。

2. 包容要求的应用

包容要求常常应用于要求保证配合性质的场合,如回转轴的轴颈和滑动轴承、滑动套筒和孔、滑块和滑块槽等。例如,$\phi 20\text{H}7(^{+0.021}_{0})$ Ⓔ 孔与 $\phi 20\text{h}6(^{0}_{-0.013})$ Ⓔ 轴的间隙配合中,所需要的间隙是通过孔和轴各自遵守最大实体边界来保证的,这样即能保证预定的最小间隙等于零,避免了因孔和轴的形状误差而产生过盈。另外包容要求还应用在配合精度要求较高的场合。例如滚动轴承内圈与轴颈的配合,采用包容要求时可以提高轴颈的尺寸精度,保证其严格的配合性质,确保滚动轴承运转灵活。

采用包容要求后,若对要素的几何精度有更严格的要求,还可另行给出几何公差,但是几何公差值必须小于尺寸公差值。如图 4-5 所示的轴,采用包容要求的同时给出了轴线直线度公差,这属于包容要求和独立原则同时使用。其含义是,轴的实际表面不得超出最大实体边界,其局部实际尺寸不得小于最小实体尺寸,同时轴

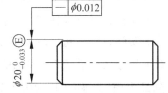

图 4-5　包容要求和独立要求共用

线直线度误差不得超过 $\phi 0.012$。因此,当轴的实际尺寸偏离最大实体尺寸时,轴线直线度公差最多只能增大到 $\phi 0.012$。

4.5　最大实体要求及其应用

最大实体要求是指被测要素的实际轮廓的导出要素应遵守其最大实体实效边界,当其实际尺寸偏离最大实体尺寸时,其允许几何误差值超出在最大实体状态下给出的公差值的一种公差要求。

最大实体要求既可应用于被测要素,又可应用于基准要素。对于前一种情形,应在被测要素几何公差框格中的公差值后标注符号“Ⓜ”;对于后一种情形,应在几何公差框格中的基准字母代号后标注符号“Ⓜ”。

1. 最大实体要求应用于被测要素

被测要素遵守最大实体要求可应用于单一要素(形状公差中,见图 4-6(a)或关联要素(位置公差中,见图 4-7(a)),被测要素的实际表面轮廓都受其最大实体实效边界限制。应用在位置公差中(见图 4-7(a))时,其边界还要受基准的约束。有时对被测要素和基准要素同

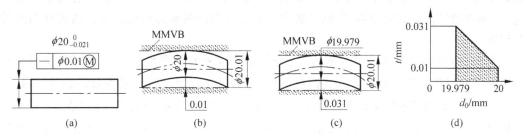

图 4-6　轴线直线度公差采用最大实体要求

时提出最大实体要求,如图 4-6(a)所示(常为同轴度、位置度项目),则基准部分也应使用边界控制,两边界共同组成一个整体(后述的综合量规)来检验工件。

最大实体要求应用于被测要素时,被测要素的实际轮廓在给定的长度上处处不得超出最大实体实效边界,即其体外作用尺寸不能超出最大实体实效尺寸,且其局部实际尺寸不得超出最大实体尺寸和最小实体尺寸,即

对于孔:　　　　　　　　　　$D_{fe} \geqslant D_{MV}$,　　$D_M \leqslant D_{ai} \leqslant D_L$

对于轴:　　　　　　　　　　$d_{fe} \leqslant d_{MV}$,　　$d_L \leqslant d_{ai} \leqslant d_M$

如图 4-6 所示为轴线直线度公差采用最大实体要求,则轴应当满足:

(1) 实际尺寸在 $\phi 19.979 \sim \phi 20$ 之间;

(2) 实际轮廓不超出最大实体实效边界 $d_{MV} = d_M + t = 20 + 0.01 = 20.01\text{mm}$,见图 4-6(b);

(3) 最小实体状态时,即轴的实际尺寸处处为最小实体尺寸 $\phi 19.979$ 时,轴线直线度公差达到最大值,为 $\phi 0.01 + \phi 0.021 = \phi 0.031$(见图 4-6(c))。

图 4-6(d)给出了表达上述关系的动态公差图。

2. 最大实体要求同时应用于基准要素

最大实体要求应用于关联要素(位置公差)时,被测要素的方向或位置要受到基准要素的控制,基准要素应遵守相应的边界。此时几何公差标准框格中基准要素的标注有两种情形:加与不加Ⓜ,即基准要素使用或不使用最大实体要求。若为导出要素,则基准要素也常使用最大实体要求,此时基准应遵守相应的边界。当基准要素实际轮廓的体外作用尺寸偏离相应的边界尺寸时,允许基准要素在一定的范围内浮动,其浮动范围等于基准要素的体外作用尺寸与相应的边界尺寸之差。显然,基准要素偏离到最小实体状态时,其浮动范围达到最大。

基准要素本身也同时采用相关要求时(基准代号后面加有Ⓜ或Ⓛ),实际基准要素本身由于存在误差必须作基准的体现和控制,故基准要素轮廓本身一般也要用框格标注其几何公差及采用的相关要求。

至于基准部分实际表面轮廓受何种边界控制,可以是最大实体边界或最大实体实效边界,视零件图基准部分如何标注。若基准要素本身轮廓采用最大实体要求标注,则其本身遵守最大实体实效边界。若采用包容要求,则如图 4-7(a)所示在 $\phi 25$ 尺寸公差标注后标Ⓔ,基准部分的轮廓应采用最大实体边界控制。上述要求检验时,若基准要素的实际轮廓不超过按照相应边界尺寸所设计的位置量规,同时用两点法测量基准要素局部实际尺寸不超出其最小实体尺寸,此时则可认为基准要素合格。若图 4-7(a)在 $\phi 25$ 尺寸公差标注后不标注Ⓔ,则基准遵守的是独立原则,但标准规定设计综合量规时还是以最大实体边界作为其控制边界。

图 4-7(a)所示为最大实体要求同时应用于被测要素和基准要素的情况,基准本身采用包容要求。当被测要素处于最大实体状态(实际尺寸为 $\phi 12$)时,同轴度公差为 $\phi 0.04$(见图 4-7(b))。被测要素应满足下列要求:局部实际尺寸 d_{1ai} 应在 $\phi 11.95 \sim \phi 12$ 范围内,体外作用尺寸小于(或等于)最大实体实效尺寸 $\phi 12 + \phi 0.04 = 12.04$,即其轮廓不超过最大实体实效边界;当被测轴的实际尺寸小于 $\phi 12$ 时,允许同轴度误差增大,当 $d_{1ai} = \phi 11.95$ 时,同

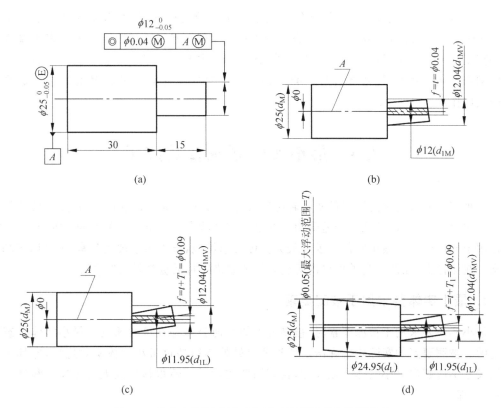

图 4-7　最大实体要求同时应用于被测要素和基准要素

轴度误差允许达到最大值为 $\phi0.04+\phi0.05=\phi0.09$(见图 4-7(c))。当基准的实际轮廓处于最大实体边界,即 $d_{2fe}=d_{2M}=\phi25$ 时,基准线不能浮动(见图 4-7(b)、(c));当基准的实际轮廓偏离最大实体边界,即其体外作用尺寸小于 $\phi25$ 时,基准线可以浮动了;当其体外作用尺寸等于最小实体尺寸 $\phi24.95$ 时,其浮动范围可以达到最大值 $\phi0.05$,因此同轴度误差最大可以允许达到 $\phi0.04+\phi0.05+\phi0.05=\phi0.14$。基准浮动,可以使被测要素更容易达到要求。

3. 最大实体要求的应用

　　由于最大实体要求在几何公差与尺寸公差之间建立了联系,因此只有被测要素或基准要素为导出要素时,才能应用最大实体要求。最大实体要求一般用于主要保证可装配性、而对其他功能要求较低的零件要素,这样可以充分利用尺寸公差补偿几何公差,提高零件的合格率,从而获得显著的经济效益。

　　图 4-8 为减速器的轴承盖,用 4 个螺钉把它紧固于箱体上,轴承盖上的 4 个通孔的位置只要求满足可装配性,因此位置度公差采用了最大实体要求。此外,第二基准 B 虽然起到一定的定位作

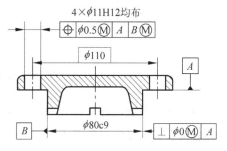

图 4-8　轴承盖的最大实体要求标注

用,但在保证轴承盖端面(基准 A)与箱体孔端面贴合的前提下,基准 B 的位置略有变动并不影响轴承盖的装配性,因此基准 B 也采用了最大实体要求。而基准轴线 B 对基准端面 A 的垂直度公差则采用了最大实体要求的零几何公差,主要是为了保证轴承盖的凸台与箱体孔的配合性质,同时又使基准 B 对基准 A 保持一定的位置关系,以保证基准 B 能够起到应有的定位作用。

4.6　最小实体要求及其应用

最小实体要求是被测要素的实际轮廓应遵守其最小实体实效边界,当其实际尺寸偏离最小实体尺寸时,允许其几何误差值超出在最小实体状态下给出的公差值的一种公差要求,它适用于导出要素。最小实体要求与最大实体要求类似,既可用于被测要素,也可用于基准要素。在图样上,在几何公差框格内的公差值或基准字母后标注符号"Ⓛ"。

1. 最小实体要求用于被测要素

最小实体要求用于被测要素时,被测要素的几何公差是在该要素处于最小实体状态时给定的。被测要素的实际轮廓在给定的长度上处处不得超过最小实体实效边界,即其体内作用尺寸不应超出最小实体实效尺寸,且其局部实际尺寸不得超出最大实体尺寸和最小实体尺寸,即

对于孔: $\qquad D_{fi} \leqslant D_{LV}, \quad D_M \leqslant D_{ai} \leqslant D_L$

对于轴: $\qquad d_{fi} \geqslant d_{LV}, \quad d_L \leqslant d_{ai} \leqslant d_M$

图 4-9 给出了孔 $\phi 8^{+0.25}_{0}$ 的轴线相对于零件侧面 A 的位置度。为保证侧面与孔外缘之间的最小壁厚(或距离),被测孔的轴线位置度采用最小实体要求,此例只用于被测要素。

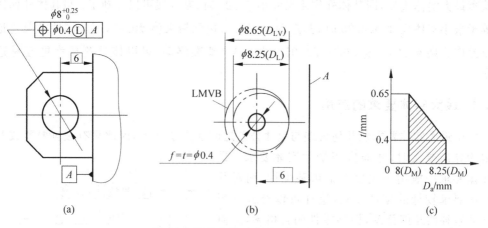

图 4-9　最小实体要求用于被测要素

图 4-9 中所示位置度公差的最小实体要求应为:当孔处于最小实体尺寸 $\phi 8.25$ 时,允许位置度公差为 $\phi 0.4$(见图 4-9(b));当孔处于最大实体尺寸 $\phi 8$ 时,孔对基准 A 的位置度公差值可达到 $\phi 0.65$。总之,实际形体不应超过直径 $\phi 8.65$($\phi 8.25 + \phi 0.4$)的理想圆(最小

实体实效边界），该孔应当满足：

（1）实际尺寸在 $\phi8\sim\phi8.25$ 之间；

（2）实际轮廓不超出最小实体实效边界，即 $d_{\mathrm{LV}}=d_{\mathrm{L}}+t=\phi8.25+\phi0.4=\phi8.65$；

（3）最大实体状态时，即孔的实际尺寸处处为最大实体尺寸 $\phi8$ 时，孔对基准的位置度公差值达到最大值，为 $\phi0.4+\phi0.25=\phi0.65$。

图 4-9(c)画出了动态位置度公差图。

2. 最小实体要求用于基准要素

图样上在公差框格内基准字母后面标注 Ⓛ 时，表示最小实体要求用于基准要素。此时，基准应遵守相应的边界要求。若基准要素的实际轮廓偏离相应的边界，即体内作用尺寸偏离相应的边界尺寸，则允许基准要素在一定的范围内浮动，浮动范围等于基准要素的体内作用尺寸和相应边界尺寸之差。

图 4-10 所示为最小实体要求同时应用于基准要素的情形，因几何公差标注框格中基准要素的标注有 Ⓛ，基准要素为导出要素时常这样使用。与最大实体要求情形类似，被测要素遵守的边界其方向和位置要受到基准要素的控制，实际基准要素本身存在误差，必须以边界体现和控制。图 4-10 中基准的边界为最小实体边界，边界尺寸为 $\phi49.5$，当基准要素实际轮廓大于 $\phi49.5$ 时，基准可在一定范围内浮动，浮动范围为基准的体内作用尺寸与 $\phi49.5$ 之差。

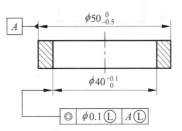

图 4-10　最小实体要求用于被测要素和基准要素

3. 最小实体要求的应用

最小实体要求的实质是控制要素的体内作用尺寸，对于孔类零件，体内作用尺寸将使孔的壁厚减薄；对于轴类零件，体内作用尺寸将使轴的直径变小。所以，最小实体要求可用于保证孔的最小壁厚和轴的最小强度的场合。在产品设计中，对薄壁结构及要求强度高的轴，应考虑合理地使用最小实体要求，以保证产品的质量。

4.7　可逆要求及零几何公差

可逆要求是指导出要素的几何误差值小于给出的几何公差值时，允许在满足零件功能要求的前提下，扩大尺寸公差。可逆要求是一种反补偿要求，它只能与最大实体要求和最小实体要求联用，而不能单独使用。

1. 可逆要求用于最大实体要求

可逆要求用于最大实体要求时，被测要素的实际轮廓应遵守其最大实体实效边界，当其实际尺寸偏离最大实体尺寸时，允许其几何误差值超出在最大实体状态下给出的几何公差值;当其几何误差值小于给出的几何公差值时,也允许实际尺寸超出最大实体尺寸。

图 4-11 为最大实体要求的可逆要求,此时被测轴不得超过最大实体实效边界,即其体外作用尺寸不超出最大实体实效尺寸 $\phi20.1$。所有局部实际尺寸应在 $\phi19.7\sim\phi20.1$ 之间,轴线的直线度公差可根据局部实际尺寸在 $\phi0\sim\phi0.4$ 之间变化。如果所有局部实际尺寸都是 $\phi20(d_M)$,轴线直线度误差可达 $\phi0.1$(见图 4-11(c));如果所有局部实际尺寸都是 $\phi19.7(d_L)$,则轴线直线度误差可达 $\phi0.4$(见图 4-11(d));如果轴线直线度误差为零,则局部实际尺寸可达 $\phi20.1(d_{MV})$,见图 4-11(b)。图 4-11(e)给出了表达上述关系的动态公差图。

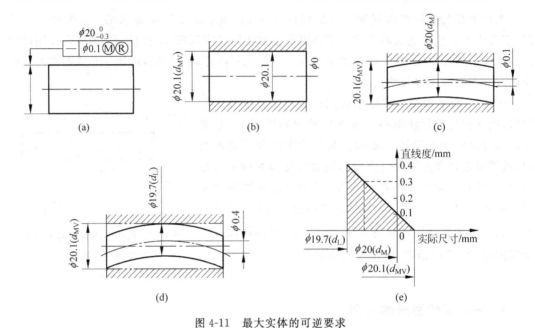

图 4-11   最大实体的可逆要求

2. 可逆要求用于最小实体要求

可逆要求用于最小实体要求时,被测要素的实际轮廓应当遵守其最小实体实效边界,几何误差不得超过此边界,另外实际尺寸也同时用此边界控制。当其实际尺寸偏离最小实体尺寸时,允许其几何误差超出在最小实体状态下给出的几何公差值;当几何误差值小于给出的几何公差值时,也允许其实际尺寸超出最小实体尺寸。

图 4-12 给出了孔 $\phi8^{+0.25}_{0}$ 相对于侧面的位置度公差 $\phi0.40$。采用最小实体要求,同时采用可逆要求。当被测孔为最小实体尺寸 $\phi8.25$ 时,允许位置度误差最大可为 $\phi0.40$,它应当遵循的是最小实体实效边界直径为 $\phi8.65(8.25+0.40)$ 的圆柱面,如图 4-12(b)所示。当孔的实际直径为最大实体尺寸 $\phi8$ 时,位置度公差达 $\phi0.65(0.40+0.25)$,见图 4-12(c)。由于同时采用可逆要求,如果位置度误差为 0,实际尺寸可允许达到 $\phi8.65(8.25+0.40)$,见图 4-12(d)。图 4-12(e)给出了表达上述关系的动态公差图。

3. 可逆要求的应用

在实际生产中,有些零件要素只要求将其实际轮廓限定在某一控制边界中,而无须严格

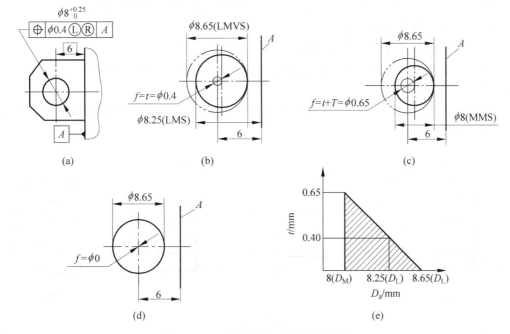

图 4-12　可逆要求用于最小实体要求

区分其实际尺寸和几何误差是否在允许的范围内。换句话说,在生产中早就存在着允许几何公差与尺寸公差相互补偿的情况,如用通规检验零件就体现了尺寸公差和几何公差互补的综合。因此,凡是应用最大、最小实体要求的场合,均可考虑应用可逆要求。

　　最后指出,采用相关要求的零件在生产实际中一般是用量规检验的。采用包容要求的零件用极限量规检验;采用最大、最小实体要求及可逆要求的零件用位置量规检验。这些内容将在后续章节中讲述。

4. 零几何公差

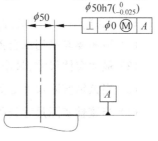

图 4-13　零几何公差

　　当关联要素采用最大(最小)实体要求且几何公差为零时,则称为零几何公差,用"$\phi 0$ Ⓜ"或"$\phi 0$ Ⓛ"表示,如图 4-13所示。零几何公差可以视作最大(最小)实体要求的特例。此时被测要素的最大(最小)实体实效边界等于最大(最小)实体边界,最大(最小)实体实效尺寸等于最大(最小)实体尺寸。

习　　题

　　4-1　什么是几何公差的公差原则和公差要求?说明它们的种类、表示方法和应用场合。各种公差要求对几何误差的最终要求有什么影响?

　　4-2　实际尺寸和作用尺寸有什么不同?实效尺寸和作用尺寸又有什么区别?确定实效尺寸时,对轴和孔有什么不同要求?

4-3   最大实体边界和最大实体实效边界有什么区别？什么情况下两者相同？

4-4   什么是独立原则？独立原则应用于哪些场合？

4-5   什么是包容要求？为什么说包容要求多用于配合性质要求较严的场合？

4-6   什么是最大实体要求？最大实体要求应用于哪些场合？采用最大实体要求的优点是什么？

4-7   按题图 4-1(a)～(d)中有关尺寸和几何公差的规定,填满表格内容(单位：mm),并画出动态公差带图。

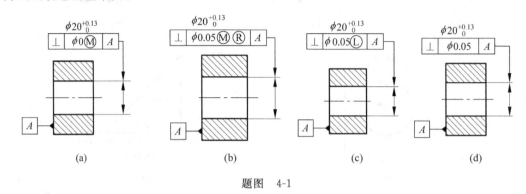

题图   4-1

图样序号	最大实体尺寸	最小实体尺寸	MMC 时的几何公差值	LMC 时的几何公差值	被测要素理想边界名称及边界尺寸	实际尺寸合格范围
(a)						
(b)						
(c)						
(d)						

4-8   如题图 4-2 所示,请分别回答下列问题:

(1) 被测要素采用的公差原则是什么？

(2) 最大实体尺寸、最小实体尺寸、实效尺寸分别是多少？

(3) 当该轴实际尺寸处处加工到 $\phi20$ 时,垂直度误差的允许值是多少？

(4) 当该轴实际尺寸处处加工到 $\phi19.98$ 时,垂直度误差的允许值是多少？

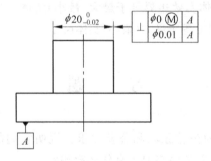

题图   4-2

4-9 如题图 4-3 所示,请分别回答下列问题:

(1) 被测要素采用的公差原则是什么?

(2) 最大实体尺寸、最小实体尺寸、实效尺寸分别是多少?

(3) 垂直度公差给定值是多少? 垂直度公差最大补偿值是多少?

(4) 设孔的横截面形状正确,当孔实际尺寸处处都为 $\phi60$ 时,垂直度公差允许值是多少?

(5) 当孔的实际尺寸处处都为 $\phi60.10$ 时,垂直度公差允许值是多少?

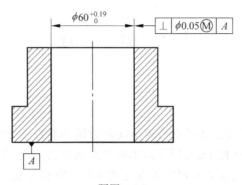

题图 4-3

第5章

表面粗糙度及其评定

5.1 概　　述

5.1.1 基本概念

表面粗糙度是指加工表面所具有的较小间距的微小峰谷不平度,其相邻两波峰或两波谷之间的距离(波距)很小(在 1mm 以下),用肉眼是难以区分的,因此它属于微观几何形状误差。波距在 1～10mm 之间并呈周期性变化的几何形状误差属于表面波纹度。波距大于10mm 并无明显周期性变化的几何形状误差则属于宏观几何形状误差,如平面度、圆度等形状误差。

宏观几何形状误差主要是由机床几何精度方面的误差引起的;表面波纹度主要是由工艺系统的振动、发热、回转体不平衡等因素所引起的;表面粗糙度则主要是由刀具的运动轨迹、刀具与零件间的摩擦和切屑分离时表面金属层的塑性变形所引起的。

5.1.2 表面粗糙度对零件的使用性能的影响

表面粗糙度值越小,则表面越光滑。表面粗糙度值的大小,对机械零件的使用性能有很大的影响,主要表现在以下几个方面。

1. 配合性质

对于有配合要求的零件表面,由于相对运动会导致微小的波峰磨损,从而影响配合性质。

(1) 间隙配合　表面越粗糙则越易磨损,使配合表面的实际间隙逐渐增大,影响原有的配合功能。

(2) 过盈配合　在装配零件时会将粗糙表面的波峰挤平,使实际有效过盈量减小,从而降低连接强度以及机器的工作精度。

(3) 过渡配合　零件会在使用和拆装过程中发生磨损,使配合变得松动,降低了定位和导向的精度。

2. 耐磨性

零件表面越粗糙,相互接触的表面只能靠轮廓的峰顶处接触,实际有效接触面积减小,导致单位面积上压力增大,零件运动表面磨损加快。但表面过于光洁(表面粗糙度值过小)的零件,会不利于在该表面上储存润滑油,容易使运动表面间形成半干摩擦甚至干摩擦,反而会使摩擦因数增大而加剧磨损。

3. 抗疲劳强度

零件表面越粗糙,则对应力集中越敏感,特别是在交变载荷作用下,使零件抗疲劳强度降低,零件往往因此而失效。

4. 耐腐蚀性

由于腐蚀性气体或液体容易积存在波谷底部,腐蚀作用便从波谷向金属零件内部深入,造成锈蚀。因此零件表面越粗糙,波谷越深,腐蚀越严重。

此外,表面粗糙度对接触刚度、结合面的密封性、零件的外观、零件表面导电性等都有影响。因此,为保证零件的使用性能和互换性,在设计零件几何精度时必须提出合理的表面粗糙度要求。

5.1.3　有关评定依据

1. 实际轮廓

实际轮廓是平面与实际表面垂直相交所得的轮廓线,如图 5-1 所示。按照所取截面方向的不同,又可分为横向实际轮廓和纵向实际轮廓。在评定或测量表面粗糙度时,除非特别指明,通常是指横向实际轮廓,即与加工纹理方向垂直的截面上的轮廓。

2. 取样长度

取样长度 l_r 是评定表面粗糙度时所取的一段基准线长度,目的在于限制和减弱其他几何形状误差,特别是表面波纹度对测量结果的影响。表面越粗糙,取样长度越大,因为表面越粗糙,波距也越大,较大的取样长度才能反映一定数量的微量高低不平的痕迹。取样长度应在轮廓总的走向上量取,其数值(见表 5-1)要与表面粗糙度相适应,在取样长度范围内,一般应包括至少 5 个轮廓峰和 5 个轮廓谷。

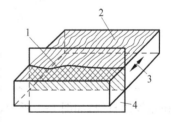

图 5-1　实际轮廓

1—横向实际轮廓;2—实际表面;
3—加工纹理方向;4—平面

表 5-1　Ra、Rz 参数值与取样长度 l_r、评定长度 l_n 参数值的对应关系

$Ra/\mu m$	$Rz/\mu m$	l_r/mm	$l_n(l_n=5l_r)/mm$
$\geqslant 0.008\sim 0.02$	$\geqslant 0.025\sim 0.10$	0.08	0.4
$>0.02\sim 0.1$	$>0.1\sim 0.50$	0.25	1.25
$>0.1\sim 2.0$	$>0.50\sim 10.0$	0.8	4.0
$>2.0\sim 10.0$	$>10.0\sim 50.0$	2.5	12.5
$>10.0\sim 80.0$	$>50.0\sim 320$	8	40.0

3. 评定长度

评定长度 l_n 是评定表面轮廓所必需的一段长度。评定长度包括一个或几个取样长度，由于零件表面各部分的表面粗糙度不一定很均匀，在一个取样长度上往往不能合理地反映某一表面粗糙度特征，故需在表面上取几个取样长度来评定表面粗糙度，如图 5-2 所示。一般取 $l_n = 5l_r$，如被测表面均匀性较好，可选用小于 $5l_r$ 的评定长度；反之，则选用大于 $5l_r$ 的评定长度。

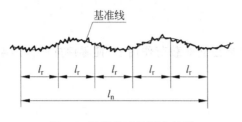

图 5-2　取样长度及评定长度

4. 基准线

基准线是评定表面粗糙度参数值大小的一条参考线。基准线有两种：轮廓最小二乘中线、轮廓算术平均中线。

（1）轮廓最小二乘中线　如图 5-3 所示，在取样长度范围内，使轮廓上各点的轮廓偏距的平方和为最小的一条假想线，即最小二乘中线使得 $\int_0^{l_r} Z^2(x)\mathrm{d}x = \min$。

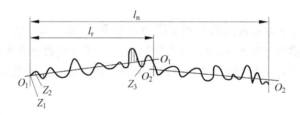

图 5-3　轮廓最小二乘中线

（2）轮廓算术平均中线　在取样长度范围内，将实际轮廓划分上下两部分，且使上下面积相等的直线，如图 5-4 所示，即

$$F_1 + F_2 + \cdots + F_n = F_1' + F_2' + \cdots + F_n'$$

轮廓算术平均中线往往不是唯一的，在一簇算术平均中线中只有一条与最小二乘中线重合。在实际评定和测量表面粗糙度时，使用图解法时可用算术平均中线代替最小二乘中线。

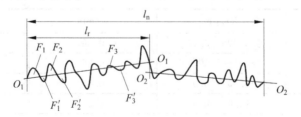

图 5-4　轮廓算术平均中线

5.2   表面粗糙度的评定参数及数值

我国现行的表面粗糙度标准有《产品几何技术规范(GPS) 表面结构   轮廓法   表面粗糙度参数及其数值》(GB/T 1031—2009)、《产品几何技术规范(GPS) 表面结构   轮廓法   术语定义及表面结构参数》(GB/T 3505—2009)、《产品几何技术规范(GPS) 技术产品文件中表面结构的表示法》(GB/T 131—2006)。

为了全面反映表面粗糙度对零件使用性能的影响,国家标准从表面微观几何形状的高度、间距和形状 3 个方面规定了 4 项评定参数,其中高度特征参数是主参数。

1. 轮廓的算术平均偏差

轮廓的算术平均偏差 Ra 是指在取样长度内,被测实际轮廓上各点至轮廓中线距离 Z 绝对值的平均值,如图 5-5 所示,用公式表示为

$$Ra = \frac{1}{l_r} \int_0^{l_r} | Z(x) | \, dx$$

或近似为

$$Ra = \frac{1}{n} \sum_{i=1}^{n} | Z_i |$$

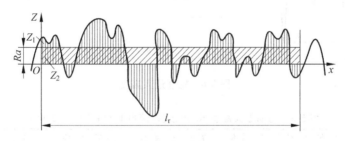

图 5-5   轮廓算术平均偏差

Ra 能充分反映表面微观几何形状高度方面的特性,是通常采用的评定参数,一般用电动轮廓仪进行测量,测量方法比较简单。测得的 Ra 值越大,则表面越粗糙,但因受计量器具功能的限制,Ra 不能用作过于粗糙或太光滑的表面的评定参数。标准规定的 Ra 数值见表 5-2。

2. 轮廓的最大高度

如图 5-6 所示,轮廓的最大高度 Rz 为在取样长度内,轮廓的峰顶线和谷底线之间的距离,即最大轮廓峰高 Zp 和最大轮廓谷深 Zv 之和。峰顶线和谷底线平行于中线且分别通过轮廓最高点和最低点。标准规定的 Rz 数值见表 5-3。Rz 的数学表达式为

$$Rz = Zp + Zv$$

表 5-2   轮廓算术平均偏差 Ra 的数值（摘自 GB/T 1031—2009）   μm

基本系列	补充系列	基本系列	补充系列	基本系列	补充系列	基本系列	补充系列
	0.008						
	0.010						
0.012			0.125		1.25	12.5	
	0.016		0.160	1.60			16.0
	0.020	0.20			2.0		20
0.025			0.25		2.5	25	
	0.032		0.32	3.2			32
	0.040				4.0		40
0.050		0.40	0.50		5.0	50	
	0.063		0.63	6.3			63
	0.080	0.80			8.0		80
0.100			1.00		10.0	100	

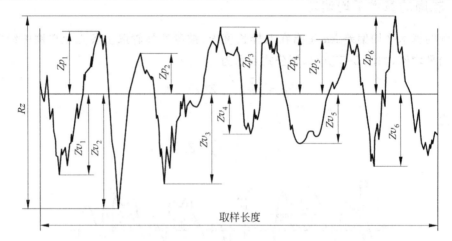

图 5-6   轮廓最大高度

表 5-3   轮廓最大高度 Rz 的数值（摘自 GB/T 1031—2009）   μm

基本系列	补充系列	基本系列	补充系列	基本系列	补充系列	基本系列	补充系列	基本系列	补充系列	基本系列	补充系列
			0.125		1.25	12.5			125		
			0.160	1.6					160		
							16.0				
					2.0						
		0.20					20	200			
0.025			0.25		2.5	25			250		
			0.32	3.2					320		
	0.032						32				1250
					4.0						
	0.040	0.40					40	400		1600	
0.050			0.50		5.0	50			500		
			0.63	6.3					630		
	0.063						63				
					8.0						
	0.080	0.80					80	800			
0.100			1.0		10.0	100			1000		

评定参数 Rz 反映表面粗糙度高度方面的特性不够充分,但可与 Ra 联用,用于控制不允许出现较深加工痕迹的表面,常标注于容易产生应力集中作用的工作表面。此外,当被测表面很小(不足一个取样长度),不适宜采用 Ra 评定时,也常采用评定参数 Rz。

3. 轮廓单元的平均宽度

轮廓单元是轮廓峰和相邻轮廓谷的组合。轮廓单元的平均宽度 Rsm 是指在一个取样长度内,轮廓单元宽度 Xs 的平均值,如图 5-7 所示。Rsm 的数学表达式为

$$Rsm = \frac{1}{m}\sum_{i=1}^{m} Xs_i$$

Rsm 是间距特征参数,国家标准规定的轮廓单元的平均宽度 Rsm 的数值见表 5-4。

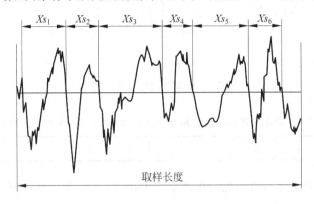

图 5-7　轮廓单元的平均宽度

表 5-4　轮廓单元的平均宽度 Rsm 的数值(摘自 GB/T 1031—2009)　　μm

基本系列	补充系列	基本系列	补充系列	基本系列	补充系列	基本系列	补充系列
	0.002	0.025			0.25		
	0.003				0.32		2.5
			0.032				
	0.004					3.2	4.0
			0.040	0.40			
	0.005	0.050			0.50		5.0
					0.63		
			0.063				
0.006	0.008					6.3	
			0.080	0.80			
	0.010	0.100			1.00		8.0
					1.25		10.0
			0.125				
0.0125	0.016					12.5	
			0.160	1.60			
	0.020	0.20			2.0		

4．轮廓的支承长度率

轮廓的支承长度率 $Rmr(c)$ 是指在给定水平截面高度 c 上，轮廓的实体材料长度 $Ml(c)$ 与评定长度的比率，如图 5-8、表 5-5 所示，$Rmr(c)$ 的表达式为

$$Rmr(c) = \frac{Ml(c)}{l_n}$$

$$Ml(c) = Ml_1 + Ml_2 + \cdots + Ml_n$$

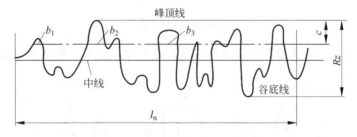

图 5-8   轮廓单元的支承长度率

表 5-5   轮廓的支承长度率 $Rmr(c)$ 的数值（摘自 GB/T 1031—2009）

$Rmr(c)$	10	15	20	25	30	40	50	60	70	80	90

轮廓的实体材料长度 $Ml(c)$ 是指在评定长度内，一平行于中线的直线从峰顶线向下移一截距 c 时，与轮廓相截所得各段截线长度 b_i 之和。$Rmr(c)$ 属于形状特征参数，是对应于不同截距 c 给出的。当选用 $Rmr(c)$ 参数时，必须同时给出轮廓水平截距 c 的数值。水平截距 c 是从峰顶线开始计算的，可用 μm 或 Rz 的百分比表示。当 c 一定时，$Rmr(c)$ 值越大，则支撑能力和耐磨性越好。

5.3   表面粗糙度的选用

1．表面粗糙度评定参数的选用

国家标准规定设计机械零件时，表面粗糙度评定参数大多数情况下可以只从高度特征评定参数——轮廓算术平均偏差 Ra 和轮廓最大高度 Rz 中选取，只有当高度参数不能满足表面功能要求时才按需选用附加参数——轮廓单元的平均宽度 Rsm 和轮廓的支承长度率 $Rmr(c)$，且不能单独使用。如 $Rmr(c)$ 是在表面承受重载，要求耐磨性强时才选用。因此，高度参数是基本参数。

在高度参数常用的参数值范围内（Ra 为 $0.025\sim6.3\mu m$，Rz 为 $0.1\sim25\mu m$）推荐优先选用 Ra，该参数适合应用触针扫描方法测量，使用一种叫做"电动轮廓仪"或"表面粗糙度参数检测仪"的测量仪器。由于触针要做到很尖细很困难且易损坏，所以粗糙度要求特别高或特别低（$Ra<0.025\mu m$，$Ra>6.3\mu m$）时，都不适宜采用触针扫描方法，因此推荐使用 Rz 参

数评定。

当表面很小或为曲面时,取样长度可能不足 1 个或只有 2～3 个粗糙度轮廓峰谷,或表面粗糙度要求很低时可选用 Rz 参数;对易产生应力集中而导致疲劳破坏的较敏感表面,可在选取 Ra 参数的基础上再选取 Rz 参数,使轮廓的最大高度也加以控制。选用轮廓支承长度率 $Rmr(c)$ 参数时,必须同时给出轮廓水平截距 c 值。取样长度值一般应按高度参数选取标准值。

2. 表面粗糙度参数值的选用

选用表面粗糙度参数值总的原则是:在满足功能要求前提下顾及经济性,使参数的允许值应尽可能大。

在实际工作中,由于粗糙度和零件的功能关系相当复杂,难以全面而精确地按零件表面功能要求确定粗糙度的参数值,因此常用类比法来确定。

具体选用时,可先根据经验或统计资料初步选定表面粗糙度参数值,然后再对比工作条件作适当调整。调整时应考虑如下几点:

(1) 同一零件上,工作表面的粗糙度值应比非工作表面小。

(2) 摩擦表面的粗糙度值应比非摩擦表面小,滚动摩擦表面的粗糙度值应比滑动摩擦表面小。

(3) 运动速度高、单位面积压力大的表面以及受交变应力作用的重要零件圆角、沟槽的表面粗糙度值都应该小。

(4) 配合性质要求越稳定,其配合表面的粗糙度值应越小。配合性质相同时,小尺寸结合面的粗糙度值应比大尺寸结合面小;同一公差等级时,轴的粗糙度值应比孔的小。

(5) 表面粗糙度参数值应与尺寸公差及形位公差相协调。一般来说,尺寸公差和形位公差小的表面,其粗糙度的值也应小。表 5-6 列出了在正常的工艺条件下,表面粗糙度参数值与尺寸公差及形状公差的对应关系,可供设计参考。

表 5-6　表面粗糙度与尺寸公差及形状公差参数值的对应关系

尺寸公差等级	形状公差 t	Ra	Rz
IT5～IT7	≈0.6IT	≤0.05IT	≤0.2IT
IT8～IT9	≈0.4IT	≤0.025IT	≤0.1IT
IT10～IT12	≈0.25IT	≤0.012IT	≤0.05IT
＞IT12	＜0.25IT	≤0.15t	≤0.6t

(6) 防腐性、密封性要求高,外表美观等表面的粗糙度值应较小。

(7) 凡有关标准已对表面粗糙度要求作出规定(如与滚动轴承配合的轴颈和外壳孔、键槽、各级精度齿轮的主要表面等),则应按标准规定的表面粗糙度参数值选用。表 5-7 和表 5-8 给出了一些资料供设计时参考选择。

表 5-7   表面粗糙度的表面特征、经济加工方法及应用举例

表面微观特性		$Ra/\mu m$	$Rz/\mu m$	加工方法	应用举例
粗糙表面	可见刀痕	$>20\sim40$	$>80\sim160$	粗车、粗刨、粗铣、钻、毛锉、锯断	半成品粗加工过的表面,非配合的加工表面,如轴端面、倒角、钻孔、齿轮带轮侧面、键槽底面、垫圈接触面等
	微见刀痕	$>10\sim20$	$>40\sim80$		
半光表面	微见加工痕迹	$>5\sim10$	$>20\sim40$	车、刨、铣、镗、钻、粗铰	轴上不安装轴承、齿轮处的非配合表面,紧固件的自由装配表面,轴和孔的退刀槽等
	微见加工痕迹	$>2.5\sim5$	$>10\sim20$	车、刨、铣、镗、磨、拉、粗刮、滚压	半精加工表面,箱体、支架、盖面、套筒等和其他零件结合而无配合要求的表面,需要法兰的表面等
	看不清加工痕迹	$>1.25\sim2.5$	$>6.3\sim10$	车、刨、铣、镗、磨、拉、刮、压、铣齿	接近于精加工表面,箱体上安装轴承的镗孔表面,齿轮的工作面
光表面	可辨加工痕迹方向	$>0.63\sim1.25$	$>3.2\sim6.3$	车、镗、磨、拉、刮、精铰、磨齿、滚压	圆柱销、圆锥销与滚动轴承配合的表面,卧式车床导轨面,内、外花键定表面
	微辨加工痕迹方向	$>0.32\sim0.63$	$>1.6\sim3.20$	车、镗、磨、拉、刮、精铰、磨齿、滚压	要求配合性质稳定的配合表面,工作时受交变应力的重要零件,较高精度车床的导轨面
	不可辨加工痕迹方向	$>0.16\sim0.32$	$>0.8\sim1.6$	精铰、精膛、磨、刮、滚压	精密机床主轴锥孔,顶尖圆锥面,发动机曲轴、凸轮轴工作表面,高精度齿轮齿面
极光表面	暗光泽面	$>0.08\sim0.16$	$>0.4\sim0.8$	精磨、珩磨、研磨、超精加工	精密机床主轴颈表面,一般量规工作表面,汽缸套内表面,活塞销表面等
	亮光泽面	$>0.04\sim0.08$	$>0.2\sim0.4$	精磨、研磨、普通抛光	精密机床主轴颈表面,滚动轴承的滚珠表面,高压液压泵中柱塞和柱塞配合的表面
	锐状光泽面	$>0.01\sim0.04$	$>0.05\sim0.2$	超精磨、精抛光、镜面磨削	
	镜面	$\leqslant0.01$	$\leqslant0.05$	镜面磨削、超精研	高精度量仪、量块的工作表面,光学仪器中的金属镜面

表 5-8   表面粗糙度 Ra 的推荐选用值

应用场合		基本尺寸/mm					
	公差等级	$\leqslant50$		$50\sim120$		$120\sim500$	
		轴	孔	轴	孔	轴	孔
经常装拆零件的配合表面	IT5	$\leqslant0.2$	$\leqslant0.4$	$\leqslant0.4$	$\leqslant0.8$	$\leqslant0.4$	$\leqslant0.8$
	IT6	$\leqslant0.4$	$\leqslant0.8$	$\leqslant0.8$	$\leqslant1.6$	$\leqslant0.8$	$\leqslant1.6$
	IT7	$\leqslant0.8$		$\leqslant1.6$		$\leqslant1.6$	
	IT8	$\leqslant0.8$	$\leqslant1.6$	$\leqslant1.6$	$\leqslant3.2$	$\leqslant1.6$	$\leqslant3.2$

续表

应 用 场 合			基本尺寸/mm					
过盈配合	压入装配	IT5	≤0.2	≤0.4	≤0.4	≤0.8	≤0.4	≤0.8
		IT6～IT7	≤0.4	≤0.8	≤0.8	≤1.6	≤1.6	
		IT8	≤0.8	≤1.6	≤1.6	≤3.2	≤3.2	
	热装	—	≤1.6	≤3.2	≤1.6	≤3.2	≤1.6	≤3.2
滑动轴承的配合表面	公差等级		轴			孔		
	IT6～IT9		≤0.8			≤1.6		
	IT10～IT12		≤1.6			≤3.2		
	液体湿摩擦条件		≤0.4			≤0.8		
密封材料处的孔、轴表面	密封形式		速度/(m·s⁻¹)					
			≤3		3～5		>5	
	橡胶圈密封		0.8～1.6(抛光)		0.4～0.8(抛光)		0.2～0.4(抛光)	
	毛毡密封		0.8～1.6(抛光)					
	迷宫式		3.2～6.3					
	涂油槽		3.2～6.3					
精密定心零件的配合表面	IT5～IT8	径向跳动	2.5	4	6	10	16	25
		轴	≤0.05	≤0.1	≤0.1	≤0.2	≤0.4	≤0.8
		孔	≤0.1	≤0.2	≤0.2	≤0.4	≤0.8	≤1.6
箱体分界面(减速箱)	类型		有垫片		无垫片			
	需要密封		3.2～6.3		0.8～1.6			
	不需要密封		6.3～12.5					

5.4　表面粗糙度的标注

GB/T 131—2006 对表面粗糙度的符号、代号及其标注进行了规定。

1. 表面粗糙度的符号

图样上所标注的表面粗糙度符号、代号是该表面完工后的表面粗糙度数值。有关表面粗糙度的各项规定应按功能要求给定。若仅需要加工(采用去除材料的方法或不去除材料的方法),但对表面粗糙度的其他规定没有要求,允许只标注表面粗糙度符号,如表 5-9 所示。

表 5-9　表面粗糙度符号(摘自 GB/T 131—2006)

符　　号	意 义 及 说 明
√	基本符号,表示表面可用任何方法获得。不加注粗糙度参数值或有关说明(例如,表面处理、局部热处理状况等)时,仅适用简化代号标注
⊽	基本符号加一短横,表示表面是用去除材料的方法获得。例如,车、铣、钻、磨、剪切、抛光、腐蚀、电火花加工、气割等
⎷	基本符号加一小圆,表示表面是用不去除材料的方法获得。例如,铸、锻、冲压变形、热轧、冷轧、粉末冶金等。或者是用于保持原供应状况的表面(包括保持上道工序的状况)

续表

符　　号	意义及说明
∨̄　∨̄　∨̄	在上述三个符号的长边上均可加一横线,用于标注有关参数和说明
∨°　∨°　∨°	在上述三个符号上均可加一小圆,表示所有表面具有相同的表面粗糙度要求

其中,表面粗糙度的基本符号是由两条不等长的实线组成,具体画法如图 5-9 所示。

2. 表面粗糙度代号及其标注方法

1) 表面粗糙度代号

在表面粗糙度符号周围的规定位置标注上参数值及其他各项相关要求,就组成了表面粗糙度的代号,如图 5-10 所示。

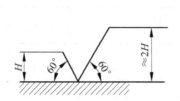

图 5-9　表面粗糙度的基本符号

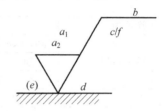

图 5-10　表面粗糙度代号

表面粗糙度代号各规定位置的意义分别是:

a_1,a_2——幅度特征参数代号及数值(μm)(代号 Ra 可省略不写,只标注参数值);

b——加工要求、镀涂、表面处理及其他说明等;

c——取样长度(mm)(若取样长度按表 5-1 选取时可省略不标注);

d——加工纹理方向符号;

e——加工余量(mm);

f——间距特征参数值(mm)或轮廓支承长度率。

当允许在表面粗糙度参数的所有实测值中超过规定值的个数少于总数的 16% 时,应在图样上标注表面粗糙度参数的上限值或下限值。

当要求在表面粗糙度参数的所有实测值不得超过规定值时,应在图样上标注表面粗糙度参数的最大值或最小值。

2) 幅度参数的标注

幅度参数是表面粗糙度的基本参数,Ra、Rz 在代号中用数值表示,单位为 μm,Ra 的参数值前可不标注参数代号,Rz 的参数值前需标注出相应的参数代号。表 5-10 是表面粗糙度幅度参数的各种代号及其意义。

3) 间距、形状特征参数的标注

若需要标注表面粗糙度的附加参数 Rsm 或 $Rmr(c)$ 时,则应标注在符号长边的横线下面,数值写在相应代号后面。图 5-11(a)表示 Rsm 的上限值为 0.05;图 5-11(b)表示水平截距 c 在 Rz 的 50% 位置上,$Rmr(c)$ 为 70%,此时给出的 $Rmr(c)$ 为下限值。

表 5-10　表面粗糙度幅度参数的代号及意义（摘自 GB/T 131—2006）

代　号	意　　义	代　号	意　　义
$\sqrt{Ra\ 3.2}$	用去除材料方法获得的表面粗糙度,粗糙度轮廓的算术平均偏差 Ra 的上限值为 $3.2\mu m$	$\sqrt{Rz\ 0.8}$	用不去除材料的方法获得的表面,粗糙度轮廓的最大高度 Rz 的上限值为 $0.8\mu m$
$\sqrt{\begin{array}{l}Ra\ 0.8\\ Rz\ 3.2\end{array}}$	不限制加工方法获得的表面粗糙度,Ra 的上限值为 $0.8\mu m$,Rz 的上限值为 $3.2\mu m$	$\sqrt{\begin{array}{l}Ra\ 1.6\\ Rz\ 6.3\end{array}}$	用去除材料方法获得的表面粗糙度,Ra 的上限值为 $1.6\mu m$,Rz 的上限值为 $6.3\mu m$
$\sqrt{\begin{array}{l}U\ Rz\ 0.8\\ L\ Ra\ 0.2\end{array}}$	用去除材料方法获得的表面粗糙度,Rz 的上限值为 $0.8\mu m$,Ra 的下限值为 $0.2\mu m$	$\sqrt{Ra\ 3.2}$	用不去除材料方法获得的表面粗糙度,Ra 的上限值为 $3.2\mu m$
$\sqrt{\begin{array}{l}U\ Ra_{max}\ 3.2\\ L\ Ra\ 0.8\end{array}}$	用不去除材料方法获得的表面粗糙度,Ra 的下限值为 $0.8\mu m$,Ra 的上限最大极限值为 $3.2\mu m$	$\sqrt{Ra_{max}\ 1.6}$	用去除材料方法获得的表面粗糙度,Ra 的最大极限值为 $1.6\mu m$
$\sqrt{0.8\text{-}25/Wz3\ 10}$	去除材料方法获得的表面波纹度,规定了传输带,评定长度为 3 倍取样长度,最大高度的上限值为 $10\mu m$	$\sqrt{0.008\text{-}/Pt_{max}\ 25}$	去除材料方法获得的原始轮廓,规定了传输带,原始轮廓总高度的最大极限值为 $25\mu m$
$\sqrt{0.0025\text{-}0.1/Rx\ 0.2}$	不规定加工方法,规定了传输带,两斜线之间为空表示默认评定长度,粗糙度图形最大深度上限值为 $0.2\mu m$	$\sqrt{-0.8/Ra\ 1.6}$	用去除材料获得的表面粗糙度,取样长度为 $0.8mm$,Ra 的上限值为 $1.6\mu m$
$\overset{铣}{\underset{c}{\sqrt{\begin{array}{l}0.008\text{-}4/Ra\ 50\\ 0.008\text{-}4/Ra\ 6.3\end{array}}}}$	增加了附加要求:加工方法、表面纹理要求	$\overset{磨}{\sqrt{\begin{array}{l}Ra\ 1.6\\ \perp\ -2.5/Rz_{max}\ 6.3\end{array}}}$	增加了附加要求:加工方法、表面纹理要求
$\sqrt{Ra3\ 6.3}$	规定了取样长度的 3 倍作为评定长度	$\overset{Fe/Ep\cdot Ni15pCr0.3r}{\sqrt{Rz\ 0.8}}$	增加了附加要求:加工工艺方法为表面镀覆工艺

3. 表面粗糙度代(符)号在图样上的标注

　　表面粗糙度代(符)号在图样上一般标注于轮廓线处,但也可标注于尺寸界线或其延长线上。符号的尖端应从材料外指向被注表面。当零件的大部分表面具有相同的表面粗糙度要求时,对其中使用最多的一种符号、代号可以统一标注在图样的右上角,并加注"其余"二字。同一表面有不同粗糙度要求时用细实线画其分界线,再标注。标注示例如图 5-12 所示。

　　图 5-13 所示为减速器低速轴上中心孔、键槽、圆角、倒角的表面粗糙度代号的简化标注法。

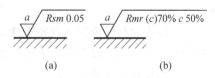

(a)　　　　　　　　(b)

图 5-11　间距、形状特征参数的标注

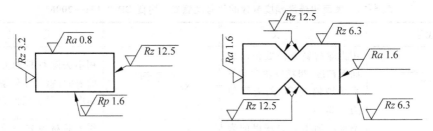

图 5-12   表面粗糙度代号在图样上的标注

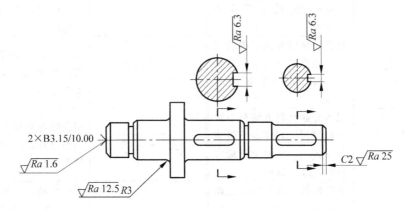

图 5-13   中心孔、键槽、圆角、倒角的表面粗糙度代号的简化标注法

习   题

5-1   表面粗糙度的含义是什么？它与形状误差和表面波纹度有何区别？

5-2   表面粗糙度对零件的功能有何影响？

5-3   为什么要规定取样长度和评定长度？两者之间的关系如何？

5-4   表面粗糙度国家标准中规定了哪些评定参数？哪些是主参数，它们各有什么特点？

5-5   选择表面粗糙度参数值的一般原则是什么？选择时应考虑些什么问题？

5-6   试将下列的表面粗糙度要求标注在题图 5-1 上。

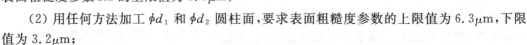

题图   5-1

（1）用去除材料的方法获得表面 a 和 b，要求表面粗糙度参数 Ra 的上限值为 $1.6\mu m$；

（2）用任何方法加工 ϕd_1 和 ϕd_2 圆柱面，要求表面粗糙度参数的上限值为 $6.3\mu m$，下限值为 $3.2\mu m$；

（3）其余为用去除材料的方法获得各表面，要求 Ra 的最大值均为 $12.5\mu m$。

5-7   在一般情况下，$\phi100H7$ 与 $\phi20H7$ 两孔相比，以及 $\phi60H7/e6$ 与 $\phi60H7/s6$ 配合中的两个轴相比，哪个表面应选用较小的粗糙度数值？

第2部分　典型件的互换性

第 6 章

滚动轴承、键的公差与配合

6.1 滚动轴承的公差与配合

6.1.1 概述

滚动轴承是一种支承传动轴的标准部件，一般由套圈（内圈和外圈）、滚动体（钢球或滚柱）和保持架组成，如图 6-1 所示。与滑动轴承相比，滚动轴承具有摩擦系数小、润滑较简单、起动容易以及更换简便等优点，因此在机电产品中应用极广。

滚动轴承安装在机器上，通常是内圈与轴一起旋转，外圈则装在轴承座中，起支承作用。但有些场合则是轴承外圈与轴承座孔一起旋转，内圈与轴固定起支承作用，如车轮轮毂和轴承的结合。滚动体是承受载荷并使轴承变成滚动摩擦的元件，保持架是一种隔离元件，将轴承内一组滚动体均匀分隔开，保证正常滚动，承受载荷良好。这样，滚动轴承套圈的内径 d 和外径 D 为配合的基本尺寸，通过它们分别与轴颈和轴承座孔相配合。

滚动轴承根据自身的结构及制造特点，具有两方面的互换性要求，一方面是本身制造时各组成零件的互换性，另一方面是滚动轴承作为部件与其他相配件结合时的互换性问题。由于滚动轴承为高精度部件，若按完全互换原则生产，成本高、制造困难，

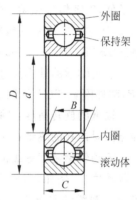

图 6-1 滚动轴承

故其自身制造时各组成零件采用不完全互换生产方式。但对于它与其他孔、轴相结合，则是采用完全互换的方式。为实现滚动轴承的这些互换性，需要制定相应的公差与配合标准，以满足机械设计制造的不同需要。表 6-1 是滚动轴承的相关国家标准。

表 6-1 滚动轴承国家标准

标 准 号	标 准 名 称	标准名称英文名
GB/T 272—2017	滚动轴承 代号方法	Rolling bearings—Identification code
GB/T 6930—2002	滚动轴承 词汇	Rolling bearings—Vocabulary
GB/T 4604.1—2012	滚动轴承 游隙 第 1 部分：向心轴承的径向游隙	Rolling bearings—Radial internal clearance
GB/T 6391—2010	滚动轴承 额定动载荷和额定寿命	Rolling bearings—Dynamic load ratings and rating life
GB/T 4662—2012	滚动轴承 额定静载荷	Rolling bearings—Static load ratings

标 准 号	标 准 名 称	标准名称英文名
GB/T 4199—2003	滚动轴承 公差 定义	Rolling bearings—Tolerances—Definitions
GB/T 307.1—2005	滚动轴承 向心轴承 公差	Rolling bearings—Radial bearings—Tolerances
GB/T 307.2—2005	滚动轴承 测量和检验的原则及方法	Rolling bearings—Measuring and gauging principles and methods
GB/T 307.3—2005	滚动轴承 通用技术规则	Rolling bearings—General technical regulations
GB/T 307.4—2012	滚动轴承 推力轴承公差	Rolling bearings—Thrust bearings—Tolerances
GB/T 275—2015	滚动轴承 与轴和外壳的配合	Rolling bearings—Shaft and housing fits

6.1.2 滚动轴承的公差

1. 滚动轴承的精度等级

国家标准《滚动轴承 通用技术规则》(GB/T 307.3—2005)规定：轴承按尺寸公差与旋转精度分级,向心轴承(圆锥滚子轴承除外)分为 0,6,5,4,2 五级；圆锥滚子轴承则分为 0,6X,5,4 四级；推力轴承分为 0,6,5,4 四级,按其顺序公差等级依次由低到高,即 0 级精度最低,2 级精度最高,在 GB/T 272—1993 轴承类型代号表示中,表示为 P0、P6 等,如 6310/P6 中 P6 表示 6 级精度轴承。有关公差数值按国家标准《滚动轴承 向心轴承 公差》(GB/T 307.1—2005)、《滚动轴承 推力球轴承 公差》(GB/T 307.4—2005)规定。

滚动轴承的基本尺寸精度：轴承套圈的内径(d)、外径(D)的制造精度；轴承内圈宽度(B)和外圈宽度(C)的制造精度；圆锥滚珠轴承装配高度(T)的精度等。

轴承的旋转精度：轴承内、外圈的径向跳动；内、外圈端面对滚道的跳动；轴承内圈基准端面对内孔的跳动；外径表面母线对基准端面的倾斜度的变动量等。

滚动轴承精度等级的选用主要取决于对轴承部件提出的旋转精度要求(径向跳动和轴向跳动值)。例如,当要求机床主轴的径向圆跳动公差为 0.01mm 时,应选用 5 级轴承；当径向圆跳动要求为 0.001~0.005mm 时,可选用 4 级轴承。另外,也可采用不同等级的搭配方式以保证主轴部件有较高的精度和较好的经济性。比如,机床主轴后支承用的滚动轴承精度比前支承轴承低一级,即后轴承内圈的径向圆跳动可允许比前轴承的稍大些。

各级精度的滚动轴承应用大致如下：

(1) 0 级轴承为普通级轴承,用在中等负荷、中低转速和旋转精度要求不高的一般机构中。这一等级的滚动轴承在机械产品中应用极为广泛,如：普通机床中的变速机构、进给机构；汽车、拖拉机中的变速机构；普通电机、水泵、压缩机等一般通用机器的旋转机构。

(2) 6 级轴承主要应用在旋转精度要求较高或转速较高的旋转机构中。如：普通机床主轴的后轴承；精密机床变速箱轴承；较精密仪器、仪表；较精密的机械旋转机构等。

(3) 5 级和 4 级轴承应用于旋转精度高和转速高的旋转机构中,如：普通机床主轴的前轴承多采用 5 级,航海陀螺仪、高速摄影机以及其他精密机构等常采用 4 级轴承。

(4) 2 级轴承应用于旋转精度、转速很高和严格控制噪声、振动的旋转机构中,如：坐标镗床的主轴轴承、高精度仪器和高转速机构中使用的轴承等。

2. 滚动轴承内、外直径的公差带

滚动轴承的内圈和外圈都是薄壁零件,在制造和保管过程中容易变形(多呈椭圆形),然而,当滚动轴承内圈与轴颈、外圈与轴承座孔配合后,又容易使这种变形得到矫正。为有利于制造,国家标准对滚动轴承内径和外径的尺寸公差分为两类:一类是为控制套圈任意横截面内最大直径、最小直径与公称直径的差值,规定了单一内径与单一外径的极限偏差;另一类是为控制套圈任意横截面内测得的最大直径与最小直径的平均值与公称直径的差值,规定了单一平面平均内径与单一平面平均外径的极限偏差。其目的是为了控制轴承和轴颈、轴承与轴承座孔的配合精度。另外,形位公差方面规定了:单一径向平面内内径与外径的变动量;轴承平均内径与平均外径的变动量;各种跳动公差。其目的是为了控制轴承的变形量、轴承的旋转精度等。上述两项尺寸公差的规定并不是应用于所有等级,仅对高精度的 4 级、2 级轴承。而对于其他几级的滚动轴承,内、外径尺寸只规定单一平面平均内径和单一平面平均外径的极限偏差。

滚动轴承内圈和轴颈配合按基孔制,但轴承内圈内径的公差带位置并非 EI＝0,它与一般基准孔相反,是 ES＝0。0,6,5,4,2 各级轴承的单一平面平均内径的公差带都分布在零线以下,且上偏差为零,下偏差为负值,如图 6-2 所示。

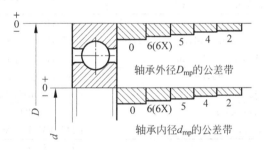

图 6-2　滚动轴承内、外径公差带

滚动轴承公差带采用这种分布主要是考虑配合的特殊需要。因为滚动轴承作为传动轴的支承件,在多数情况下内圈随轴一起旋转,工作时承受一定的扭矩或轴向力,加上一般有同轴度要求,另外,还要考虑拆卸和装配的方便,所以过盈量不宜过大。假如轴承内径的公差带与一般基准孔一样分布在零线上方,当从 GB/T 1801—2009 国标规定的配合种类中选择过盈配合,往往过盈量偏大,以致在装配时易使轴承薄壁套圈变形,亦即是内圈的弹性膨胀和外圈的收缩,使得滚动体和滚道之间的游隙减小甚至为零,从而影响轴承机构的正常工作。假如从过渡配合类中选,又因其不具有保证过盈,必须附加紧固件(如平键)才能固紧,而轴承套圈较薄难于实现这一要求。如果采用非标准配合,又违反了标准化和互换性原则。为此,将滚动轴承平均内径的公差带分布在零线下侧(ES＝0)可解决这一问题。当其与轴的基本偏差 k、m、n 等组成配合时,将获得比过渡配合规定的过盈量稍大而比原有过盈配合的过盈量稍小的派生过盈配合,从而满足了轴承内圈和轴颈的配合要求,同时又可按标准设计与制造相应的轴。

滚动轴承外圈的外径与轴承座孔配合应按基轴制。由于多数情况下轴为旋转,故外圈外径和轴承座孔的配合一般不要求太紧。因此,对所有精度级轴承外径的公差带位置,按基准轴的规定,分布在零线下侧,其上偏差为零(es＝0),下偏差为负值。

6.1.3　滚动轴承与相配孔、轴的配合（GB/T 275—2015）

1. 相配的轴颈和轴承座孔的公差带

由于滚动轴承为标准部件，其内、外圈配合表面不能且无须再作加工，所以，在确定轴承与轴颈、轴承与轴承座孔配合时，只需按其配合尺寸来确定轴颈用公差带以及轴承座孔用公差带，轴颈和轴承座孔均系光滑圆柱表面，所以其公差带均可在国家标准 GB/T 1801—2009 中选取。

与滚动轴承内圈相配合的轴颈公差带及与滚动轴承外圈相配合的座孔的公差带，可在表 6-2 所列的公差带中选取。

表 6-2　与滚动轴承相配合的轴和外壳孔公差带

轴承公差等级	轴　颈　公　差	外壳孔公差带
0 级	h8 h7　　　　　　　　　　r7 g6,h6,j6,js6,k6,m6,n6,p6,r6 r5,h5,j5　　　k5,m5	H8 G7,H7,J7,JS7,K7,M7,N7,P7 H6,J6,JS6,K6,M6,N6,P6
6 级	r7 g6,h6,j6,js6,k6,m6,n6,p6,r6 r5,h5,j5　　　k5,m5	H8 G7,H7,J7,JS7,K7,M7,N7,P7 H6,J6,JS6,K6,M6,N6,P6
5 级	k6,m6 h5,j5,js5,k5,m5	G6,H6,JS6,K6,M6 JS5,K5,M5
4 级	h5,js5,k5,m5 h4,js4,k4	K6 H5,JS5,K5,M5
2 级	h3,js3	H4,JS4,K4 H3,JS3

注：1. 孔 N6 与 0 级轴承（外径 $D<150$mm）和 6 级轴承（外径 $D<315$mm）的配合为过渡配合；

2. 轴 r6 用于内径 $d=120\sim500$mm，轴 r7 用于内径 $D=180\sim500$mm。

必须指出：标准推荐使用这些公差带是有附带条件的，如：规定应用于实心或厚壁钢制轴；轴承座孔材料应为铸钢或铸铁；对轴承的旋转精度和运转平稳性无特殊要求；轴承的工作温度一般不应超过 100℃。如果所设计轴承机构跟上述条件不符，则在选择配合时应加以适当修正。图 6-3 为向心球轴承内圈与轴、外圈与轴承座孔的公差带图。

2. 配合的选择

正确地确定轴承的配合，对保证机器正常运转、提高轴承的使用寿命有很大的好处。根据在各种机械产品中使用轴承的经验，如配合选择不当，不仅影响正常运转，还会降低轴承的使用寿命。轴承的配合应主要根据轴承的工作条件（负荷类型、负荷大小、旋转精度和旋转速度等）来作选择。

1）负荷类型

不同的机器，工作时套圈的相对旋转情况可能不同，作用在轴承上的负荷大小和性质也

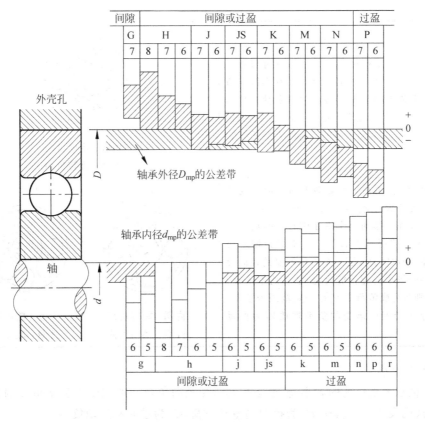

图 6-3　向心球轴承内圈与轴、外圈与轴承座孔的公差带图

会不同,可将套圈所受的负荷类型分为三种,如表 6-3 所示。

　　在确定承受循环负荷的套圈与结合件的配合时,为保证轴承的正常运转,应选过盈配合或较紧的过渡配合,以消除套圈在轴颈或轴承座孔的配合表面上发生滑转的可能性。对于局部负荷,除使用上有特殊要求外,一般应采用较松的过渡配合或间隙较小的间隙配合。这样在工作过程中,在冲击、振动和摩擦力矩作用下,可让套圈在相配轴、孔中产生微小的相对转动,以保证滚道全部区域都参加工作而磨损均匀,从而可延长轴承的使用寿命。对于承受摆动负荷的套圈,则类似承受局部负荷的情况,可采用比循环负荷稍松的配合。

表 6-3　滚动轴承套圈所受的负荷类型

① 定向负荷:作用在轴承上的径向负荷与套圈相对静止,即负荷方向始终不变地作用在套圈滚道局部区域内,套圈所承受的这种负荷性质称为局部负荷,例如轴承受一个方向不变的径向负荷,此时固定不转的套圈承受的负荷即为局部负荷	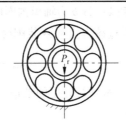 内圈:旋转负荷 外圈:定向负荷

② 循环负荷：作用在轴承上的径向负荷与套圈相对旋转，即径向负荷依次地作用在套圈滚道的整个圆周上，套圈所承受的这种负荷性质称为循环负荷，例如轴承承受一个方向不变的径向负荷，旋转套圈所承受的负荷即为循环负荷	 内圈：定向负荷 外圈：旋转负荷
③ 摆动负荷：作用在轴承套圈上的合成径向负荷与承受负荷的套圈在一定区域内相对摆动，即此负荷连续摆动地作用在该套圈的局部区域上，该套圈所承受的负荷性质即为摆动负荷。如，轴承同时受到一个方向不变的径向负荷和一个较小的旋转负荷（如轴系的不平衡）作用，则其合成负荷 P 仅在一定范围内摆动，此时静止套圈所承受的负荷性质即为摆动负荷	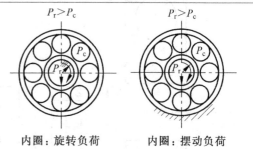 内圈：旋转负荷　　内圈：摆动负荷 外圈：摆动负荷　　外圈：旋转负荷

2）负荷大小

滚动轴承承受负荷的大小、轻重是按其所受径向负荷与所配轴承额定负荷的比值大小来区分的（见表 6-4）。其中 P_r 为径向当量动负荷，C_r 为径向额定动负荷。

表 6-4　负荷大小分类

负荷大小	P_r/C_r
轻负荷	≤0.07
正常负荷	0.07～0.15
重负荷	>0.15

滚动轴承受负荷作用，会引起变形，使套圈与轴或套圈与轴承座孔间配合的实际过盈量减少，使轴承内部的实际间隙增大。故对承受较重负荷的轴承，应选择较大过盈的配合；对承受较轻负荷的，应选较小过盈的配合。配合的极限过盈可依据下列条件，通过计算得到。

对承受循环负荷的套圈，为防止其在结合面上滑移，所需的最小过盈为

$$\delta_{\min} = -\frac{13Pk}{b \times 10^6} \quad (\text{mm})$$

式中，P 为轴承承受的最大径向负荷，N；k 为与轴承系列有关的系数，轻系列 $k=2.8$，中系列 $k=2.3$，重系列 $k=2$；b 为轴承内圈的配合宽度（$b=B-2r$，B 为轴承宽度，r 为内圈倒角），mm。

为避免因过盈太大导致装配时套圈破裂，允许的最大过盈应为

$$\delta_{\max} = -\frac{11.4kd[\sigma_P]}{(2k-2) \times 10^5} \quad (\text{mm})$$

式中，$[\sigma_P]$ 为套圈材料许用的拉应力（轴承钢的许用拉应力 $[\sigma_P] \approx 40\text{MPa}$），MPa；$d$ 为轴承内圈直径，mm。

根据计算得到的 $\delta_{\min}$，便可从国标 GB/T 1800.1—2009 有关表中选择最接近的配合。

3）旋转精度和旋转速度

当对轴承的旋转精度要求较高时，应选用较高精度等级的轴，以及较高精度等级的孔、

轴公差带。同时,为了消除弹性变形和振动的影响,既要求受循环负荷的套圈和互配件的配合应选具有过盈的配合,也要求受局部负荷的套圈与互配件的配合也应选较紧配合。此外,如轴承机构在振动和冲击负荷下,或在转速较高的条件下工作时,轴承内、外圈的配合,最好都应选具有过盈的配合。

4) 其他因素

在确定轴承配合时,还应注意其他因素的影响。

(1) 工作温度的影响。轴承运转时,由于摩擦发热和其他热源的影响,使轴承套圈的温度经常高于与其相结合零件的温度。因此,轴承内圈可能因热膨胀而与轴松动,外圈可能因热膨胀而影响有轴向移动要求的游隙;选择配合时,必须认真考虑轴承装置各部分的温差,以及热传导的方向。

(2) 轴或轴承座的材料和结构的影响。当外壳用轻合金制成时,其变形将较铸铁或钢制外壳大些。如按常规选择配合,将使配合表面间出现间隙。为保证轴承有足够的连接强度,当轴安装在薄壁壳体、轻合金壳体或空心轴上时,应采用比厚壁壳体或实心轴稍紧的配合。

(3) 轴承的安装和拆卸的影响。为了轴承安装与拆卸的方便,宜采用较松的配合,特别是对重型机械所采用的大型轴承,这点尤为重要。当需要采用过盈配合时,可采用分离型轴承或内锥带锥孔的紧定套或退卸套的轴承。

综上所述,选择滚动轴承与轴颈和轴承座孔配合,需考虑的因素较多,在实际设计中常用类比法,表 6-5、表 6-6 列出了与轴承套圈相配合的孔、轴公差带,可供具体设计选用时参考。

在装配图上标注滚动轴承与轴承座孔的配合时,只需标注轴和轴承座孔的公差带代号,如图 6-4(a)所示。

表 6-5　滚动轴承与轴颈配合轴公差带

圆柱孔轴承					
运转状态		负荷状态	深沟球轴承、调心球轴承和角接触球轴承	圆柱滚子轴承和圆锥滚子轴承	调心滚子轴承	公差带
说明	举例		轴承公称内径/mm			
循环负荷及摆动负荷	一般通用机械、电动机、机床主轴、泵、内燃机、正齿轮传动装置、铁路机车车辆轴槽、破碎机等	轻负荷	≤18	—	—	h5
			>8~100	≤40	≤40	j6
			>100~200	>40~140	>40~100	k6
			—	>140~200	>100~200	m6
		正常负荷	≤18	—	—	j5,js5
			>18~100	≤40	≤40	k5
			>100~140	>40~100	>40~65	m5
			>140~200	>100~140	>65~100	m6
			>200~280	>140~200	>100~140	n6
			—	>200~400	>140~280	p6
			—	—	>280~500	r6
		重负荷	—	>50~140	>50~100	n6
			—	>140~200	>100~140	p6
			—	>200	>140~200	r6
			—	—	>200	r7

续表

圆柱孔轴承					
运转状态		负荷状态	深沟球轴承、调心球轴承和角接触球轴承	圆柱滚子轴承和圆锥滚子轴承	调心滚子轴承	公差带
说明	举例		轴承公称内径/mm		
局部负荷	静止轴上的各种轮子,张紧轮绳轮、振动筛、惯性振动器	所有负荷	所有尺寸			f6 g6 h6 j6
仅有轴向负荷			所有尺寸			j6、js6
圆锥孔轴承					
所有负荷	铁路机车车辆轴箱		装在推卸套上的所有尺寸			h8
	一般机械传动		装在紧定套上的所有尺寸			h9

注：1. 凡对精度有较高要求的场合,应用 j5、k5、m5 代替 j6、k6、m6；
2. 圆锥滚子轴承、角接触球轴承配合对圆锥影响不大,可用 k6、m6 代替 k5、k6；
3. 重负荷下轴承游隙选大于 0 组的滚子轴承；
4. 凡有较高精度或转速要求的场合,应选用 h7 代替 h8 等。

表 6-6　滚动轴承和外壳配合孔的公差带

运转状态		负荷状态	其他状况	公差带[1]	
说明	举例			球轴承	滚子轴承
局部负荷	一般机械、铁路机车车辆轴箱、电动机、泵、曲轴主轴承	轻、正常、重	轴向易移动,可采用剖分式外壳	H7,G7[2]	
		冲击	轴向能移动,可采用整体式或剖分式外壳	J7,JS7	
摆动负荷		轻、正常		K7	
		正常、重		M7	
		冲击	轴向不移动、采用整体式外壳	J7	K7
循环负荷	张紧滑轮、轮毂轴承	轻		K7,M7	K7,N7
		正常		—	N7,P7
		重			

注：① 并列公差值随尺寸的增大从左至右选择,对旋转精度有较高要求时,可相应提高一级公差等级；
② 不适用于剖分式外壳。

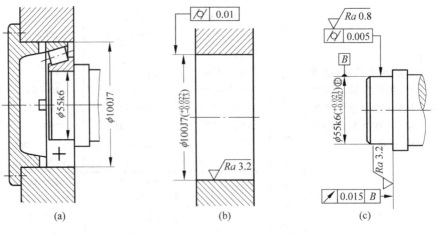

图 6-4　轴颈和外壳孔公差在装配图及零件图上的标注

（a）装配图；（b）外壳上轴承孔部分的图样；（c）轴颈部分的图样

6.2　键与花键连接的互换性

键是一种截面呈矩形的小零件，其一半嵌在轴上的槽里，另一半嵌在安装于轴上的零件(如：齿轮、皮带轮、手轮、拨叉等)的孔槽里。用键使轴和轴上零件结合在一起的连接为键连接。键连接的主要用途是防止孔、轴在旋转方向上的相对转动，主要功能是用来实现轴上零件固定、传递转矩或旋转运动。此外，键连接也可根据需要用来作导向用途，允许被连接件之间作轴向相对滑动。键连接具有制造使用简单、连接紧凑可靠、装拆方便和成本低廉等优点，因此，它在机械中是最常用的连接方式之一。表 6-7 所示的为各种键的国家标准。

表 6-7　各种键的国家标准

GB/T 1566—2003	薄型平键键槽的剖面尺寸
GB/T 1567—2003	薄型平键
GB/T 1097—2003	导向型平键
GB/T 1095—2003	平键键槽的剖面尺寸
GB/T 1096—2003	普通型平键
GB/T 1098—2003	半圆键键槽的剖面尺寸
GB/T 1099.1—2003	普通型半圆键
GB/T 1563—2003	楔键键槽的剖面尺寸
GB/T 1564—2003	普通型楔键
GB/T 1565—2003	钩头型楔键
GB/T 16922—1997	薄型楔键及其键槽
GB/T 10919—2006	矩形花键量规
GB/T 1144—2001	矩形花键尺寸、公差和检验

随着传动功率的不断增加，对机器的质量要求越来越高，单键连接已不能满足需要，因此出现了把轴与多个键做成一个整体——形成花键轴(外花键)，它与花键孔(内花键)连接的结构，称为花键连接。花键连接与单键连接相比，承载能力高、定心性好，更适用于载荷较大和精度较高的滑动连接或固定连接。花键连接广泛应用于机床、轻工机械、运输机械、农林业机械中。

6.2.1　键连接的几何参数

键连接的种类比较多，按其结构形状可分为平键、半圆键和楔键三种，其中平键又可分为普通平键、导向平键和滑键，楔键可分为普通楔键和钩头楔键。如表 6-8 所示。

表 6-8 键的分类及结构

类　型		图　形	类　型		图　形
平键	普通平键	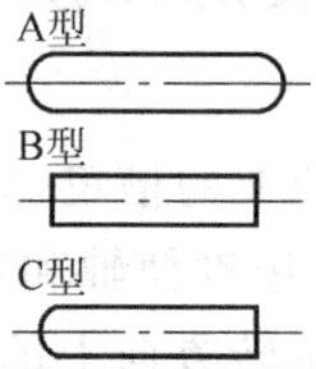 A型 B型 C型	半圆键		
	导向平键	A型 B型	楔键	普通楔键	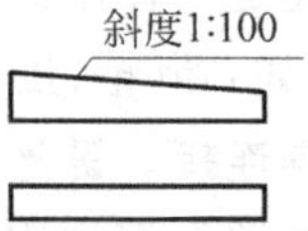 斜度1:100
		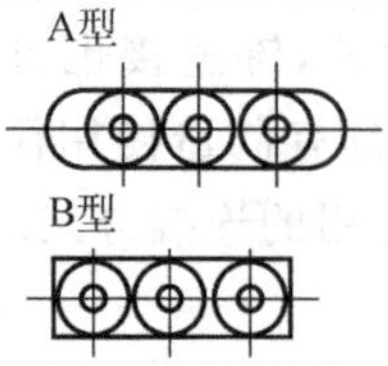		钩头楔键	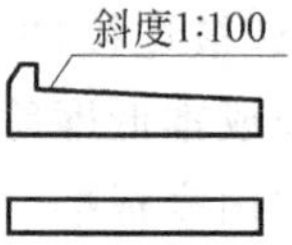 斜度1:100

6.2.2　键连接的公差与配合

1. 键连接的互换性要求

应使键与键槽的侧面有充分的有效接触面积来承受负荷,以保证连接的强度、寿命和可靠性;键镶嵌入轴槽要牢固可靠,防止松动,便于装拆,因此对键与键槽规定尺寸极限与配合。

2. 平键、半圆键的公差与配合

平键连接和半圆键连接应用较广,它们包括键、轴和轮毂三个零件及键与轴槽、轮毂槽两个配合,属于一根"光轴"与两个"孔"组成不同性质的配合,采用基轴制。影响它们使用性能的主要参数是键和键槽的宽度 b。GB/T 1096—2003 普通型平键对键宽 b 规定了一种公差带 h8;GB/T 1095—2003、GB/T 1098—2003 对槽宽 b 尺寸、公差和配合等作出了相应的规定,将其结合分为松连接、正常连接和紧密连接。各种连接的配合性质及应用场合如表 6-9 所示。

如图 6-5 所示为普通平键宽度与键槽宽度 b 的公差带示意图;如图 6-6 所示为普通平键键槽尺寸标注示例。

表 6-9 键与键槽的配合

配合种类	尺寸 b 的公差带			配合性质及应用
	键	轴槽	轮毂槽	
松连接	h8	H9	D10	键在轴上及轮毂中均能滑动,主要用于导向平键,轮毂可在轴上作轴向移动
正常连接		N9	JS9	键在轴上及轮毂中均固定,用于载荷不大的场合
紧密连接		P9	P9	键在轴上及轮毂中均固定,而比上种配合更紧,主要用于载荷较大、载荷具有冲击性,以及双向传递扭矩的场合

3. 键槽的表面粗糙度要求

键槽的宽度 b 两侧面的表面粗糙度轮廓幅度参数 Ra 的上限值一般取 $1.6\mu m$、$3.2\mu m$,键槽底面的 Ra 上限值一般取 $6.3\mu m$、$12.5\mu m$。

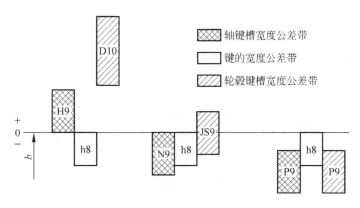

图 6-5　普通平键宽度与键槽宽度 b 的公差带示意图

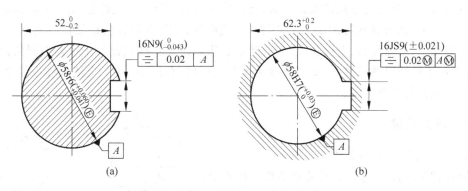

(a)　　　　　　　　　　　　　　　　(b)

图 6-6　普通平键键槽尺寸标注示例

(a) 轴上键槽尺寸及公差标注示例；(b) 轮毂上键槽尺寸及公差标注示例

6.2.3　花键连接的几何参数

1. 花键连接的特点及其使用要求

1）花键连接的使用要求

花键连接应满足的使用要求为：足够的连接强度和传递转矩的可靠性；满足定心精度要求，保证其他性能；保证滑动连接的导向精度和移动的灵活性；对固定连接应具有可装配性等。

2）花键连接的公差配合特点

(1) 多参数配合　花键相对于圆柱配合或键连接而言，其配合参数较多，除键宽外，还有定心尺寸、非定心尺寸、齿宽、键长等，在这些参数中，以定心尺寸的精度要求最为关键。

(2) 采用基孔制配合　内花键通常用拉刀加工（或用插齿刀加工），生产效率高，能获得较理想的精度。采用基孔制，可减少昂贵的拉刀规格，用改变外花键的公差带位置的方法，即可得到不同的配合，以满足不同场合的需要。

(3) 必须考虑形位误差的影响　由于花键在加工过程中，不可避免地存在形状位置误差。为限制形位误差对花键配合的影响，除规定花键的尺寸公差外，还必须规定形位公差，或规定可限制形位误差的综合公差。

2. 花键的种类

花键连接按其键形不同,主要分为矩形花键、渐开线花键和三角花键,如图 6-7 所示。

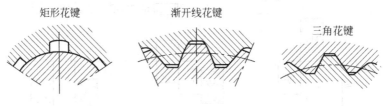

图 6-7   花键的种类

矩形花键的侧边为直线,加工方便,可用磨削的方法获得较高的精度,在汽车和机床工业中应用最广。渐开线花键的齿廓为渐开线,分 30°、37.5°和 45°三种标准压力角,模数 $m=0.25\sim10\text{mm}$。渐开线花键的加工工艺与渐开线齿轮相同,在靠近齿根处齿厚逐渐增大,减少了应力集中,故强度高、寿命长,能起自动定心作用。渐开线花键易于得到不同的齿侧配合,可满足不同情况的需要,主要用于载荷较大、结构紧凑的机构中。上述两种花键中,目前用得最普遍的是矩形花键。

3. 矩形花键

1) 矩形花键的定心方式

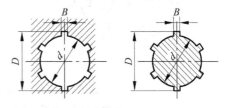

图 6-8   矩形花键参数

矩形花键连接有三个主要尺寸参数:大径 D、小径 d 和键(键槽)宽度 B,如图 6-8 所示。

在连接中,要使 D、d 和 B 这三个尺寸同时起定心配合作用,是很困难的,也没有必要。因为即使三个尺寸都加工得很准确,也会因它们之间的位置误差(分度误差),使其不能良好装配。所以在实际设计中,着重将其中一个参数规定较高精度等级,作为主要配合尺寸,保证定心精度,其余两个尺寸则可规定较低精度,作为次要配合尺寸或非配合尺寸,其间留有大的间隙,以补偿形位误差的影响。选择不同参数作为主要定心尺寸,则为定心方式不同。

理论上矩形花键的定心方式分为三种,即大径 D 定心、内径 d 定心和键宽 B 定心,如图 6-9 所示。

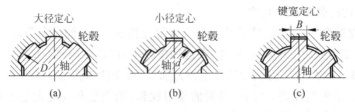

图 6-9   矩形花键的三种定心方式

标准 GB/T 1144—2001 仅从小径定心(见图 6-9(b))考虑制定各项公差,主要原因如下。

（1）采用小径定心，内、外矩形花键的小径可以采用磨削加工，达到较高的尺寸、形状精度，尤其是内花键的小径（内孔），其热处理后的变形，只有靠磨削才能得到修正。若以大径定心，内花键的大径精度一般靠定值刀具拉（或推）切削保证，这对热处理过的孔，加工较困难。

（2）采用小径定心，高精度的小径可作为传动或其他加工的基准，有利于提高零件整机的质量，降低机器的振动和噪声。由于可用热处理后精加工的工艺，或者直接采用硬度与强度较高的优质钢或优质合金材料制造零件，从而提高机器产品的使用寿命。

（3）采用小径定心，有利于齿轮精度标准的实施。花键连接常用于齿轮传动装置，齿轮内孔很多时候是加工、安装的基准孔。此时，按《渐开线圆柱齿轮　精度　第 1 部分　轮齿同侧齿面偏差的定义和允许值》（GB/T 10095.1—2008）和《渐开线圆柱齿轮　精度　第 2 部分　径向综合偏差与径向跳动的定义和允许值》（GB/T 10095.2—2008）规定：7～8 级齿轮的孔径公差为 IT7，轴径公差为 IT6；6 级齿轮的孔径公差为 IT6，轴径公差为 IT5；5 级齿轮的孔径公差为 IT5，轴径公差为 IT5。这样高精度的基准，只有采用小径定心才有相应的工艺保证。

2）矩形花键的标记

矩形花键的标记代号应按次序包括：键数 N，小径 d，大径 D，键宽 B，花键的公差带代号及标准号。例如花键 $N=6$，$d=23H7/f7$，$D=26H10/a11$，$B=6H11/d10$ 的标记为

花键规格 $N \times d \times D \times B$：$6 \times 23 \times 26 \times 6$

花键副：$6 \times 23H7/f7 \times 26H10/a11 \times 6H11/d10$（GB/T 1144—2001）

内花键：$6 \times 23H7 \times 26H10 \times 6H11$（GB/T 1144—2001）

外花键：$6 \times 23f7 \times 26a11 \times 6d10$（GB/T 1144—2001）

3）矩形花键连接的公差与配合

矩形花键的公差配合采用基孔制，其尺寸公差带见表 6-10。

表 6-10　内、外花键尺寸公差带

内 花 键				外 花 键			装配型式
d	D	B		d	D	B	
		拉削后不热处理	拉削后热处理				
一般用							
H7	H10	H9	H11	f7	a11	d10	滑动
				g7		f9	紧滑动
				h7		h10	固定
精密传动用							
H5	H10	H7,H9		f5	a11	d8	滑动
				g5		f7	紧滑动
				h5		h8	固定
H6				f6		d8	滑动
				g6		f7	紧滑动
				h6		h8	固定

表 6-10 中给出的公差带为成品工件的公差带，对于拉削后不热处理或拉削后热处理的工件，所用的拉刀是不同的，故采用不同的公差带。

一般用途矩形花键，适用于定心精度要求不高但传递扭矩较大的场合，如载重汽车、拖拉机的变速箱。精密传动矩形花键，适用于精密传动机械，常被用作精密齿轮传动的基准孔。

矩形花键规定了滑动、紧滑动和固定三种配合。当要求定位精度高、传递扭矩大或经常需要正、反转变动时,应选择紧一些的配合,反之应选松一些的配合。当内、外花键频繁相对滑动或配合长度较大时,也应选松一些的配合。

4) 矩形花键的其他公差

由于矩形花键的形位误差会影响装配性、定心精度、承载的均匀性,故必须加以控制。

(1) 以小径定心时,其小径既是定心部位又是配合尺寸,其尺寸公差应按包容要求设计。

(2) 花键键宽、键槽宽的形位误差直接影响装配互换和承载的接触好坏,应规定形位公差,如:位置度、对称度,同时,应按最大实体要求设计。

根据《矩形花键尺寸、公差和检验》(GB/T 1144—2001),位置度公差值如表 6-11 所示;若采用对称度控制,公差值见表 6-12。

花键表面粗糙度推荐值如表 6-13 所示,花键标注示例如图 6-10 和图 6-11 所示。

表 6-11   矩形花键位置度公差值

键槽宽或键宽 B/mm			3	3.5~6	7~10	12~18
$t_1/\mu m$	键槽宽		10	15	20	25
	键宽	滑动、固定	10	15	20	25
		紧滑动	6	10	13	16

表 6-12   矩形花键对称度公差值

键槽宽或键宽 B/mm		3	3.5~6	7~10	12~18
$t_2/\mu m$	一般用	10	12	15	18
	精密传动用	6	8	9	11

表 6-13   花键表面粗糙度推荐值

加工表面		内 花 键	外 花 键
Ra 不大于/μm	小径	1.6	0.8
	大径	6.3	3.2
	键侧	6.3	1.6

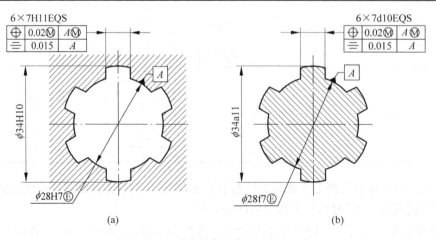

图 6-10   矩形花键位置度公差标注示例

(a) 内花键;(b) 外花键

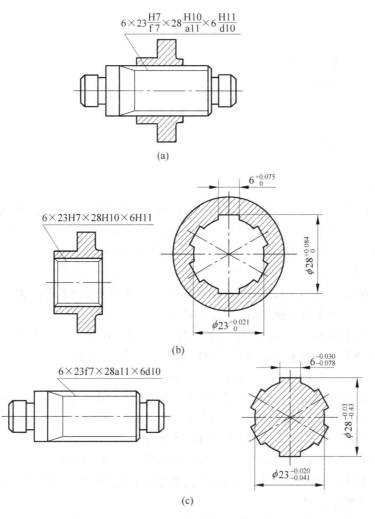

图 6-11　花键的标注

4. 渐开线花键

在车辆工程、化工机械等机械领域,广泛使用渐开线花键连接(表 6-14)。在渐开线花键连接中,键齿侧面既起驱动作用,又有自动定心作用。

1) 齿侧配合

渐开线花键连接的齿侧配合采用基孔制,即仅用改变外花键作用齿厚上偏差的方法实现不同的配合,配合的性质取决于最小作用间隙。渐开线花键连接有六种齿侧配合类别,即 H/k、H/js、H/h、H/f、H/e 和 H/d。对 45°标准压力角的渐开线花键连接,应优先选用 H/k、H/h 和 H/f。当内、外花键对其安装基准有同轴度误差时,将减少花键副的作用间隙或增大作用过盈,因此必要时调整齿侧配合类别等方法予以补偿。

2) 公差等级

国家标准规定了 4、5、6 和 7 四个公差等级。允许不同公差等级的内、外花键相互配合。

3) 技术图样中的标记

内花键:INT

外花键：EXT

花键副：INT/EXT

齿数：z(前面加齿数值)

模数：m(前面加模数值)

30°平齿根：30P

30°圆齿根：30R

37.5°圆齿根：37.5

45°圆齿根：45

标记示例：

示例 1：花键副，齿数 24、模数 2.5、30°圆齿根、公差等级为 5 级、配合类别为 H/h。

花键副：INT/EXT　24z×2.5m×30R×5H/5h　GB/T 3478.1—2008

内花键：INT　24z×2.5m×30R×5H　GB/T 3478.1—2008

外花键：EXT　24z×2.5m×30R×5h　GB/T 3478.1—2008

示例 2：花键副，齿数 24、模数 2.5、内花键为 30°平齿根、公差等级为 6 级；外花键为 30°圆齿根、其公差等级为 5 级、配合类别为 H/h。

花键副：INT/EXT　24z×2.5m×30P/R×6H/5h　GB/T 3478.1—2008

内花键：INT　24z×2.5m×30P×6H　GB/T 3478.1—2008

外花键：EXT　24z×2.5m×30R×5h　GB/T 3478.1—2008

示例 3：花键副，齿数 24、模数 2.5、37.5°圆齿根、公差等级为 6 级、配合类别为 H/h。

花键副：INT/EXT　24z×2.5m×37.5×6H/6h　GB/T 3478.1—2008

内花键：INT　24z×2.5m×37.5×6H　GB/T 3478.1—2008

外花键：EXT　24z×2.5m×37.5×6h　GB/T 3478.1—2008

示例 4：花键副，齿数 24、模数 2.5、45°圆齿根、内花键公差等级为 6 级、外花键公差等级为 7 级、配合类别为 H/h。

花键副：INT/EXT　24z×2.5m×45×6H/7h　GB/T 3478.1—2008

内花键：INT　24z×2.5m×45×6H　GB/T 3478.1—2008

外花键：EXT　24z×2.5m×45×7h　GB/T 3478.1—2008

表 6-14　渐开线花键相关国家标准

标　准　号	中文标准名称	英文标准名称
GB/T 3478.1—2008	圆柱直齿渐开线花键(米制模数齿侧配合)　第 1 部分：总论	Straight cylindrical involute splines—Metric module, side fit—Part 1: Generalities
GB/T 3478.4—2008	圆柱直齿渐开线花键(米制模数齿侧配合)　第 4 部分：45°压力角尺寸表	Straight cylindrical involute splines—Metric module, side fit—Part 4: 45° pressure angle dimensions tables
GB/T 3478.5—2008	圆柱直齿渐开线花键(米制模数齿侧配合)　第 5 部分：检验	Straight cylindrical involute splines—Metric module, side fit—Part 5: Inspection
GB/T 3478.6—2008	圆柱直齿渐开线花键(米制模数齿侧配合)　第 6 部分：30°压力角 M 值和 W 值	Straight cylindrical involute splines—Metric module, side fit—Part 6: 30°pressure angle M and W values

标　准　号	中文标准名称	英文标准名称
GB/T 3478.7—2008	圆柱直齿渐开线花键（米制模数齿侧配合）　第 7 部分：37.5°压力角 M 值和 W 值	Straight cylindrical involute splines—Metric module,side fit—Part 7：37.5°pressure angle M and W values
GB/T 3478.8—2008	圆柱直齿渐开线花键（米制模数齿侧配合）　第 8 部分：45°压力角 M 值和 W 值	Straight cylindrical involute splines—Metric module,side fit—Part 8：45°pressure angle M and W values
GB/T 3478.2—2008	圆柱直齿渐开线花键（米制模数齿侧配合）　第 2 部分：30°压力角尺寸表	Straight cylindrical involute splines—Metric module,side fit—Part 2：30° pressure angle dimensions tables
GB/T 3478.3—2008	圆柱直齿渐开线花键（米制模数齿侧配合）　第 3 部分：37.5°压力角尺寸表	Straight cylindrical involute splines—Metric module,side fit—Part 3：37.5°pressure angle dimensions tables
GB/T 3478.9—2008	圆柱直齿渐开线花键（米制模数齿侧配合）　第 9 部分：量棒	Straight cylindrical involute splines—Metric module,side fit—Part 9：Measuring pin
GB/T 5103—2004	渐开线花键滚刀通用技术条件	The general technical specifications for involute splines hobs
GB/T 5102—2004	渐开线花键拉刀技术条件	Broaches for involute spline—Technical specifications
GB/T 5104—2008	渐开线花键滚刀　基本形式和尺寸	The basic types and dimensions of hobs for involute splines
GB/T 18842—2008	圆锥直齿渐开线花键	Taper cylindrical involute splines
GB/T 5106—2012	圆柱直齿渐开线花键　量规	Straight cylindrical involute splines—Gauge
GB/T 24666—2009	农用花键轴　技术条件	Spline shaft used in agricultural machinery—Specification
GB/T 24650—2009	拖拉机花键轴　技术条件	Agricultural tractor spline shaft—Specifications
QC/T 1031—2016	摩托车和轻便摩托车车轮花键套	Boss center of motorcycles and mopeds wheels

6.3　减速器所应用的滚动轴承、键的公差选用

图 6-12 为某减速器一传动轴的局部装配图。其中,轴通过键带动齿轮传动；轴套和端盖主要起保证轴承轴向定位的作用,要求装卸方便,加工容易。已根据有关标准确定：①滚动轴承精度等级为 O 级；②齿轮精度等级为 7 级。

试分析确定图示各处的公差与配合。

解

(1) 确定滚动轴承与轴及箱体孔的配合代号。

① 基准制：因为滚动轴承为标准件,其基准制选择应以轴承为准,故滚动轴承内圈与轴采用基孔制；外圈与箱体孔采用基轴制。

② 公差带：滚动轴承的内、外圈直径公差值取决于其精度等级（G 级）,如图 6-13(c)、图 6-14(a)所示。而与之相配的轴及箱体孔公差等级的确定则考虑与滚动轴承的精度匹

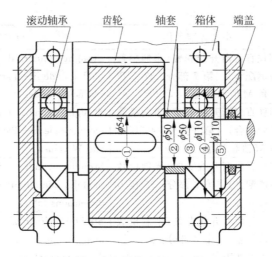

图 6-12　减速器传动轴局部装配图

配,分别确定为 IT6 和 IT7；根据轴承的工作条件及要求确定其基本偏差代号分别为 k 和 J。即与 G 级滚动轴承相配的轴及壳体孔公差带分别为 $\phi 50k6$ 和 $\phi 110J7$（选择依据详见滚动轴承的公差与配合）。

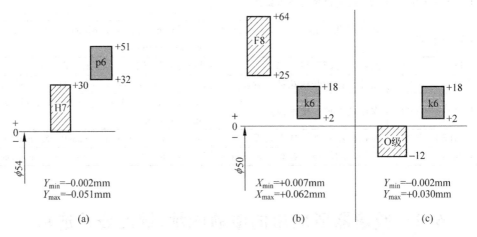

图 6-13　齿轮孔与轴配合公差
(a) 轴与轴套和滚动轴承配合；(b)、(c) 公差带图

③ 配合代号：一般配合在装配图上表示为分数形式,而与滚动轴承相配时,只需在装配图上注出与滚动轴承相配的轴及箱体孔公差带代号。相应滚动轴承的内、外圈直径公差带则不必注出,只需将滚动轴承的精度等级（代号）在装配图明细表中说明即可。

综上分析,图 6-12③处应标注“$\phi 50k6$”；而图 6-12④处应标注“$\phi 110J7$”。

（2）分析确定轴套与轴的配合代号。

图 6-12②、③处结构为典型的一轴配两孔,且配合性质又不相同,其中轴承内圈与轴的配合要求较紧；而轴套与轴的配合则要求较松。若按基准制选用原则应该选用基轴制。但需要注意的是,根据前述分析该轴与滚动轴承的内圈相配只能采用基孔制,而且要求轴的公

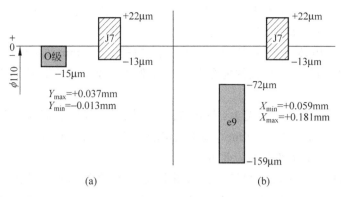

图 6-14　减速器箱体孔与滚动轴承和端盖配合的公差带

（a）滚动轴承与机座孔；（b）端盖与机座孔

差带为 $\phi50k6$。如果轴套与轴的配合选择基轴制的话，势必造成同一轴不同段按不同的公差带加工（加工出阶梯轴），这样既不利于加工，也不利于装配。如果按基孔制使之形成 $\phi50H7/k6$ 的配合，既不满足轴套与轴配合应有间隙的要求，也不经济（轴套孔精度没必要如此高）。故从满足轴套工作要求出发，兼顾考虑加工的便利及经济性，在轴公差带已确定的前提下，选定轴套孔公差带为 $\phi50F8$，使之与 $\phi50k6$ 轴形成间隙配合。如图 6-13（b）所示，其极限间隙范围为 $+0.007\sim+0.062$mm，既满足了设计要求，加工也容易。这样一来，图 6-12②处轴套与轴就形成了非基准制的间隙配合，配合代号为 $\phi50F8/k6$。

　　（3）分析确定端盖与箱体孔的配合代号。

　　与轴套配合分析类似，按滚动轴承的要求，箱体孔公差带已确定为 $\phi110J7$。而端盖与箱体孔的配合为间隙配合，且配合精度要求又不高，为避免箱体孔制成阶梯形，可选端盖公差带为 $\phi110e9$，使之与 $\phi110J7$ 孔形成非基准制配合。图 6-12⑤处的配合代号为 $\phi110J7/e9$，其公差带图解如图 6-14（b）所示。

　　（4）分析确定齿轮孔与轴的配合代号。

　　齿轮孔与轴的配合一般应采用基孔制，根据齿轮的精度等级（7 级），确定齿轮孔的公差等级为 IT7（选择依据详见齿坯公差），即确定齿轮孔的公差带为 $\phi54H7$。考虑孔轴加工的工艺等价性，其相配轴的公差等级应取 IT6；考虑该处配合除要求通过键传递运动外，还要求有一定的定心精度，故该处的配合应选择小过盈配合，即取其轴基本偏差代号为 p，相应的轴公差带为 $\phi54p6$。图 6-12①处配合代号为 $\phi54H7/p6$，其公差带图解如图 6-13（a）所示。

习　题

　　6-1　滚动轴承的互换性有何特点？其公差配合与圆柱体的公差配合有何不同？

　　6-2　滚动轴承的精度分为几种等级？是按什么参数的精度划分的？选择滚动轴承配合时主要考虑哪些因素？

　　6-3　滚动轴承的内环与轴、外环与轴承座孔的配合主要根据什么条件来选择？

6-4   键与轴槽、键与轮毂槽的配合有何特点？分为哪几类？如何选择？

6-5   什么是矩形花键的定心方式？小径定心有何优点？

6-6   减速器采用某一 P0 级的向心滚动轴承(内径 $d=30\text{mm}$，外径 $D=72\text{mm}$)，内圈与轴的配合为 js6，外圈与轴承座孔的配合为 H6，试绘出配合的公差带图，并计算它们的极限间隙和极限过盈。

6-7   某旋转机构的工作情况为：轴承座固定、轴旋转、径向负荷为 5kN，若选用向心球轴承 6310/P6($d=50\text{mm}$，$D=110\text{mm}$，基本额定动载荷 $C=47\,500\text{N}$，$B=27\text{mm}$，$r=3$)，试确定与轴承配合的轴和轴承座孔的公差带。

6-8   减速器中的一传动轴和齿轮孔采用平键连接，键的基本尺寸为 $12\times8\times30$，要求键在轴上和轮毂槽中均固定，承受中等载荷。传动轴和齿轮孔的配合选用 $\phi40\text{H7/f6}$。试将确定的孔、轴、槽宽和槽深的尺寸公差以及有关位置公差和表面粗糙度的要求标注在题图 6-1 中。

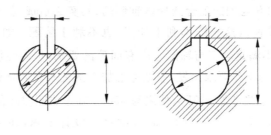

题图   6-1

6-9   某汽车用矩形花键副，规格为 $6\times26\times30\times6$，定心精度要求不高但传递扭矩较大，试确定其公差与配合。

第 7 章

圆锥的公差与配合

7.1 圆锥与圆锥配合

1. 圆锥配合的特点

机械设备中常可见到内、外圆锥相互结合的配合结构,如铣床主轴锥孔与刀轴的连接,摇臂钻床主轴中钻头、铰刀等刀具的安装;管道阀门中阀芯与阀体的结合等。与圆柱孔轴配合比较,圆锥配合有如下一些特点:

(1) 容易实现紧密配合。由于锥面的作用会使很小的轴向力转变为极大的径向力,使内、外锥面之间得到很大的摩擦力,不需附加紧固件便可传递较大扭矩。然而,它又容易拆卸,一旦在轴向往松开的方向有一些相对位移即可松开。

(2) 配合形成的间隙或过盈可以方便地调整。加工完成之后的圆柱孔轴配合的间隙或过盈是无法调整的,而圆锥孔轴配合则可在安装时通过改变内、外圆锥的轴向相对位置得到调整,如图 7-1 所示。

(3) 可自动定心。由于内、外圆锥之间的间隙可方便调整,内外圆锥轴线的重合性也便可以调整,只要施加轴向压紧力,轴线便自动趋近重合,这对圆柱体孔轴配合是无法得到的。

(4) 圆锥结合的结构较为复杂,加工和检测也较为困难,故不如圆柱配合应用广泛。

2. 圆锥及其配合的基本参数

1) 圆锥的基本参数(见图 7-2)。

(1) 圆锥角 在通过圆锥轴线的截面内,两条素线之间的夹角,用 α 表示。

(2) 圆锥素线角 圆锥素线与其轴线的夹角,等于圆锥角一半,即 $\alpha/2$。

(3) 圆锥直径 与圆锥轴线垂直的截面内的直径。内、外圆锥的最大直径为 D_i、D_e,内、外圆锥的最小直径为 d_i、d_e,任意给定截面圆锥直径为 d_x。设计时,一般选用内圆锥最大直径 D_i 或外圆锥最小直径 d_e 作为基本直径。

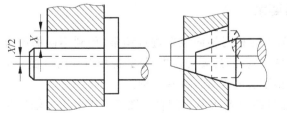

图 7-1 圆柱配合和圆锥配合对比

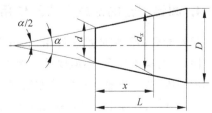

图 7-2 圆锥的基本参数

（4）圆锥长度   圆锥最大直径与最小直径所在截面之间的轴向距离。内、外圆锥的长度分别用 L_i、L_e 表示。

（5）锥度   圆锥的最大直径与最小直径之差对圆锥长度之比，用 C 表示，即 $C=(D-d)/L=2\tan(\alpha/2)$。锥度是一个无量纲的量，常用比例表示，如 $C=1:50$。

2）圆锥配合的基本参数（见图 7-3）。

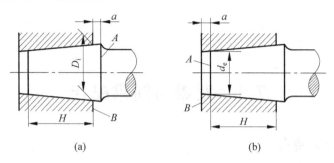

图 7-3   圆锥配合的基本参数

（1）圆锥配合长度   内、外圆锥配合面间的轴向距离，用 H 表示。

（2）基面距   相互结合的内、外圆锥基面间的距离，用 a 表示。基面距用来确定内、外圆锥的轴向相对位置。基面距的位置取决于所指定的基本直径。若以内圆锥最大直径 D_i 为基本直径，则基面距在大端；若以外圆锥最小直径 d_e 为基本直径，则基面距在小端。

3. 圆锥配合种类与用途

圆锥配合性质有以下三类，各有不同的使用场合。

（1）间隙配合   内、外圆锥之间具有间隙，它可在装配过程中通过调整轴向相对位置获得，精细的调整可以得到很合适的松紧，磨损后间隙的改变亦很容易得到调整，这类配合常用于机床主轴锥形轴颈与轴承套的可调间隙的装配。

（2）紧密配合   内、外圆锥面贴紧，具有很好的密封性，可以防止液体、气体的泄漏。这类配合可用于管道接头或阀门，如内燃机的进、排气阀与阀体，燃气器具中的气路开关以及液压气动管路接头。

（3）过盈配合   较大的轴向压紧力可以得到有过盈的配合，既可自动定心又可自锁，同时可以传递较大的扭矩，非常适用于经常需要拆换刀具等的安装结构，还可以用于锥销定位、车床尾架顶尖的安装等。

由于圆锥结合的结构较为复杂，影响配合的因素除直径尺寸外，还有角度因素，加上加工检验也较困难，所以圆锥配合主要用在较重要或有特殊要求的结构上。

4. 圆锥配合的形成方法及使用要求

圆锥配合的间隙或过盈可由内、外圆锥的相对轴向位置进行调整，得到不同的配合性质。因此，对圆锥配合，不但要给出相配件的直径，还要规定内、外圆锥相对轴向位置。按确定相配的内、外圆锥轴向位置的方法，圆锥配合的形成方式有 4 种。

（1）由内、外圆锥的结构确定装配的最终位置而形成配合。图 7-4 所示为由轴肩接触确定最终位置的示例。

（2）由内、外圆锥基准平面之间的尺寸确定装配后的最终位置而获得的配合。图 7-5 所示为由结构尺寸 a 得到过盈配合的示例。

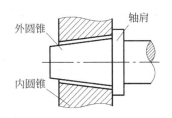

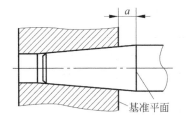

图 7-4　由轴肩接触确定最终位置　　　　图 7-5　由结构尺寸确定最终位置

（3）由内、外圆锥实际初始位置 P_a 开始，作一定的相对轴向位移 E_a 而形成的配合。这种形成方式可得到间隙或过盈配合，图 7-6 所示为间隙配合的示例。实际初始位置是指在不施加力的情况下相互结合的内、外圆锥表面接触时的轴向位置。

（4）由内、外圆锥实际初始位置 P_a 开始，施加一定装配力产生轴向位移而形成配合，这种方式只能得到过盈配合，如图 7-7 所示。

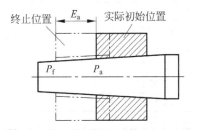

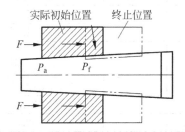

图 7-6　作一定轴向位移确定轴向位置　　　图 7-7　施加一定装配力确定轴向位置

以上 4 种形成方式中，方式（1）、（2）为结构型圆锥配合，方式（3）、（4）为位移型圆锥配合。

圆锥配合要求内、外圆锥的结合表面在结合长度上应接触均匀，这就要求内、外圆锥的锥角大小必须尽可能一致，如果内、外圆锥的锥角相差太大，则将影响结合的紧密性，减小接触面积，加剧磨损。此外，圆锥配合还要求基面距应在规定范围内变化，这就除了要求内、外圆锥锥角尽可能一致外，还要求内、外圆锥在任意正截面上的直径必须具有一定的配合精度，才能保证预定的配合性质。

5. 锥度与锥角系列

国家标准《产品几何量技术规范　圆锥的锥度与锥角系列》（GB/T 157—2001）规定了一系列的锥度和角度，供光滑圆锥设计时选用。系列值分为一般用途和特殊用途两种。为了尽可能减少生产圆锥所需使用的定制刀具和量具的品种规格，在设计时应按标准选用规定的锥度与锥角。

1）一般用途圆锥的锥度与锥角

标准规定了一般用途圆锥的锥度与锥角共 21 种，如表 7-1 所示。实际选用时，应优先选用系列 1（共 14 种）。当系列 1 不能满足要求时，再从系列 2（共 7 种）中选取。表 7-2 列出了一般用途圆锥的应用情况。

表 7-1　一般用途圆锥的锥度与锥角（摘自 GB/T 157—2001）

基 本 值		推 算 值		
系列 1	系列 2	圆锥角 α		锥度 C
120°	—	—	—	1：0.288 675
90°		—	—	1：0.500 000
	75°	—	—	1：0.651 613
60°		—	—	1：0.866 025
45°		—	—	1：1.207 107
30°		—	—	1：1.866 025
1：3		18°55′28.7″	18.924 644°	—
	1：4	14°15′0.1″	14.250 033°	—
1：5		11°25′16.3″	11.421 186°	—
	1：6	9°31′38.2″	9.527 283°	—
	1：7	8°10′16.4″	8.171 234°	—
	1：8	7°9′9.6″	7.152 669°	—
1：10		5°43′29.3″	5.724 810°	—
	1：12	4°46′18.8″	4.771 888°	—
	1：15	3°49′5.9″	3.818 305°	—
1：20		2°51′51.1″	2.864 192°	—
1：30		1°54′34.9″	1.909 682°	—
1：50		1°8′45.2″	1.145 877°	—
1：100		0°34′22.6″	0.572 953°	—
1：200		0°17′11.3″	0.286 478°	—
1：500		0°6′52.5″	0.114 591°	—

表 7-2　一般用途圆锥的应用情况

锥度 C	锥角 α	标记	应 用 举 例
1：0.288 675	120°	120°	螺纹孔的内倒角、节气阀、内燃机阀门
1：0.500 000	90°	90°	沉头螺钉头、沉头及半沉头铆钉头、轴及螺纹的倒角、重型顶尖、重型中心孔、阀的阀销锥体
1：0.651 613	75°	75°	10～13mm 沉头及半沉头铆钉头
1：0.866 025	60°	60°	顶尖、中心孔、弹簧夹头、沉头钻
1：1.207 107	45°	45°	沉头及半沉头铆钉
1：1.866 025	30°	30°	摩擦离合器、弹簧夹头
1：3	18°55′28.7″	1：3	受轴向力的易拆开的结合面、摩擦离合器
1：5	11°25′16.3″	1：5	受轴向力的结合面、锥形摩擦离合器、磨床主轴
1：7	8°10′16.4″	1：7	重型机床顶尖、旋塞
1：8	7°9′9.6″	1：8	联轴器和轴的结合面
1：10	5°43′29.3″	1：10	受轴向力和扭矩的结合面、电机及机器的锥形轴伸、主轴承调节套筒
1：12	4°46′18.8″	1：12	滚动轴承的衬套
1：15	3°49′5.9″	1：15	受轴向力零件的结合面、主轴齿轮的结合面
1：20	2°51′51.1″	1：20	机床主轴，刀具、刀杆的尾部、锥形铰刀

续表

锥度 C	锥角 α	标记	应 用 举 例
1：30	1°54′34.9″	1：30	锥形铰刀、套式铰刀及扩孔钻的刀杆尾部、主轴颈
1：50	1°8′45.2″	1：50	圆锥销、锥形铰刀、量规尾部
1：100	0°34′22.6″	1：100	受振动及静变载荷的不需拆开的连接零件
1：200	0°17′11.3″	1：200	受振动及冲击变载荷的不需拆开的连接件、圆锥螺栓

2) 特殊用途圆锥的锥度与锥角

标准规定了特殊用途圆锥的锥度与锥角共 24 种,如表 7-3 所示,它包括我国早已广泛使用的莫氏锥度,共 7 种。对于特殊用途的圆锥,通常只用于表中最后一列所示的行业或场合。

表 7-3　特殊用途圆锥的锥度与锥角(摘自 GB/T 157—2001)

基本值	推　算　值				标准号 GB/T (ISO)	用　途
	圆锥角 α			锥度 C		
	(°)(′)(″)	(°)	rad			
11°54′	—	—	0.207 694 18	1：4.797 451 1	(5237) (8489-5)	纺织机械和附件
8°40′	—	—	0.151 261 87	1：6.598 441 5	(8489-3) (8489-4) (324.575)	
7°	—	—	0.122 173 05	1：8.174 927 7	(8489-2)	
1：38	1°30′27.7080″	1.507 696 67°	0.026 314 27	—	(368)	
1：64	0°53′42.8220″	0.895 228 34°	0.015 624 68	—	(368)	
7：24	16°35′39.4443″	16.594 290 08°	0.289 625 00	1：3.428 571 4	3837.3 (297)	机床主轴工具配合
1：12.262	4°40′12.1514″	4.670 042 05°	0.081 507 61	—	(239)	贾各锥度 No.2
1：12.972	4°24′52.9039″	4.414 695 52°	0.077 050 97	—	(239)	贾各锥度 No.1
1：15.748	3°38′13.4429″	3.637 067 47°	0.063 478 80	—	(239)	贾各锥度 No.33
6：100	3°26′12.1776″	3.436 716 00°	0.059 982 01	1：16.666 666 7	1962 (594-1) (595-1) (595-2)	医疗设备
1：18.779	3°3′1.2070″	3.050 335 27°	0.053 238 39	—	(239)	贾各锥度 No.3
1：19.002	3°0′52.3956″	3.014 554 34°	0.052 613 90	—	1443(296)	莫氏锥度 No.5
1：19.180	2°59′11.7258″	2.986 590 50°	0.052 125 84	—	1443(296)	莫氏锥度 No.6
1：19.212	2°58′53.8255″	2.981 618 20°	0.052 039 05	—	1443(296)	莫氏锥度 No.0
1：19.254	2°58′30.4217″	2.975 117 13°	0.051 925 59	—	1443(296)	莫氏锥度 No.4
1：19.264	2°58′24.8644″	2.973 573 43°	0.051 898 65	—	(296)	贾各锥度 No.6
1：19.922	2°52′31.4463″	2.875 401 76°	0.050 185 23	—	1443(296)	莫氏锥度 No.3
1：20.020	2°51′40.7960″	2.861 332 23°	0.049 939 67	—	1443(296)	莫氏锥度 No.2
1：20.047	2°51′26.9283″	2.857 480 08°	0.049 872 44	—	1443(296)	莫氏锥度 No.1

续表

基本值	推 算 值			锥度 C	标准号 GB/T (ISO)	用 途
	圆锥角 α					
	(°)(′)(″)	(°)	rad			
1∶20.288	2°49′24.7802″	2.823 550 06°	0.049 280 25	—	(239)	贾各锥度 No.0
1∶23.904	2°23′47.6244″	2.396 562 32°	0.041 827 90	—	1443(296)	布朗夏普锥度 No.1 至 No.3
1∶28	2°2′45.8174″	2.046 060 38°	0.035 710 49	—	(8382)	复苏器(医用)
1∶36	1°35′29.2096″	1.591 447 11°	0.027 775 99	—	(5356-1)	麻醉器具
1∶40	1°25′56.3516″	1.432 319 89°	0.024 998 70	—		

7.2　圆锥公差及其应用

1. 圆锥几何误差对圆锥配合的影响

1) 直径误差的影响

对于结构型圆锥,由于基面距确定,直径误差影响圆锥配合的实际间隙或过盈的大小。影响情况和圆柱的一样。

对于位移型圆锥,直径误差影响圆锥配合的实际初始位置,影响装配后的基面距。

2) 圆锥角误差的影响

不管是哪种类型圆锥配合,圆锥角误差都会影响接触均匀性。对于位移型圆锥,有时还影响基面距。

3) 圆锥形状误差对配合的影响

圆锥形状误差是指素线直线度误差和横截面的圆度误差,主要影响配合表面的接触精度。对于间隙配合,它会使其间隙大小不均匀,磨损加快,影响使用寿命;对于过盈配合,它会使接触面积减小,传递转矩减小,连接不可靠;对于紧密配合,它会影响其密封性。

2. 圆锥公差

《产品几何量技术规范(GPS) 圆锥公差》(GB/T 11334—2005)规定了圆锥公差的术语和定义、圆锥公差的给定方法及公差数值,适用于锥度 C 从 1∶3～1∶500、长度 L 从 6～630mm 的光滑圆锥。标准中规定了 4 个圆锥公差项目。

1) 圆锥直径公差 T_D

在圆锥任意一个径向截面上允许直径的变动量称为圆锥直径公差,它适用于圆锥全长。其公差带为两个极限圆锥所限定的区域,极限圆锥是最大、最小极限圆锥的统称,它们与基本圆锥共轴且圆锥角相等。在垂直于轴线的任意截面上两圆锥的直径差相等,如图 7-8 所示。为了统一和简化,圆锥直径公差 T_D 以圆锥大端直径作为基本尺寸,按 GB/T 1800 规定的标准公差和基本偏差选取。其公差配合的标注方法与圆柱体配合相同。

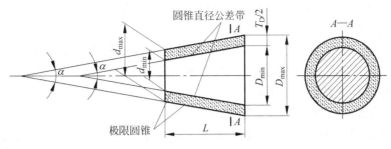

图 7-8　圆锥直径公差带

2）圆锥角公差 AT

圆锥角公差是指圆锥角的允许变动量。圆锥角公差带是两个极限圆锥角所限定的区域,其中极限圆锥角是指允许的最大圆锥角 α_{max} 和最小圆锥角 α_{min}（见图 7-9）。

GB/T 11334—2005 对圆锥角公差规定了 12 个等级,其中 AT1 为最高公差等级,其余依次降低。AT4～AT8 级圆锥角公差数值如表 7-4 所示。

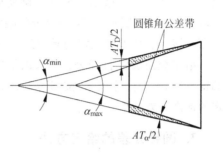

图 7-9　圆锥角公差带

表 7-4　圆锥角公差数值（摘自 GB/T 11334—2005）

基本圆锥长度 L/mm		圆锥角公差等级								
		AT4			AT5			AT6		
		AT_α		AT_D	AT_α		AT_D	AT_α		AT_D
大于	至	μrad	(′)	μm	μrad	(″)	μm	μrad	(′)(″)	μm
16	25	125	26	>2.0～3.2	200	41	>3.2～5.0	315	1′06	>5.0～8.0
25	40	100	21	>2.5～4.0	160	33	>4.0～6.3	250	52	>6.3～10.0
40	63	80	16	>3.2～5.0	125	26	>5.0～8.0	200	41	>8.0～12.5
63	100	63	13	>4.0～6.3	100	21	>6.3～10.0	160	33	>10.0～16.0
100	160	50	10	>5.0～8.0	80	16	>8.0～12.5	125	26	>12.5～20.0

基本圆锥长度 L/mm		圆锥角公差等级								
		AT7			AT8			AT9		
		AT_α		AT_D	AT_α		AT_D	AT_α		AT_D
大于	至	μrad	(′)(″)	μm	μrad	(′)(″)	μm	μrad	(′)(″)	μm
16	25	500	1′43″	>8.0～12.5	800	2′45″	>12.5～20.0	1250	4′18″	>20～32
25	40	400	1′22″	>10.0～16.0	630	2′10″	>16.0～20.5	1000	3′26″	>25～40
40	63	315	1′05″	>12.5～20.0	500	1′43″	>20.0～32.0	800	2′45″	>32～50
63	100	250	52″	>16.0～25.0	400	1′22″	>25.0～40.0	630	2′10″	>40～63
100	160	200	41″	>20.0～32.0	315	1′05″	>32.0～50.0	500	1′43″	>50～80

圆锥角公差可用角度值 AT_α 或线性值 AT_D 两种形式表示。AT_α 用角度单位 μrad 或以度、分、秒表示圆锥角公差值。AT_D 用长度单位 μm 表示圆锥角公差值,它以间隔距离为 L 的圆锥体两端面的直径变动量之差来表示圆锥角公差。AT_α 和 AT_D 的关系如下:

$$AT_D = AT_\alpha \times L \times 10^{-3}$$

式中,AT_D 的单位为 μm;AT_α 的单位为 μrad;L 的单位为 mm。

3) 圆锥的形状公差 T_F

圆锥的形状公差 T_F 包括素线直线度公差和截面圆度公差。圆锥的形状公差推荐按 GB/T 1184—1996 中附录 B"图样上注出公差值的规定"选取。

4) 给定截面圆锥直径公差 T_{DS}

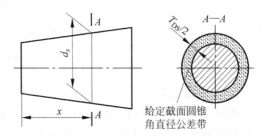

给定截面圆锥直径公差是指在垂直于圆锥轴线的给定截面内圆锥直径的允许变动量,它仅适用于该给定截面的圆锥直径。其公差带是在给定的截面内两同心圆所限定的区域,如图 7-10 所示。T_{DS} 公差带所限定的是平面区城,T_D 公差带限定的是空间区域。

给定截面圆锥直径公差 T_{DS} 以给定截面圆锥直径 d_x 为公称尺寸,按 GB/T 1800.3 规定的标准公差选取。

图 7-10　给定截面圆锥直径公差带

3. 圆锥公差的给定方法

GB/T 11334—2005 中规定了两种圆锥公差的给定方法。

(1) 给出圆锥的理论正确圆锥角 α(或锥度 C)和圆锥直径公差 T_D,由 T_D 确定两个极限圆锥。此时,圆锥角误差和圆锥的形状误差均应在极限圆锥所限定的区域内,如图 7-11 所示。通常适用于有配合要求的内、外圆锥。

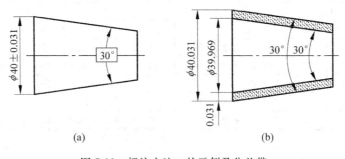

(a)   (b)

图 7-11　标注方法一的示例及公差带

(2) 给出给定截面圆锥直径公差 T_{DS} 和圆锥角公差 AT,两者是独立的,应分别满足,如图 7-12 所示。通常适用于对给定圆锥截面直径有较高要求的情况。

4. 圆锥公差的选用

由于有配合要求的圆锥公差通常采用第一种方法给定,以下介绍在该种情况下圆锥公差的选用。

1) 直径公差的选用

对于结构型圆锥,直径误差主要影响实际配合间隙或过盈。选用时,可根据配合公差 T_{DP} 来确定内、外圆锥直径公差 T_{Di} 和 T_{De}。和圆柱配合一样,有以下关系

$$T_{DP} = T_{Di} + T_{De}$$

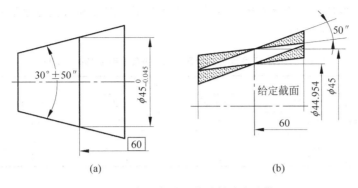

图 7-12　标注方法二的示例及公差带

对间隙配合有：$T_{DP} = S_{max} - S_{min}$；对过盈配合有：$T_{DP} = \delta_{min} - \delta_{max}$；对过渡配合有：$T_{DP} = S_{max} - \delta_{max}$。

为保证配合精度，直径公差一般不低于 9 级。GB/T 12360—2005 推荐结构型圆锥配合优先采用基孔制，外圆锥直径基本偏差一般在 d～zc 中选取。

位移型圆锥的配合性质是通过给定的内、外圆锥的轴向位移量或装配力确定的，而与直径公差带无关。直径公差仅影响接触的初始位置和终止位置及接触精度，其配合可根据对终止位置基面距的要求和对接触精度的要求来选取直径公差。为了计算和加工方便，GB/T 12360—2005 推荐位移型圆锥的基本偏差用 H、h 或 JS、js 的组合。

2）圆锥角公差的选用

按国家标准规定的圆锥公差的第一种给定方法，如圆锥角误差限制在两个极限圆锥范围内，可不另给圆锥角公差。如对圆锥角有更高要求，可另给出圆锥角公差。

国标规定的圆锥角的 12 个公差等级，其适用范围大体如下：AT1～AT5 用于高精度的圆锥量规、角度样板等；AT6～AT8 用于工具圆锥、传递大力矩的摩擦锥体、锥销等；AT8～AT10 用于中等精度锥体或角度零件；AT11～AT12 用于低精度零件。

从加工角度考虑，角度公差等级与相应的 IT 精度等级有大体相当的加工难度。

圆锥角极限偏差可按单向或双向取。双向取时可以对称，也可以不对称。

对于有配合要求的圆锥，内、外圆锥角极限偏差的方向及组合会影响初始接触部位和基面距，选用时必须考虑。若对初始接触部位和基面距无特殊要求，则只要求接触均匀性，内、外圆锥角极限偏差方向尽量一致。

5. 未注公差角度的极限偏差

未注公差角度的极限偏差与线性尺寸的未注公差一样，属于一般公差，它是在车间一般加工条件下可以保证的公差，不在图样上注出可使图样简洁，使其他重要的角度公差要求更加明了。

GB/T 1804—2000 对金属切削加工的圆锥角和棱体角，包括在图样上注出的角度和通常不需要标注的角度规定了未注公差角度的极限偏差（见表 7-5）。该极限偏差应为一般工艺方法可以保证达到的。应用中可根据不同产品的需要，从标准中所规定的 3 个未注公差角度的公差等级中选取合适的等级。

未注公差角度的公差等级在图样或技术文件上用标准号和公差等级表示。例如,选用中等级时,表示为 GB/T 1804—m。

表 7-5   未注公差角度的极限偏差(摘自 GB/T 1804—2000)

公差等级	短边长度/mm				
	～10	10～50	50～120	120～400	＞400
精密级 f,中等级 m	±1°	±30′	±20′	±10′	±5′
粗糙级 c	±1°30′	±1°	±30′	±15′	±10′
最粗级 v	±3°	±2°	±1°	±30′	±20′

7.3   圆锥角和锥度的测量

测量锥度和角度的测量器具很多,其测量方法可分为直接测量法和间接测量法,直接测量法又可分为相对测量法和绝对测量法。下面分别介绍锥度和角度的常用测量器具和测量方法。

1. 锥度和角度的相对测量法

锥度和角度的相对测量法是指用锥度或角度的定制量具与被测的锥度和角度相比较,用涂色法或光隙法估计被测锥度或角度的偏差。

在成批生产中常用圆锥量规检验圆锥工件的锥度和基面距偏差。圆锥量规分为圆锥塞规和环规,其结构如图 7-13 所示。图 7-13(a)所示为不带扁尾的圆锥量规,如图 7-13(b)所示为带扁尾的圆锥量规。

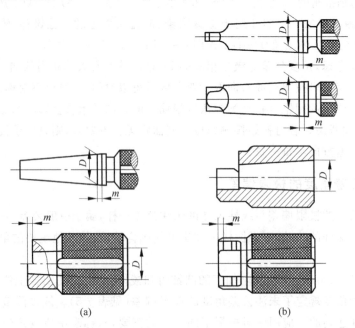

(a)   (b)

图 7-13   圆锥量规

如前所述,圆锥工件的直径偏差和角度偏差都将影响基面距变化。因此,用圆锥量规检验圆锥工件时,是根据圆锥量规相对于被检验的圆锥工件端面的轴向移动(基面距偏差)来判断工件是否合格,为此在圆锥量规的大端或小端刻有两条相距为 m 的刻线或制作距离为 m 的小台阶,m 等于圆锥工件的基面距公差。

由于圆锥配合时,通常锥角公差有更高要求,所以当用圆锥量规检验时,首先单项检验锥度,采用涂色法,即在圆锥量规沿素线方向上薄薄地涂上两三条显示剂(红丹或蓝油),然后轻轻地和被检工件对研,转动 1/3～1/2 圈,取出圆锥量规,根据显示剂接触面积的位置和大小来判断锥角的误差。用圆锥塞规检验内圆锥时,若只有大端被擦去,则表示内圆锥的锥角小了;若小端被擦去,则说明内圆锥的锥角大了;若均匀地被擦去,表示被检验的内圆锥锥角是正确的。其次,用圆锥量规按基面距偏差作综合检验,如图 7-14 所示。被检验工件的最大圆锥直径处于圆锥塞规两条刻线之间,表示被检验工件是合格的。

除圆锥量规外,对于外圆锥还可以用锥度样板(见图 7-15)检验,合格的外圆锥最小圆锥直径应处在样板上两条刻线之间,锥度的正确性利用光隙判断。

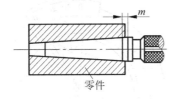
图 7-14　圆锥量规检验示意图

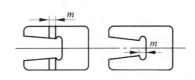
图 7-15　锥度样板

2. 锥度和角度的绝对测量法

锥度和角度的绝对测量法是指用分度量具、量仪直接测量工件的角度,被测角度的具体数值可以从量具、量仪上读出来。生产车间常用万能角度尺直接测量被测工件的角度。

万能角度尺的类型很多,使用最广泛的角度尺如图 7-16 所示。其结构如下:基尺 4 固定在尺座 3 上,游标 1 和扇形板 6 可以沿尺座移动,用制动头 5 制动。在扇形板上有卡块 10 装着角尺 7,角尺上又有卡块 9 装着直尺 8,2 是微动装置。该万能角尺是根据游标原理制成的。在尺座上刻有基本角度标尺,尺上朝中心方向均匀地刻着 121 条刻线,每两条刻线间的夹角是 $1°$;游标上共刻 31 条刻线,每两条刻线间的夹角是 $(29/30)°$,尺座和游标每一刻度间隔所夹角度之差为

$$1° - (29/30)° = (1/30)° = 2'$$

因此,这种万能角度尺的游标读数值为 $2'$,其测量范围为 $0°～320°$。利用基尺、角尺、直尺的不同组合,可以测量 $0°～320°$ 范围内的任意角度,如图 7-17 所示。

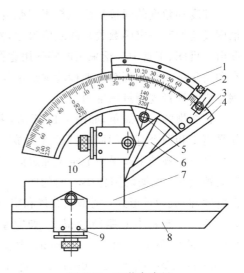
图 7-16　万能角度尺

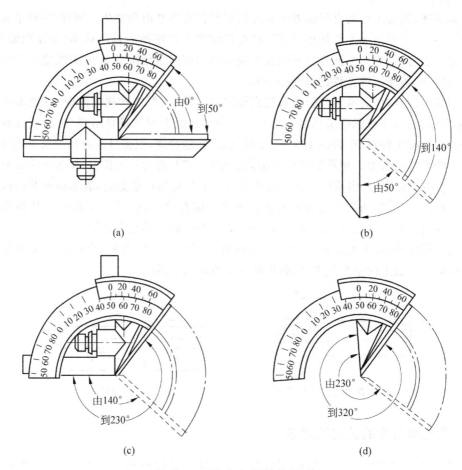

(a)

(b)

(c)

(d)

图 7-17　万能角度尺的不同组合

3. 锥度和角度的间接量法

锥度和角度的间接量法是指用正弦规、钢球、圆柱量规等测量器具,测量与被测工件的锥度或角度有一定函数关系的线值尺寸,然后通过函数关系计算出被测工件的锥度值或角度值。机床、工具中广泛采用的特殊用途圆锥常用正弦规检验其锥度或角度偏差。正弦规是利用正弦函数原理精确地检验圆锥量规的锥度或角度偏差。在缺少正弦规的场合,可用钢球或圆柱量规测量圆锥角。

正弦规的结构简单,如图 7-18 所示,主要由主体工作平面 1 和两个直径相同的圆柱 2 组成。为便于被检工件在正弦规的主体平面上定位和定向,装有侧挡板 4 和后挡板 3。根据两圆柱中心间的距离和主体工作平面宽度,制成两种形式:宽型正弦规和窄型正弦规。正弦规的两个圆柱中心距精度很高,如宽型正弦规 $L = 100\text{mm}$ 的极限偏差为 $\pm 0.003\text{mm}$;窄型正弦规 $L = 100\text{mm}$ 的极限偏差为 $\pm 0.002\text{mm}$。同时,工作平面的

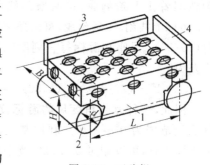

图 7-18　正弦规

平面度精度,以及两个圆柱之间的相互位置精度都很高,因此,可以用作精密测量。

使用时,将正弦规放在平板上,圆柱之一与平板接触,另一圆柱下垫以量块组,则正弦规的工作平面与平板间组成一角度 α,其关系式为

$$\sin \alpha = \frac{h}{L}$$

式中,α 为正弦规放置的角度;h 为量块组尺寸;L 为正弦规两圆柱的中心距。

图 7-19 所示为用正弦规检验圆锥塞规的示意图。首先根据被检验的圆锥塞规的基本圆锥角按 $h = L\sin\alpha$ 算出量块组尺寸,然后将量块组放在平板上与正弦规圆柱之一相接触,此时正弦规主体工作平面相对于平板倾斜 α 角。放上圆锥塞规后,用千分表分别测量被检圆锥塞规上 a、b 两点,由 a、b 两点读数之差 δ 对 a、b 两点间距离 X 之比值即为锥度偏差 ΔC,即

$$\Delta C = \frac{\delta}{X}$$

锥度偏差乘以弧度对秒的换算系数后,即可求得圆锥角偏差为

$$\Delta\alpha = 2\Delta C \times 10^5$$

式中,$\Delta\alpha$ 为圆锥角偏差,单位为(″)。

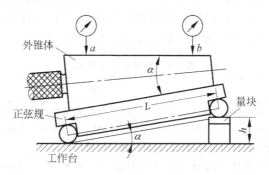

图 7-19　用正弦规检验圆锥塞规

习　题

7-1　简述圆锥配合的种类和特点。

7-2　圆锥配合有何要求?

7-3　圆锥公差的给定方法有几种?

7-4　有一外圆锥,其最大直径为 $\phi100\text{mm}$,最小直径为 $\phi95\text{mm}$,长度为 100mm。试确定圆锥角、圆锥素线角和锥度。

7-5　已知外圆锥长度 $L_e = 100\text{mm}$,其最大直径为 $\phi35\text{h8}(_{-0.039}^{0})\text{mm}$,锥度为 $1:5$,试计算能控制的最大圆锥角误差。

7-6　锥度和角度的检测方法一般有哪些? 常用的量仪和量具有哪些?

第8章

螺纹结合的互换性

8.1 概　述

8.1.1 螺纹用途及其分类

螺纹是机械工业中应用最广泛的连接结构之一,国民经济的各个部门,如建筑、冶金、机械、石油化工、纺织、交通以及日常生活中的自来水管道、煤气管道都要使用螺纹连接。

为了满足不同的使用要求,螺纹有许多的类型,由于螺纹是多元素构成的,所以其分类方法也很多,可按螺纹牙型、配合性质、外形等进行分类。目前,我国的螺纹基本上是按用途来分类的,按我国螺纹标准形成的体系有如表 8-1 所示的类型。

表 8-1　螺纹类型和种类

类　型	细　分
紧固螺纹	普通螺纹、小螺纹、过渡配合螺纹、过盈配合螺纹、高强度螺纹等
传动螺纹	梯形螺纹、锯齿形螺纹、短牙梯形螺纹、方形螺纹、圆螺纹等
紧密螺纹	用螺纹密封的管螺纹、非螺纹密封的管螺纹
专门用途螺纹	石油螺纹、气瓶螺纹、光学细牙螺纹、地矿螺纹、灯泡螺纹、瓶口螺纹、轮胎气门芯螺纹、电线螺纹等

螺纹按用途分类可分为下列三类:

(1) 紧固螺纹　主要用于零件的紧固连接,如常见的螺钉、螺母,通常又称为普通紧固螺纹。这类螺纹结合的互换性要求是保证良好的旋合性(即易于旋入拧出,以便装配和拆换)和连接的可靠性(连接强度)。

(2) 传动螺纹　通常用于传递动力或位移,如机床的丝杠、测量仪的测微螺纹。对传动螺纹的互换性要求是传递动力的可靠性、传动比的正确性和稳定性(传动精度),并要求保证有一定的间隙,可储存润滑油,使传动灵活。

(3) 紧密螺纹　这种螺纹用于密封连接,其互换性要求主要是结合紧密性、不漏水、不漏气和不漏油,当然也必须有足够的连接强度,如气、液管道连接、容器接口或封口螺纹等。

表 8-1 中所列的专门用途螺纹,其用途也离不开上述三类,其互换性要求会略有不同。

8.1.2 螺纹标准化及国家标准概况

螺纹结合是孔、轴结合的一种,但它不是光滑工件,螺纹用途广泛、种类繁多,其互换性有自己的特点,故要专门制定螺纹公差标准,以适应使用需要。

由于螺纹用途广泛,需求量很大,国内外都是按专业化组织大量生产。绝大多数的螺纹连接都有三个共同的性能要求,那就是要求内、外螺纹能顺利旋合,有足够的连接强度,以及标准化、系列化。因此,首先应当对螺纹的牙型、尺寸和公差进行标准化。世界各国对各种常用螺纹均制定有相应的标准,这些标准成为使用者和生产者共同遵循的依据。目前,我国已有一套完整的标准体系,用于组织专业化的大规模生产,给螺纹的设计和使用带来了极大的方便,同时大大降低了成本、提高了经济性。常用的螺纹国家标准如表 8-2 所示。

表 8-2　常用螺纹国家标准

标 准 号	中文标准名称	英文标准名称
GB/T 14791—2013	螺纹　术语	Screw threads—Vocabulary
GB/T 2516—2003	普通螺纹　极限偏差	General purpose metric screw threads—Limit deviations
GB/T 196—2003	普通螺纹　基本尺寸	General purpose metric screw threads—Basic dimensions
GB/T 193—2003	普通螺纹　直径与螺距系列	General purpose metric screw threads—Generalplan
GB/T 192—2003	普通螺纹　基本牙型	General purpose metric screw threads—Basic profile
GB/T 197—2003	普通螺纹　公差	General purpose metric screw threads—Tolerances
GB/T 9144—2003	普通螺纹　优选系列	General purpose metric screw threads—Preferable plan
GB/T 9145—2003	普通螺纹中等精度、优选系列的极限尺寸	General purpose metric screw threads—Limits of sizes for the screw threads of medium quality and preferable plan
GB/T 9146—2003	普通螺纹粗糙精度、优选系列的极限尺寸	General purpose metric screw threads—Limits of sizes for the screw threads of coarse quality and preferable plan
GB/T 5796.1—2005	梯形螺纹　第 1 部分:牙型	Trapezoidal screw threads—Part 1:Profiles
GB/T 5796.2—2005	梯形螺纹　第 2 部分:直径与螺距系列	Trapezoidal screw threads—Part 2:General plan
GB/T 5796.3—2005	梯形螺纹　第 3 部分:基本尺寸	Trapezoidal screw threads—Part 3:Basic dimensions
GB/T 5796.4—2005	梯形螺纹　第 4 部分:公差	Trapezoidal screw threads—Part 4:Tolerances
GB/T 20670—2006	统一螺纹　直径与牙数系列	Unified screw threads—General plan
GB/T 20666—2006	统一螺纹　公差	Unified screw threads—Tolerances
GB/T 20667—2006	统一螺纹　极限尺寸	Unified screw threads—Limits of sizes
GB/T 20668—2006	统一螺纹　基本尺寸	Unified screw threads—Basic dimensions
GB/T 20669—2006	统一螺纹　牙型	Unified screw threads—Profiles
JB/T 10865—2008	统一螺纹量规	gauges for unified screw threads

8.1.3　螺纹术语

国家标准《螺纹　术语》(GB/T 14791—2013)不包括各种专用螺纹中使用的专门术语。

1. 关于几何要素和参数的术语及定义

1）大径（D 或 d）、公称直径和小径（D_1 或 d_1）

大径是指与外螺纹牙顶或内螺纹牙底相切的假想圆柱或圆锥的直径。公称直径，是代表螺纹尺寸的直径。对于普通螺纹的内、外螺纹大径与其公称直径是相等的。小径是指与外螺纹牙底或内螺纹牙顶相切的假想圆柱或圆锥的直径。外螺纹大径和内螺纹小径又称顶径，内螺纹大径和外螺纹小径又称底径。

2）中径（D_2 或 d_2）

中径是指一个假想圆柱或圆锥的直径，该圆柱或圆锥的母线通过牙型上沟槽和凸起宽度相等的地方（见图 8-1）。此假想圆柱或圆锥称为中径圆柱或中径圆锥，其母线称为中径线，其直径为内、外螺纹的中径。中径的大小决定了螺纹牙侧相对于轴线的径向位置，因此，螺纹公差与配合中，中径是主要的几何参数之一。

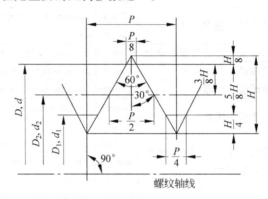

图 8-1　普通螺纹的基本牙型

3）单一中径（D_{2s} 和 d_{2s}）

单一中径是指一个假想圆柱或圆锥的直径，该圆柱或圆锥的母线通过牙型上沟槽宽度等于 1/2 基本螺距的地方（见图 8-2）。当实际螺距无误差时，中径就是单一中径。

4）作用中径（D_{2m} 和 d_{2m}）

在规定的旋合长度内，恰好包容实际螺纹的一个假想螺纹的中径，称为作用中径。这个假想螺纹具有理想的螺距、半角以及牙型高度，并在牙顶处和牙底处留有间隙，以保证包容时不与实际螺纹的大、小径发生干涉（见图 8-3）。

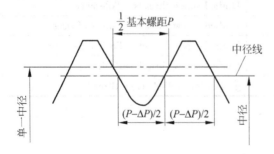

图 8-2　螺纹的单一中径

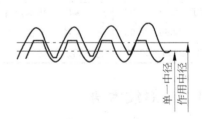

图 8-3　螺纹的作用中径

作用中径尺寸,除受实际中径的尺寸影响之外,它还包含有牙型角和螺距等元素的误差影响,所以作用中径的尺寸是综合的。与光滑圆柱体类似,作用中径的尺寸是实际尺寸与形状误差的综合,可表示为

$$D_{2m} = D_{2s} - (f_a + f_P)$$
$$d_{2m} = d_{2s} + (f_a + f_P)$$

式中,f_a 为牙侧角误差的中径当量;f_P 为螺距误差的中径当量。

以上符号中 D 和 d 分别表示内、外螺纹的直径。

5) 螺距(P)和导程(P_h)

螺距是指相邻同向牙侧在中径线上对应两点间的轴向距离;导程是指在同一条螺旋线上相邻两同向牙侧在中径线上对应两点间的轴向距离,见图 8-4。对单线螺纹,导程等于螺距;对多头(线)螺纹,导程等于螺距与线数 n 的乘积,$P_h = nP$。

6) 牙型角(α)与牙侧角(α_i)

牙型角是指在螺纹牙型上,两相邻牙侧间的夹角,普通螺纹的牙型角 $\alpha = 60°$。牙侧角是指在螺纹牙型上,牙侧与螺纹轴线的垂线间的夹角(见图 8-5)。牙型半角则是牙型角的一半,普通螺纹的牙侧角等于牙型半角,即为 $30°$。

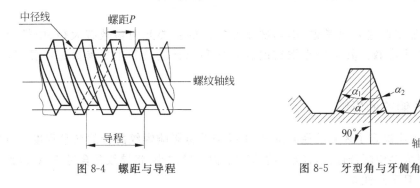

图 8-4　螺距与导程　　　　　　　图 8-5　牙型角与牙侧角

7) 螺纹升角(φ)

在中径圆柱或中径圆锥上,螺旋线的切线与垂直于螺旋线的平面的夹角,称为螺纹升角(见图 8-6)。

8) 螺纹旋合长度

两个相配合的螺纹沿螺纹轴线方向相互旋合部分的长度,称为螺纹旋合长度。

2. 关于公差和检验方面的术语定义

(1) 螺纹精度　螺纹公差带和旋合长度共同组成的衡量螺纹质量的综合指标。

由定义可见,我们不能单凭公差值大小来判断螺纹精度高低,因为在实际应用中,同一公差范围内,加工长螺纹要比加工短螺纹困难得多,我们可在标准中看到,公差等级相同的螺纹,由于它们的旋合长度不同而分属于不同的精度级别。公差等级仅代表公差值的大小,而精度级别高低则代表螺纹质量的好坏。

(2) 螺距偏差、牙侧角偏差等　偏差是指实际值与标准值之差。

(3) 螺距累积误差　在规定的螺纹长度内,任意两同名牙侧与中径线交点的实际轴向距离与基本值之差的最大绝对值,如图 8-7 中的 ΔP_{Σ}。

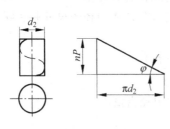

图 8-6   螺旋升角

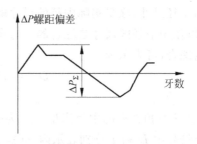

图 8-7   螺距累计误差

（4）螺距误差中径当量与牙侧角误差中径当量   将螺距误差、牙侧角误差换算成的中径的数值。

8.2   螺纹结合的互换性问题

8.2.1   螺纹几何参数误差对互换性的影响

从螺纹加工误差方面考虑，影响螺纹互换性的主要几何参数有大径、中径、小径、螺距、牙侧角 5 个参数。其中决定螺纹的旋合性和配合质量的主要参数是中径、螺距和牙侧角。

1. 中径偏差的影响

中径的大小决定了牙侧的径向位置，中径偏差将影响螺纹配合的松紧程度。就外螺纹而言，中径过大会使配合过紧，甚至不能旋合；而中径过小，将导致配合过松，难以保证牙侧面接触良好，且密封性差。

2. 螺距误差的影响

螺距误差包括单个螺距误差和螺距累积误差。单个螺距误差是指某一牙螺距的实际值与其标准值之代数差的绝对值，它与旋合长度无关。螺距累积误差是指旋合长度内，包括若干个螺牙的螺距误差，具体包含多少个螺牙是未知的，要求两个螺牙之间的实际距离与其基本值差距最大。由于螺距偏差有正有负，故不一定包含的螺牙数越多，累积的误差值就越大，定义中的螺距累积误差是指其中的最大值，应是绝对值。它直接影响螺纹的旋合性，也会影响传动精度和连接可靠性。

为便于说明问题，以图 8-8 所示普通螺纹为例。

假设内螺纹具有理想牙型，与之相配的外螺纹的中径和牙型半角与理想内螺纹相同，仅螺距有误差，即螺距 $P_外$ 或大于或小于理想螺纹的螺距 P。若在 n 个螺牙间，外螺纹的轴向长度为 $L_外 = nP \pm \Delta P_\Sigma$，而内螺纹的轴向长度为 $L_内 = nP$，比较后得知差值最大，它的绝对值便是外螺纹的螺距累积误差：$\Delta P_\Sigma = |L_外 - nP|$。它会使内、外螺纹牙侧产生干涉而不能旋入。

图 8-8 是 $L_外 > L_内$ 的情形，当 $L_外 < L_内$ 时，是在外螺纹牙型左侧发生干涉，使螺纹起作

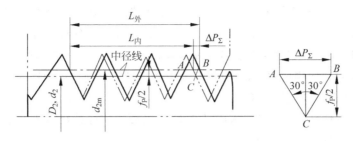

图 8-8　普通螺纹中径当量

用的尺寸同样增大,结果是一样的。

在实际生产中,为了使有螺距累积误差 ΔP_Σ 的外螺纹能够旋入标准的内螺纹,只得把外螺纹中径减少一个数值 f_P,使综合后的作用中径尺寸不超过其最大实体边界。同理,当内螺纹螺距有误差时,为了保证旋合性,应把内螺纹的中径加大(即向材料内缩入)一个数值 f_P。此值称为螺距累积误差的中径当量值(中径补偿值)。

从图 8-8 所示的 $\triangle ABC$ 中可以看出

$$f_P = \Delta P_\Sigma \cdot \cot(\alpha/2)$$

对于牙型角 $\alpha = 60°$ 的普通螺纹,有

$$f_P(\text{或 } F_P) = 1.732\Delta P_\Sigma$$

式中,f_P 为外螺纹螺距误差的中径当量,f_P 的单位取决于 ΔP_Σ,两者一致;F_P 为内螺纹螺距误差的中径当量。

3. 牙侧角偏差的影响

牙侧角的偏差不论是正还是负,相当于光滑轴、孔具有形状误差,同样会引起作用中径的增大(外螺纹)或减少(内螺纹),影响螺纹互换性(主要为旋入性)。

牙侧角偏差的中径当量值

$$f_a(\text{或 } F_a) = 0.073P(k_1|\Delta\alpha_1| + k_2|\Delta\alpha_2|)$$

k_1、k_2 的取值取决于 $\Delta\alpha_1$、$\Delta\alpha_2$ 的符号:

$$外螺纹 \begin{cases} k_1(\text{或 } k_2) = 2 & (\text{当 } \Delta\alpha_1(\text{或 } \Delta\alpha_2) > 0) \\ k_1(\text{或 } k_2) = 3 & (\text{当 } \Delta\alpha_1(\text{或 } \Delta\alpha_2) < 0) \end{cases}$$

$$内螺纹 \begin{cases} k_1(\text{或 } k_2) = 3 & (\text{当 } \Delta\alpha_1(\text{或 } \Delta\alpha_2) > 0) \\ k_1(\text{或 } k_2) = 2 & (\text{当 } \Delta\alpha_1(\text{或 } \Delta\alpha_2) < 0) \end{cases}$$

8.2.2　保证螺纹互换性的结合条件

为保证螺纹的互换性,很自然想到控制中径、大径、小径偏差,控制牙侧角、螺距偏差,控制螺距累积误差,甚至螺旋线的误差,只要把它们限制在一定范围内便可实现互换性,但这样做将显得过于复杂,不利于设计和生产。其实不同用途的螺纹可采用不同的控制方法,对于大多数螺纹,着重考虑旋入性,或虽然用于传动但要求不高的螺纹(如紧固螺纹、一般梯形螺纹),根据上述分析可用控制中径和大径的方法。

以中径控制来讲,按泰勒原则检验合格便可。根据泰勒原则有下列要求:

对于内螺纹　$D_{2min} \leqslant D_{2m}$(保证连接强度),且 $D_{2s} \leqslant D_{2max}$(保证综合性);

对于外螺纹　$d_{2min} \leqslant d_{2s}$(保证连接强度),且 $d_{2m} \leqslant d_{2max}$(保证综合性)。

至于螺距误差和牙侧角偏差,可以折算为中径当量综合到作用中径中去,因此可以不单独进行控制,折算方法以上均已论述。

普通螺纹合格性判断是:除要求中径合格外,还要求实际外径不超出极限偏差。即

对于内螺纹　$D_{1min} \leqslant D_{1a} \leqslant D_{1max}$;

对于外螺纹　$d_{min} \leqslant d_a \leqslant d_{max}$。

中径、外径两方检验都合格,则该螺纹合格。正是这些原因,普通螺纹标准只规定中径和顶径的公差。但是精密传动螺纹可不是这样,如机床用丝杠螺母,为保证传动精度和运动可靠,要增加单独控制螺距等方面的误差,参见标准《机床梯形丝杠、螺母技术条件》(JB/T 2886—2008)。

8.3　普通螺纹的公差与配合

8.3.1　普通螺纹的有关规定

1. 普通螺纹的公差等级

《普通螺纹　公差》(GB/T 197—2003)按内、外螺纹的中径、大径和小径公差的大小分为不同的公差等级,如表 8-3 所示。

表 8-3　普通螺纹的公差等级

内螺纹直径	内螺纹公差等级	外螺纹直径	外螺纹公差等级
内螺纹小径 D_1	4,5,6,7,8	外螺纹大径 d_1	4,6,8
内螺纹中径 D_2	4,5,6,7,8	外螺纹内径 d_2	3,4,5,6,7,8,9

等级中 3 级最高,依次降低至 9 级为最低。其中 6 级为基本级。对应的内、外螺纹中径公差值 T_{D2}、T_{d2} 和顶径公差值 T_{D1}、T_{d1} 可分别从表 8-4 和表 8-5 查取(摘录于 GB/T 197—2003)。

2. 普通螺纹的基本偏差

标准 GB/T 197—2003 规定了中径、顶径的基本偏差代号,提供几种配合的选择,以满足各种使用需要。

标准规定外螺纹中径和大径的上偏差(es)和内螺纹中径和小径的下偏差(EI)为基本偏差,并对内螺纹规定了代号为 G 和 H 的两种位置,对外螺纹规定了代号为 e、f、g、h 的 4 种位置,H 和 h 的基本偏差值为零,G 的基本偏差为正值,e、f、g 的基本偏差为负值,它们的数值可从表 8-5 中查取。而另一偏差:内螺纹的上偏差为 ES＝EI＋T;外螺纹的下偏差为 ei＝es－T。式中,T 为螺纹相应直径的公差值。

表 8-4 内、外螺纹中径公差值

公称直径 D,d/mm	螺纹 P/mm	内螺纹中径公差 T_{D2}/μm					外螺纹中径公差 T_{d2}/μm						
		公差等级					公差等级						
		4	5	6	7	8	3	4	5	6	7	8	9
11.2～22.4	1	100	125	160	200	250	60	75	95	118	150	190	236
	1.25	112	140	180	224	280	67	85	106	132	170	212	265
	1.5	118	150	190	236	300	71	90	112	140	180	224	280
	1.75	125	160	200	250	315	75	95	118	150	190	236	300
	2	132	170	212	265	335	80	100	125	160	200	250	315
	2.5	140	180	224	280	355	85	106	132	170	212	265	335
22.4～45	1	106	132	170	212	—	63	80	100	125	160	200	250
	1.5	125	160	200	250	315	75	95	118	150	190	236	300
	2	140	180	224	280	355	85	106	132	170	212	265	335
	3	170	212	265	335	425	100	125	160	200	250	315	400
	3.5	180	224	280	355	450	106	132	170	212	265	335	425
	4	190	236	300	375	475	112	140	180	224	280	355	450
	4.5	200	250	315	400	500	118	150	190	236	300	375	475

表 8-5 内、外螺纹基本偏差顶径公差值

螺距 P/mm	内螺纹的基本偏差 EI/μm		外螺纹的基本偏差 es/μm				内螺纹小径公差 T_{D1}/μm					外螺纹大径公差 T_d/μm		
	G	H	e	f	g	h	4	5	6	7	8	4	6	8
1	+26		−60	−40	−26		150	190	236	300	375	112	180	280
1.25	+28		−63	−42	−28		170	212	265	335	425	132	212	335
1.5	+32		−67	−45	−32		190	236	300	375	475	150	236	375
1.75	+34	0	−71	−48	−34	0	312	265	335	425	530	170	265	425
2	+38		−71	−52	−38		236	300	375	475	600	180	280	450
2.5	+42		−80	−58	−42		280	355	450	560	710	212	335	530
3	+48		−85	−63	−48		315	400	500	630	800	236	375	600

8.3.2 普通螺纹公差带的选择

因螺纹基本偏差和公差等级的不同,可以组成各种不同的螺纹公差带。不同的内、外螺纹公差带又可组成各种不同的配合。在生产中为了减少刀、量具的规格和数量,提高经济效益,设计时应按标准的推荐选用。标准 GB/T 197—2003 规定了内外螺纹的选用公差带见表 8-6,大量生产的精制紧固螺纹,推荐采用带方框的公差带;带"＊"的公差带应优先选用,不带"＊"的公差带其次,带括号的公差带尽量不用。

标准 GB/T 197—2003 将螺纹的旋合长度按其长度与公称直径、螺距综合因素的比例划分为三组,即短旋合长度、中等旋合长度和长旋合长度,代号分别为 S、N、L,其旋合长度值范围见表 8-7。

表 8-6　内、外螺纹的选用公差带

精度	公差带位置 G S	N	L	公差带位置 H S	N	L	公差带位置 e S	N	L	公差带位置 f S	N	L	公差带位置 g S	N	L	公差带位置 h S	N	L
精密				4H	5H	6H								(4g 5g)		(3h 4h)	* 4h	(5h 4h)
中等	(5G)	*(6G)	(7G)	* 5H	6H	* 7H		* 6e	(7e 6e)		* 6f		(5g 6g)	6g	(7g 6g)	(5h 6h)	6h	(7h 6h)
粗糙		(7G)	(8G)		7H	8H								8g				(9g 8g)

表 8-7　螺纹的旋合长度分组（摘录于 GB/T 197—2003）

公称直径 D 或 d >	≤	螺距 P	旋合长度 S ≤	N >	N ≤	L >
5.6	11.2	0.75	2.4	2.4	7.1	7.1
		1	3	3	9	9
		1.25	4	4	12	12
		1.5	5	5	15	15
11.2	22.4	1	3.8	3.8	11	11
		1.25	4.5	4.5	13	13
		1.5	5.6	5.6	16	16
		1.75	6	6	18	18
		2	8	8	24	24
		2.5	10	10	30	30

表 8-6 和表 8-7 是螺纹公差配合设计首先要使用的两个表，要选择确定螺纹公差带、公差等级，先要确定螺纹的精度级。按质量的优劣可分三种精度级，分别为精密级、中等级和粗糙级。精密级螺纹用于重要的连接，要求配合稳定可靠；中等级螺纹广泛用于一般的螺纹连接；粗糙级螺纹用于不重要的连接以及制造困难的场合，如较深的盲孔中的螺纹。螺纹的精度级确定之后，根据螺纹所需的旋合长度值（一般情况下采用中等旋合长度）从表 8-7 查得其旋合长度组别，按精度级和旋合长度组别查表 8-6 选定公差带。

内、外螺纹选用的公差带可任意组合，基本偏差 e、f 一般用于需涂镀保护层的螺纹镀前的设计，为了保证足够的接触高度，完工后内、外螺纹最好组成 H/g、H/h 或 G/h 的配合。H/h 配合最小间隙为零，较多情形采用此种配合。

8.3.3　普通螺纹配合的标记

普通螺纹副在装配图中的标记应把内、外螺纹的公差带代号（包括中径公差带代号与顶径公差带代号）写成配合形式，例如：

$$M10 \times 1 - 6H/5g6g - L$$

6H 表示内螺纹中径和小径的公差带（两者相同可省写一个），公差等级 6 级，基本偏差 H；5g、6g 分别表示外螺纹中径和大径的公差带。

若此普通螺纹副为左旋螺纹,则内螺纹完整的特征代号为 M10×1—6H—L—LH,其中 M10×1 表示普通螺纹,公称直径 10mm,螺距 1mm,LH 表示左旋螺纹,6H 是内螺纹中径及小径公差带(外螺纹为小写),L表示长旋合长度组(特殊要求可写数值)。若是粗牙螺纹不写出螺距,右旋不加说明,中等旋合长度 N 不标注,则最简化的代号是 M10—6H。

螺纹标记示例如图 8-9 所示。

几种典型的螺纹标记如表 8-8 所示。

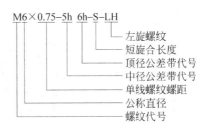

图 8-9　螺纹标记示例

表 8-8　几种典型螺纹标记示例

标记示例	含　义	螺纹代号及标准号
M8×1	公称直径为 8mm、螺距为 1mm 的单线细牙螺纹	普通螺纹(M)
M8	公称直径为 8mm、螺距为 1.25mm 的单线粗牙螺纹	GB/T 197—2003
M16×Ph3P1.5	公称直径为 16mm、螺距为 1.5mm、导程为 3mm 的双线螺纹	
M10×1—5g6g	中径公差带为 5g、顶径公差带为 6g 的外螺纹	
M10—6g	中径公差带和顶径公差带为 6g 的粗牙外螺纹	
M10×1—5H6H	中径公差带为 5H、顶径公差带为 6H 的内螺纹	
M10—6H	中径公差带和顶径公差带为 6H 的粗牙内螺纹	
M10	中径公差带和顶径公差带为 6H、中等公差精度的粗牙内螺纹或中径公差带和顶径公差带为 6g、中等公差精度的粗牙外螺纹或右旋螺纹(螺距、公差带代号、旋合长度代号和旋向代号被省略)或公差带为 6H 的内螺纹与公差带为 6g 的外螺纹组成配合(中等公差精度、粗牙)	
M20×2—6H/5g6g	公差带为 6H 的内螺纹与公差带为 5g6g 的外螺纹组成配合	
M20×2—5H—S	短旋合长度的内螺纹	
M6—7H/7g6g—L	长旋合长度的内、外螺纹组成的配合	
M8×1—LH	左旋螺纹(公差带代号和旋合长度代号被省略)	
M6×0.75—5h6h—S—LH	左旋、短旋合长度的细牙外螺纹	
M14×Ph6P2—7H—L—LH	左旋、长旋合长度的 3 线内螺纹(导程为 6mm、螺距为 2mm)	
B40×7—7H	中径公差带为 7H 的内螺纹(公称直径为 40mm、导程为 7mm)	标准锯齿形螺纹(B)
B40×7—7e	中径公差带为 7e 的外螺纹(公称直径为 40mm、导程为 7mm)	GB/T 13576.4—2008
B40×14(P7)LH—7e	中径公差带为 7e 的双线左旋外螺纹(公称直径为 40mm、导程为 14mm、螺距为 7mm)	
B40×7—7H/7e	公差带为 7H 的内螺纹与公差带为 7e 的外螺纹组成配合	
B40×14(P7)—7H/7e	公差带为 7H 的双线内螺纹与公差带为 7e 的双线外螺纹组成配合	

续表

标 记 示 例	含　　义	螺纹代号及标准号
Tr40×7—7H	中径公差带为 7H 的梯形内螺纹	梯形螺纹（Tr）
Tr40×7—7e	中径公差带为 7e 的梯形外螺纹	GB/T 5796.4—2005
Tr40×14(P7)LH—7e	中径公差带为 7e 的双线左旋梯形外螺纹	
Tr40×7—7H/7e—L	长旋合长度的配合螺纹	
Tr40×7—7e	中等旋合长度的外螺纹	
Tr40×7—7H/7e	公差带为 7H 的内螺纹与公差带为 7e 的外螺纹组成配合	
Tr40×14(P7)—7H/7e	公差带为 7H 的双线内螺纹与公差带为 7e 的双线外螺纹组成配合	
T55×12—6	公称直径 55mm、螺距 12mm、精度 6 级的右旋螺纹	机床梯形丝杠、螺母（T）
T55×12LH—6	公称直径 55mm、螺距 12mm、精度 6 级的左旋螺纹	GB/T 2886—2008
1/4-20UNC-2A	公称直径为 1/4in、每英寸 20 个牙数、公差带代号为 2A 的粗牙统一螺纹	统一螺纹（UN）
10-32 UNF-2A-LH	公称直径为 10in、每英寸 32 个牙数、公差带代号为 2A 的细牙左旋统一螺纹	GB/T 20666—2006
0.4375-20 UNRF-2A	基本大径为 0.4375in（公称直径为 7/16in）、每英寸 20 个牙数、公差带代号为 2A 的细牙统一螺纹	
2-12 UN-2A	公称直径为 2in、每英寸 12 个牙数、公差带代号为 2A 的恒定螺距统一螺纹	
Mc12×1	公差直径为 12mm、螺距为 1mm、标准型基准距离、右旋圆锥螺纹	米制密封螺纹
Mc20×1.5—S	公差直径为 12mm、螺距为 1mm、短型基准距离、右旋圆锥外螺纹	GB/T 1415—2008
Mc12×1—LH	公差直径为 12mm、螺距为 1mm、标准型基准距离、左旋圆锥螺纹	
Mp42×2—S	公差直径为 42mm、螺距为 2mm、短型基准距离、右旋圆柱内螺纹	
Mp/Mc20×1.5—S	公差直径为 20mm、螺距为 1.5mm、短型基准距离、右旋圆柱内螺纹与圆锥外螺纹副	
Rp3/4	尺寸代号为 3/4 的右旋圆柱内螺纹	55°密封管螺纹
Rp3/4 LH	尺寸代号为 3/4 的左旋圆柱内螺纹	GB/T 7306.1—2000
R_1 3	尺寸代号为 3 的右旋圆锥外螺纹（与圆柱内螺纹相配）	
Rp/R1 3	尺寸代号为 3 的右旋圆锥外螺纹与圆柱内螺纹所组成的螺纹副	
Rc3/4	尺寸代号为 3/4 的右旋圆锥内螺纹	GB/T 7306.2—2000
Rc3/4 LH	尺寸代号为 3/4 的左旋圆锥内螺纹	
R_2 3	尺寸代号为 3 的右旋圆锥外螺纹（与圆锥内螺纹相配）	
Rc/R_2 3	尺寸代号为 3 的右旋圆锥内螺纹与圆锥外螺纹所组成的螺纹副	55°密封管螺纹
G 3A	尺寸代号为 3 的 A 级右旋圆柱外螺纹	55°非密封管螺纹

标 记 示 例	含 义	螺纹代号及标准号
G 4B	尺寸代号为 4 的 B 级右旋圆柱外螺纹	GB/T 7307—2001
G 4B LH	尺寸代号为 4 的 B 级左旋圆柱外螺纹	
NPT 6	尺寸代号为 6 的右旋圆锥内螺纹或圆锥外螺纹	60°密封管螺纹
NPT 14—LH	尺寸代号为 14 O.D. 的左旋圆锥内螺纹或圆锥外螺纹	GB/T 12716—2011
NPSC 3/4	尺寸代号为 3/4 的右旋圆柱内螺纹	

8.3.4 普通螺纹的检测

大批量生产的螺纹,通常用螺纹量规检验,只要螺纹通规可旋合通过,止规不可旋进或仅少部分进入,则该螺纹合格。螺纹各单项参数可用工具显微镜测量,直径参数还可用螺纹千分尺或用三针法测量。普通螺纹对牙侧角偏差和螺距累积误差不作单独评价,而是把它们折算到中径中去得到作用中径,受到中径公差的控制,故最终只从中径、顶径方面给出合格性判断。

习 题

8-1 普通螺纹的基本几何参数有哪些?

8-2 影响螺纹互换性的主要因素有哪些? 对紧固螺纹来说,这些误差是怎样控制的?

8-3 为什么螺纹精度由螺纹公差带和螺纹旋合长度共同决定?

8-4 螺纹中径、单一中径和作用中径三者有何区别和联系?

8-5 紧固螺纹中径合格的判断原则是什么? 如单一中径在规定的范围内,能否说明该中径合格?

8-6 普通螺纹中径公差分几级? 内外螺纹有何不同? 常用的是多少级?

8-7 一对螺纹配合代号为 M16,试查表确定内外螺纹的基本中径、小径和大径的基本尺寸和极限偏差,并计算内外螺纹的基本中径、小径和大径的极限尺寸。

8-8 写出下列螺纹标注的含义:M20—6H;M20—6H—LH;M13—5H6H—L;

M30×1—6H/5g6g;Tr30×6—8H;T45×5—7。

8-9 有一螺纹在图纸上标记为 M12×1—6h,今测得单一中径 $d_{2S}=11.304$mm;顶径 $d=11.830$mm;螺距累积误差 $\Delta P_\Sigma=0.02$mm;牙侧角误差分别为 $\Delta\alpha_1=+25'$;$\Delta\alpha_2=-20'$;试判断该螺纹中径是否合格? 该螺纹零件是否合格? 为什么?

8-10 有一螺纹 M20—5h6h,加工后测得实际大径 $d=19.880$mm,单一中径 $d_{2S}=18.255$mm;螺距累积误差 $\Delta P_\Sigma=0.04$mm;牙侧角误差分别为 $\Delta\alpha_1=-35'$;$\Delta\alpha_2=-40'$;试判断该螺纹中径是否合格?

第 9 章

渐开线圆柱齿轮公差与检测

9.1 概　　述

在机电产品的传动装置中,齿轮传动的应用极为广泛,种类也很多。这种传动机构由齿轮副、轴、轴承及箱体(或支承座)等组成,其运转性能的好坏与齿轮的制造、安装精度以及支承部件的质量密切相关。

9.1.1 齿轮传动的实际使用要求

根据用途和工作条件的不同,对齿轮传动主要有以下 4 方面的使用要求。

1. 传递运动的准确性

从齿轮啮合原理可知,理论上在一对渐开线齿轮的传动过程中,两轮之间的传动比是恒定的,这时的传递运动是准确的。但实际上由于齿轮的制造和安装误差,从动轮在一转过程中,实际转角往往不同于理论转角,常产生转角误差,导致传递运动的不准确。要使齿轮副的传动误差尽可能小,必须要求齿轮在旋转一转范围内,齿轮副的传动比尽可能不变。

2. 传动的平稳性

传动的平稳性是指齿轮在转过一个齿距角的范围内,其最大转角误差应限制在一定范围内,使齿轮副瞬时传动比变化小,以保证传递运动的平稳性。

齿轮在传递运动过程中,由于受齿廓误差、齿距误差等影响,从一对轮齿过渡到另一对轮齿的齿距角的范围内,也存在着较小的转角误差,并且在齿轮一转中多次重复出现,导致一个齿距角内瞬时传动比也在变化。一个齿距角内瞬时传动比变化如果过大,将引起冲击、噪声和振动,严重时会损坏齿轮。因此要求齿轮在旋转一齿范围内,齿轮副的瞬时传动比变化小。

3. 载荷分布的均匀性

载荷分布的均匀性是指在轮齿啮合过程中,工作齿面沿全齿高和全齿长上保持均匀接触,并且接触面积尽可能的大。

齿轮在传递运动中,由于受各种误差的影响,齿轮的工作齿面不可能全部均匀接触。如载荷集中于局部齿面,将使齿面磨损加剧,甚至轮齿折断,严重影响齿轮使用寿命。可见,齿轮传动装置还要求轮齿在运转中齿面接触良好,使载荷均匀分布在齿面上,避免引起轮齿应力集中或造成局部磨损,从而使装置具有较高的承载能力和较长的使用寿命。

4. 传动侧隙

传动侧隙是指齿轮在运转过程中,主、从动齿轮的非工作齿面间所形成的间隙。齿轮副侧隙(见图 9-1)对储藏润滑油,补偿齿轮传动受力后的弹性变形和热变形,以及补偿齿轮及其传动装置的加工误差和安装误差都是必要的。但对于需要反转的齿轮传动装置,侧隙又不能太大,否则回程误差及冲击都较大。为保证齿轮副侧隙的合理性,可在几何要素方面,对齿厚和齿轮箱体孔中心距偏差加以控制。在非工作齿面间应留有合理的间隙,否则会出现卡死或烧伤现象。

齿轮在设计制造中,一般都应提出上述 4 个方面要求,但由于用途、工作条件以及侧重点的不同,合理确定齿轮的精度和侧隙要求是设计的关键。如:用于分度和读数齿轮传动,其特点是模数小、转速低、传递运动要精确,主要要求是传递运动的准确性;对于低速动力齿轮,如轧钢机、矿山机械以及起重机械使用的齿轮,其特点是功率大、速度低,对传动比要求并不高,主要要求是承受载荷的均匀性,即要求齿面接触良好;对于中速中载齿轮,如汽车、拖拉机等变速装置上所用的齿轮,其特点是圆周速度较高,传递功率较大,其主要要求是传动平

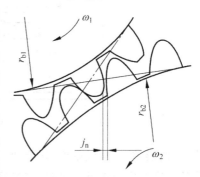

图 9-1　齿轮副的侧隙

稳、噪声及振动要小。另外,各类齿轮传动都应给定适当的侧隙,但对于正、反方向传递运动的齿轮机构以及读数齿轮传动,不仅要求传递运动要精确,而且还要求尽可能小的空回误差,因此对齿轮侧隙要控制到尽可能小。当然也有 4 个方面同等要求的,如燃气轮机等高速重载齿轮,对齿轮各方面精度均要求较高。

9.1.2　齿轮加工误差

齿轮的加工方法很多,按渐开线的形成原理可分为仿形法和范成法。按范成法加工齿轮,其轮齿的形成,是滚刀对齿坯周期性地连续滚切的结果,犹如齿条与齿轮的啮合运动,过程中把多余的材料去除,如果滚刀和齿坯的旋转运动没有严格地保持相对运动关系,则切出齿距和齿形将不准确。齿轮产生的这种误差将随转角的变化而发生周期性变化。

1. 齿轮加工误差的来源

如图 9-2 所示为滚齿机滚切加工齿轮的情形,加工时产生误差的主要因素有以下几个。

1) 几何偏心 e_1

几何偏心 e_1 是指由于齿坯定位孔与心轴外圆之间存在间隙,即图中齿坯定位孔的轴心线 O_1O_1 与机床工作台的回转轴心线 OO 不重合,产生的偏心 e_1。

当齿坯在机床上安装存在几何偏心 e_1 时,滚切出的齿轮,其齿圈上各齿到孔中心 O_1O_1 的距离是不等的,表现出齿距和齿厚不均匀,齿高不均匀。这样的齿轮按齿坯孔的中心线旋转时,使输出不匀速。这种传递运动的不准确,可认为是圆周切线方向的误差,故可把它称

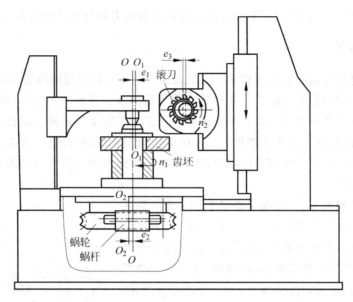

图 9-2　滚齿机滚切齿轮

为"切向误差"。也就是说，切齿加工时的径向误差，结果是造成完工齿轮的切向误差。当以齿轮基准孔定位进行测量时，在齿轮一转内产生周期性的齿圈径向跳动误差，同时齿距和齿厚也产生周期性变化。

有几何偏心 e_1 的齿轮装在传动机构中之后，就会引起每转为周期的速比变化，产生时快时慢的现象。对于齿坯基准孔较大的齿轮，为了消除此偏心带来的加工误差，工艺上有时采用液性塑料可胀心轴安装齿坯。设计上，为了避免由于几何偏心 e_1 带来的径向误差，齿轮基准孔和轴的配合一般采用过渡配合或过盈量不大的过盈配合。

2）运动偏心 e_2

运动偏心 e_2 是指由于分度蜗轮的轴心线 O_2O_2 与机床工作台的回转轴心线 OO 不重合，产生的偏心 e_2。运动偏心 e_2 的存在使齿坯相对于滚刀的转速不均匀，忽快忽慢，破坏了齿坯与刀具之间的正常滚切运动，而使被加工齿轮的齿廓在切线方向上产生了切向误差。

3）机床传动链的高频误差

加工直齿轮时，受分度传动链的传动误差（主要是分度蜗杆的径向跳动和轴向窜动）的影响，使蜗轮（齿坯）在一周范围内转速发生多次变化，加工出的齿轮产生齿距偏差、齿形误差。加工斜齿轮时，除了分度传动链误差外，还受差动传动链的传动误差的影响。

4）滚刀的安装误差和加工误差

滚刀的安装偏心 e_3 使被加工齿轮产生径向误差。滚刀刀架导轨或齿坯轴线相对于工作台旋转轴线的倾斜及轴向窜动，使滚刀的进刀方向与轮齿的理论方向不一致，直接造成齿面沿轴向方向歪斜，产生齿向误差。滚刀的加工误差主要指滚刀的径向跳动、轴向窜动和齿形角误差等，它们将使加工出来的齿轮产生基节偏差和齿形误差。

2. 齿轮加工误差对传动要求的影响

由几何偏心和运动偏心引起的误差都会影响齿轮传动的准确性，对于高速齿轮传动，也会影响到工作平稳性。

传动蜗杆和滚刀的转速比齿坯的转速高得多,它们所引起的误差在齿坯一转中多次重复出现,属于短周期误差,所以机床传动链的高频误差主要影响齿轮传动工作的平稳性。

滚齿加工时,若滚刀的轴向进刀方向与要求的理论方向不一致(如立柱导轨与工作台主轴轴线不平行),会使完工齿轮的轮齿在轴向方向上产生误差,影响齿面接触,破坏承载的均匀性;若滚刀径向进刀有误差会引起轮齿的齿厚偏差,影响齿轮副侧隙的大小。

此外,滚刀的齿形角误差会引起被加工齿轮的齿形角和基节等产生偏差,这些误差会影响齿轮传动的工作平稳性和载荷分布均匀性。

9.1.3　我国现行的齿轮精度标准

我国现行的齿轮精度国家标准有《圆柱齿轮　精度制　第 1 部分:轮齿同侧齿面偏差的定义和允许值》(GB/T 10095.1—2008)(等同 ISO 1328—1:1995,目前最新国际标准是 ISO 1328—1:2013)和《圆柱齿轮　精度制　第 2 部分:径向综合偏差与径向跳动的定义和允许值》(GB/T 10095.2—2008)(等同 ISO 1328—2:1997)。另外,还有 4 个国家标准化指导性文件,属于"圆柱齿轮检验实施规范",包括 4 个部分。第 1 部分:《轮齿同侧齿面的检测》(GB/Z 18620.1—2008)(等同 ISO/TR 10064—1:1992,目前最新国际标准是 ISO/TR 10064—1:2017);第 2 部分:《径向综合偏差、径向跳动、齿厚和侧隙的检验》(GB/Z 18620.2—2008)(等同 ISO/TR 10064—2:1996);第 3 部分:《齿轮坯、轴中心距和轴线平行度》(GB/Z 18620.3—2008)(等同 ISO/TR 10064—3:1996);第 4 部分:《表面结构和轮齿接触斑点的检验》(GB/Z 18620.4—2008)(等同 ISO/TR 10064—4:1998)。

这些国家标准规定了较多种类的误差评定项目,可分为如下几类:

(1) 控制传递运动准确性的齿轮转一周范围内的误差。

(2) 齿轮转一齿范围内的误差,它主要引起齿轮冲击振动、传动不平稳。

(3) 会使齿轮啮合时齿面接触不良的误差,其影响齿面载荷分布的均匀性。

(4) 会引起齿轮副的齿侧间隙变化的误差。

标准针对上述的每一类误差规定了多个公差项目,明确了评定的方法,还规定了齿轮副误差的评定指标。标准还作了公差等级和公差数值的规定,以供齿轮精度设计时使用。设计时应合理地提出精度和公差要求,并在齿轮加工和安装中得到控制,从而保证齿轮传动的互换性。

9.2　齿轮误差的评定指标及检测

9.2.1　影响传递运动准确性的误差评定指标及其检测

1. 切向综合总偏差 F_i'

被测齿轮与理想精确的测量齿轮单面啮合时,在被测齿轮一转内,齿轮分度圆上实际圆周位移与理论圆周位移的最大差值,称为切向综合总偏差(tangential composite deviation)F_i',以分度圆弧长计值(见图 9-3)。从定义可知,它反映齿轮一转中的转角误差,说明齿轮运动的不均匀性,在一转过程中,其转速忽快忽慢,其值是在特定条件下测量得到的最大转角误差。由于测量是在较接近于工作状况下连续进行的,故较为真实地反映工作时的误差状况,它综合反映了被测齿轮圆周切线方向甚至直径方向上的误差,是评定齿轮传递运动准确性较为理想的指标。

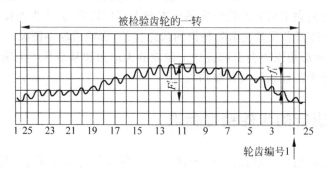

图 9-3   切向综合偏差

这项误差的测量要用到齿轮单面啮合误差检查仪,可直接画出误差曲线,计算得到相应的误差值。被测齿轮在适当的中心距下(有一定的侧隙)与测量齿轮单面啮合,同时要加上一轻微而足够的载荷。根据比较装置的不同,单啮仪可分为机械式、光栅式、磁分度式和地震仪式,等等。图 9-4 为光栅式单啮仪的工作原理图。它是由两光栅盘建立标准传动,被测齿轮与标准蜗杆单面啮合组成实际传动。仪器的传动链是:电动机通过传动系统带动标准蜗杆和圆光栅盘 I 转动,标准蜗杆带动被测齿轮及其同轴上的圆光栅盘 II 转动。

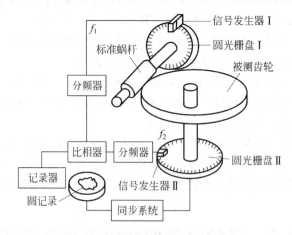

图 9-4   光栅式单啮仪工作原理图

圆光栅盘 I 和圆光栅盘 II 分别通过信号发生器 I 和信号发生器 II 将标准蜗杆和被测齿轮的角位移转变成电信号,并根据标准蜗杆的头数 K 及被测齿轮的齿数 z,通过分频器将高频电信号 f_1 作 z 分频,低频电信号 f_2 作 K 分频,于是将圆光栅盘 I 和圆光栅盘 II 发出的脉冲信号变为同频信号。

当被测齿轮有误差时将引起被测齿轮的回转角误差,此回转角的微小角位移误差变为两电信号的相位差,两电信号输入比相器进行比相后输出,再输入电子记录器记录,便可得出被测齿轮误差曲线,最后根据定标值读出误差值。

2. 齿距累积总偏差 F_p

齿距累积偏差 F_{pk} 是指在端平面上，在接近齿高中部的与齿轮轴线同心的圆上，任意 k 个齿距的实际弧长与理论弧长的代数差，如图 9-5 所示。理论上，它等于这 k 个齿距的各单个齿距偏差的代数和。除另有规定，齿距累积偏差 F_{pk} 值被限定在不大于 1/8 的圆周上评定。因此，F_{pk} 的允许值适用于齿距数 k 为 2 到小于 $z/8$ 的弧段内。通常，F_{pk} 取 $k=z/8$ 就足够了，如果对于特殊的应用（如高速齿轮）还须检验较小弧段，并规定相应的 k 值。

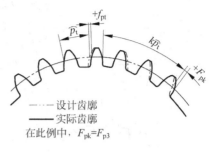

—–— 设计齿廓
——— 实际齿廓
在此例中，$F_{pk}=F_{p3}$

图 9-5　齿距偏差与齿距累积偏差

齿距累积总偏差（total accumulative deviation） F_p 是指齿轮同侧齿面任意弧段（$k=1\sim z$）内的最大齿距累积偏差，它表现为齿距累积偏差曲线的总幅值，如图 9-6 所示。

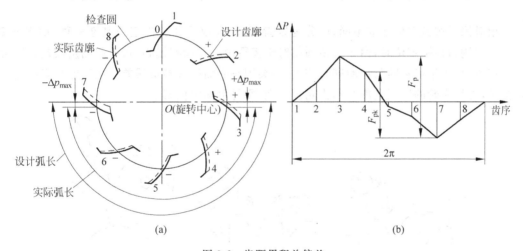

(a)　　　　　　　　　　　　(b)

图 9-6　齿距累积总偏差

齿距累积总偏差能反映齿轮一转中偏心误差引起的转角误差，故齿距累积总误差可代替切向综合总偏差 F_i' 作为评定齿轮传递运动准确性的项目。但齿距累积总偏差只是有限点的误差，而切向综合总偏差可反映齿轮每瞬间传动比变化。显然，齿距累积总偏差在反映齿轮传递运动准确性时不及切向综合总偏差那样全面。因此，齿距累积总偏差仅作为切向综合总偏差的代用指标。

齿距累积总偏差和齿距累积偏差的测量可分为绝对测量和相对测量。其中，以相对测量应用最广，中等模数的齿轮多采用这种方法。测量仪器有齿距仪（可测 7 级精度以下齿轮，如图 9-7 所示）和万能测齿仪（可测 4~6 级精度齿轮，如图 9-8 所示）。这种相对测量是以齿轮上任意一齿距为基准，把仪器指示表调整为零，然后依次测出其余各齿距相对于基准齿距之差，称为相对齿距偏差。然后将相对齿距偏差逐个累加，计算出最终累加值的平均值，并将平均值的相反数与各相对齿距偏差相加，获得绝对齿距偏差（实际齿距相对于理论齿距之差）。最后再将绝对齿距偏差累加，累加值中的最大值与最小值之差即为被测齿轮的齿距累积总偏差。k 个绝对齿距偏差的代数和则是 k 个齿距的齿距累积偏差。

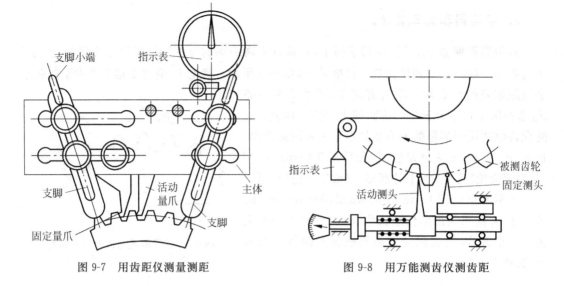

图 9-7 用齿距仪测量测距   图 9-8 用万能测齿仪测齿距

　　相对测量按其定位基准不同,可分为以齿顶圆、齿根圆和孔为定位基准三种,如图 9-9 所示。采用齿顶圆定位时,由于齿顶圆相对于齿圈中心可能有偏心,将引起测量误差。用齿根圆定位时,由于齿根圆与齿圈同时切出,不会因偏心而引起测量误差。在万能测齿仪上进行测量,可用齿轮的装配基准孔作为测量基准,则可免除定位误差。

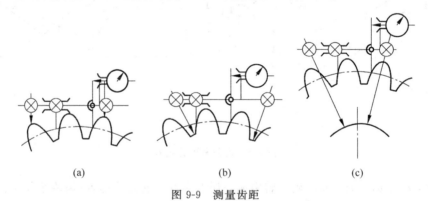

                (a)   (b)   (c)

图 9-9 测量齿距
(a) 以齿顶圆为定位基准;(b) 以齿根圆为定位基准;(c) 以孔为定位基准

　　齿距累积误差与切向综合误差同是一项综合性的误差指标,但切向综合误差是连续地测量齿面上所有点的齿距误差,能全面地反映误差情况。齿距累积误差仅是在测量条件受到限制时才使用的代用指标。

3. 径向综合总偏差 F_i''

　　产品齿轮与理想精确的测量齿轮双面啮合时,在产品齿轮一转内,双啮中心距的最大变动量称为径向综合总偏差。径向综合总偏差是在齿轮双面啮合综合检查仪上进行测量的,该仪器如图 9-10 所示。将被测齿轮与基准齿轮分别安装在双面啮合检查仪的两平行心轴上,在弹簧作用下,两齿轮作紧密无侧隙的双面啮合。使被测齿轮回转一周,被测齿轮一转中指示表的最大读数差值(即双啮中心距的总变动量)即为被测齿轮的径向综合总偏差

(radial composition deviation)F_i'',也可用记录装置画出中心距变动曲线,如图 9-11 所示。由于其中心距变动主要反映径向误差,也就是说径向综合总偏差 F_i'' 主要反映径向误差,它可代替径向跳动 F_r,并且可综合反映齿形、齿厚均匀性等误差在径向上的影响。

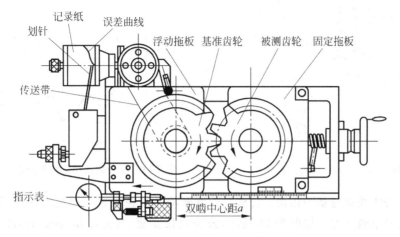

图 9-10　齿轮双面啮合综合检测仪测量

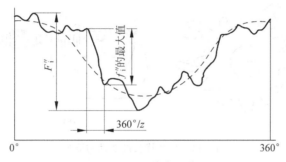

图 9-11　径向综合总偏差

径向综合总偏差反映齿轮在一转范围内的径向误差,主要影响运动准确性。

4. 径向跳动 F_r

径向跳动(teeth radial run-out)F_r 是指测头(球形、圆柱或砧形)相继置于齿槽内时,从它到齿轮轴线的最大和最小径向距离之差。在齿轮一转范围内,测量头在齿槽内,与齿高中部双面接触,测量头相对于齿轮轴线的最大变动量,如图 9-12 所示。检查时,测头在近似齿高中部,与左右齿面同时接触。如图 9-13 所示为径向跳动测量结果的图例,图中齿轮偏心量是径向跳动的一部分。

径向跳动也是反映齿轮径向性质的误差指标,与径向综合总偏差的性质相似。但两者有一定区别,径向跳动 F_r 仅在齿高中部一点上作测量,而径向综合总偏差 F_i'' 则在被测齿轮一转过程中,对齿面上所有啮合点作连续测量。因此,对同一齿轮测量,两者数值会不相同。所以,如果检测了径向综合总偏差 F_i'',就不用再检测径向跳动 F_r。

5. 公法线长度变动 ΔF_W

渐开线圆柱齿轮的公法线长度 W 是指跨越 k 个齿的两异侧齿廓的平行切线间的距离,

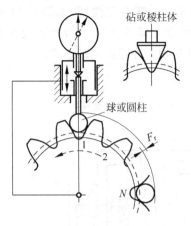

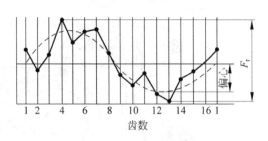

图 9-12   径向跳动的测量

图 9-13   径向跳动测量结果图例

理想状态下公法线应与基圆相切。公法线长度变动是指在齿轮一周范围内,实际公法线长度最大值与最小值之差。如图 9-14 所示,公法线长度变动(base tangent length variation)$\Delta F_{\mathrm{W}} = W_{\max} - W_{\min}$。GB/T 10095.1—2008 和 GB/T 10095.2—2008 均无此定义。

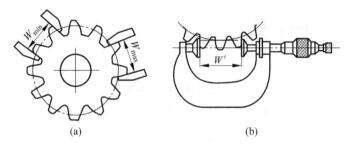

(a)   (b)

图 9-14   公法线长度变动的测量

公法线长度变动反映了齿轮机床上齿坯旋转机构传动误差的影响,而导致的齿廓在切线方向上产生的位置误差,可作为影响传递运动准确性的评定指标。

公法线长度变动 ΔF_{W} 可用齿轮公法线千分尺测量,按选得的跨齿数测得齿轮一圈内所有的公法线长度值,取得最大值与最小值的差值就为这一误差。若被测齿轮轮齿分布疏密不均,则实际公法线的长度就会有变动。但公法线长度变动的测量不以齿轮基准孔轴线为基准,它反映齿轮加工时的切向误差,不能反映齿轮的径向误差,可作为影响传递运动准确性指标中属于切向性质的单项性指标。

综上所述,影响传递运动准确性的误差,为齿轮一转中出现一次的长周期误差,主要包括径向误差和切向误差。评定传递运动准确性的指标中,能同时反映径向误差和切向误差的综合性指标有:切向综合总偏差 F_{i}'、齿距累积总偏差 F_{p}(齿距累积偏差 F_{pk});只反映径向误差或切向误差两者之一的单项指标有:径向跳动 F_{r}、径向综合总偏差 F_{i}'' 和公法线长度变动 ΔF_{W}。使用时,可选用一个综合性指标,也可选用两个单项性指标的组合(径向指标与切向指标各选一个)来评定,才能全面反映对传递运动准确性的影响。此外,组合指标中若有一项超差,还不能立即判定齿轮不合格,还应增加检测 F_{p},以此为最终判定指标。

9.2.2　影响传动平稳性的误差评定指标及其检测

1. 一齿切向综合偏差及公差 f_i'

一齿切向综合偏差是指被测齿轮与理想精确的测量齿轮单面啮合时,在被测齿轮一个齿距角内,实际转角与设计转角之差的最大幅度值,以分度圆弧长计值。它是如图 9-3 所示的小波纹的变化幅度。

在大多数情况下,直齿圆柱齿轮的切向综合误差曲线上的小波纹数等于被测齿轮的齿数,即其波纹波长为齿轮的一个齿距角,这种小波纹的幅度正是这一转角误差。由于其出现频率较高,所以主要影响传动平稳性。该误差同样要用齿轮单面啮合误差检查仪测量,数值可与切向综合总偏差 F_i' 同时获得。虽然 F_i' 和 f_i' 是评价齿轮运动准确性和平稳性的最佳综合指标,但标准规定,它们不是必检项目。

2. 一齿径向综合偏差 f_i''

一齿径向综合偏差 f_i'' 是指被测齿轮与理想精确的测量齿轮双面啮合时,在被测齿轮一齿距角内,双啮中心距的最大变动量,如图 9-11 所示。在径向综合误差曲线上,小波纹中的最大幅度值即是 f_i'',它反映了基圆齿距偏差和齿形误差的综合结果,但该误差值会受非工作齿面误差的影响,与实际工作情况有偏离。它是在测量 F_i'' 的同时测出的,反映齿轮的小周期径向的误差,主要影响运动平稳性,但不如用一齿切向综合偏差 f_i' 客观。

这项误差同样要用齿轮双面啮合误差检查仪测量获得。

3. 齿廓偏差

齿廓偏差(tooth profile deviation)是指实际齿廓偏离设计齿廓的偏离量,该量在端平面内且垂直于渐开线齿廓的方向计值。在 GB/T 10095—2008 标准中已用齿廓偏差代替齿形偏差的控制。

1) 齿廓总偏差 F_α

齿廓总偏差是指在计值范围 L_α 内,包容实际齿廓迹线的两条设计齿廓迹线间的距离,如图 9-15 所示。

图 9-16 为齿廓图,它是由齿轮齿廓检查仪在纸上画出的齿廓偏差曲线。图中,L_{AF} 为可用长度,L_{AE} 为有效长度,L_α 为计值范围,L_α 为 L_{AE} 的 92%,图中 F、E、A 分别与图 9-16 中的 1、2、3 点对应。图 9-16(a)为齿廓总偏差。

2) 齿廓形状偏差 $f_{f\alpha}$

齿廓形状偏差是指在计值范围 L_α 内,包容实际齿廓迹线的两条与平均齿廓迹线完全相同的曲线间的距离,且两条曲线与平均齿廓迹线的距离为常数,如图 9-16(b)所示。平均齿廓迹线是实际齿廓迹线对该迹线的偏差的平方和为最小的一条迹线,可以用最小二乘法求得。

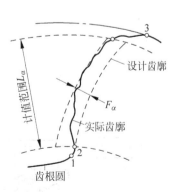

图 9-15　齿廓与齿廓总偏差
1—齿根圆角或挖根的起点;
2—相配齿轮的齿顶圆;
3—齿顶、齿顶倒棱或齿顶

3）齿廓倾斜偏差 $f_{H\alpha}$

齿廓倾斜偏差是指在计值范围 L_α 内,两端与平均齿廓迹线相交的两条齿廓迹线间的距离,如图 9-16(c)所示。

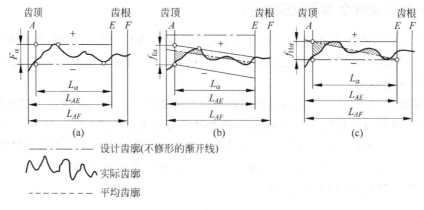

图 9-16　齿廓图与齿廓偏差

　　齿廓偏差主要影响运动平稳性,这是因为齿廓偏差的存在,造成啮合接触点的偏离,从而引起瞬时传动比的变化。这种接触点偏离啮合线的现象在一对齿轮啮合转齿过程中会多次发生,其结果使齿轮一转内的传动比发生了高频率、小幅度的周期性变化,产生振动和噪声,从而影响齿轮运动的平稳性。齿廓偏差必须与揭示换齿性质的单项性指标组合,才能评定齿轮传动平稳性。同时,标准中规定齿廓形状偏差和齿廓倾斜偏差不是必检项目。

　　齿廓偏差常用采用展成法的专用单圆盘渐开线检查仪进行测量,其原理如图 9-17 所示。以被测齿轮回转轴线为基准,通过和被测齿轮同轴的基圆盘在直尺上纯滚动,形成理论的渐开线轨迹,实际齿廓线与设计渐开线轨迹进行比较,其差值通过传感器和记录器画出齿廓偏差曲线,在该曲线上按偏差定义确定齿廓偏差。图 9-18 所示为单圆盘渐开线检查仪的工作原理图。

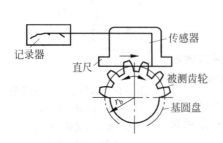

图 9-17　齿廓展成法测量原理

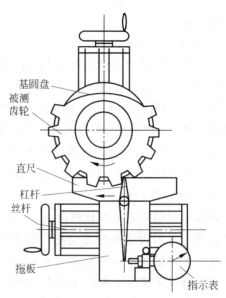

图 9-18　单圆盘渐开线检查仪的工作原理

4. 基圆齿距偏差 f_{pb}

基圆齿距偏差 f_{pb} 是指实际基节与公称基节之差，它主要是由刀具的基节偏差和齿形角误差造成的。实际基节是指基圆柱切平面与两相邻同侧齿面相交，两交线之间的法向距离。基圆齿距偏差的存在会引起传动比的瞬时变化，即从上一对轮齿换到下一对轮齿啮合的瞬间发生碰撞、冲击，影响传动的平稳性。GB/T 10059.1 中没有规定基圆齿距偏差 f_{pb}，而在 GB/Z 18620.1—2008 中给出了这个检测参数。它可作为评定齿轮传动平稳性中属于换齿性质的单项指标，必须与反映转齿性质的单项指标组合，才能评定齿轮传动平稳性。

这项误差的测量用到齿轮基节误差检查仪，可测量模数为 2～16mm 的齿轮，如图 9-19 所示。活动量爪的另一端经杠杆系统和与指示表相连，旋转微动螺杆可调节固定量爪的位置。利用仪器附件（如组合量块），按被测齿轮基节的公称值 P_b 调节活动量爪与固定量爪之间的距离，并使指示表对零。测量时，将固定量爪和辅助支脚插入相邻齿槽（见图 9-19(b)），利用螺杆调节支脚的位置，使它们与齿廓接触，借以保持测量时量爪的位置稳定。摆动检查仪，两相邻同侧齿廓间的最短距离即为实际基节（指示表指示出实际基节对公称基节之差）。在相隔 120°处对左右齿廓进行测量，取所有读数中绝对值最大的数作为被测齿轮的基圆齿距偏差 f_{pb}。

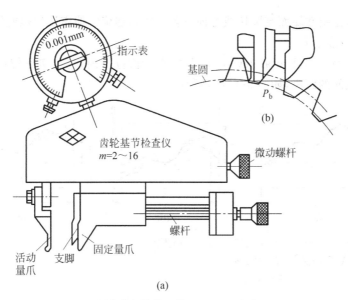

图 9-19　齿轮基节检查仪

5. 单个齿距偏差 f_{pt}

单个齿距偏差 f_{pt} 是指在端平面上，在接近齿高中部的一个与齿轮轴线同心的圆上，实际齿距与理论齿距的代数差，如图 9-20 所示。它是 GB/T 10095.1—2008 规定的评定齿轮几何精度的基本参数，主要影响运动平稳性。

单个齿距偏差在某种程度上反映基圆齿距偏差 f_{pb} 或齿廓形状偏差 $f_{f\alpha}$ 对齿轮传动平稳性的影响。故单个齿距偏差 f_{pt} 可作为齿轮传动平稳性中的单项性指标。

单个齿距偏差也用齿距检查仪测量,在测量齿距累积总偏差的同时,可得到单个齿距偏差值。用相对法测量时,理论齿距是指在某一测量圆周上对各齿测量得到的所有实际齿距的平均值。在测得的各个齿距偏差中,可能出现正值或负值,以其最大数字的正值或负值作为该齿轮的单个齿距偏差值。

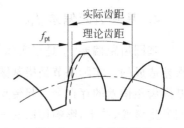

图 9-20　单个齿距偏差

综上所述,影响齿轮传动平稳性的误差,为齿轮一转中多次重复出现的短周期误差,主要包括转齿误差和换齿误差。评定传递运动平稳性的指标中,能同时反映转齿误差和换齿误差的综合性指标有:一齿切向综合偏差 f_i'、一齿径向综合偏差 f_i'';只反映转齿误差或换齿误差两者之一的单项指标有:齿廓偏差、基圆齿距偏差 f_{pb} 和单个齿距偏差 f_{pt}。使用时,可选用一个综合性指标,也可选用两个单项性指标的组合(转齿指标与换齿指标各选一个)来评定,才能全面反映对传递运动平稳性的影响。

9.2.3　影响载荷分布均匀性的误差评定指标及其检测

螺旋线偏差是指在端面基圆切线方向测得的实际螺旋线偏离设计螺旋线的量。

1) 螺旋线总偏差 F_β

螺旋线总偏差(spiral total deviation)是指在计值范围内,包容实际螺旋线迹线的两条设计螺旋线迹线间的距离,如图 9-21(a)所示。

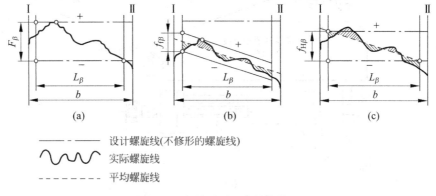

(a)　　　　　　　　　(b)　　　　　　　　　(c)

——— · ——— 设计螺旋线(不修形的螺旋线)
〜〜〜〜〜 实际螺旋线
- - - - - - - 平均螺旋线

图 9-21　螺旋形图和螺旋线偏差

图 9-21 为螺旋线图,它是由螺旋线检查仪在纸上画出来的。设计螺旋线可以是未修型的直线(直齿)或螺旋线(斜齿),它们在螺旋线图上均为直线,也可以是鼓形、齿端减薄等修型的螺旋线,它们在螺旋线图上为适当的曲线。螺旋线偏差的计值范围 L_β 是指在轮齿两端处,各减去下面两个数值中较小的一个后的迹线长度,即 5% 的齿宽或等于一个模数的长度。

2) 螺旋线形状偏差 $f_{f\beta}$

螺旋线形状偏差(form deviation of spiral)是指在计值范围内,包容实际螺旋线迹线的两条与平均螺旋线迹线完全相同的曲线间的距离,且两条曲线与平均螺旋线迹线的距离为常数,如图 9-21(b)所示。平均螺旋线迹线是实际螺旋线对该迹线的偏差的平方和为最小,因此可用最小二乘法求得。

3) 螺旋线倾斜偏差 $f_{H\beta}$

螺旋线倾斜偏差(angle deviation of spiral)是指在计值范围的两端与平均螺旋线迹线相交的设计螺旋线迹线间的距离,如图 9-21(c)所示。

螺旋线偏差反映了轮齿在齿向方面的误差,是评定载荷分布均匀性的单项指标。标准规定,$f_{f\beta}$ 和 $f_{H\beta}$ 不是必检项目。

螺旋线总偏差的测量方法有展成法和坐标法。展成法的测量仪器有单盘式渐开线螺旋检查仪、分级圆盘式渐开线螺旋检查仪、杠杆圆盘式通用渐开线螺旋检查仪以及导程仪等。坐标法的测量仪器有螺旋线样板检查仪、齿轮测量中心以及三坐标测量机等。图 9-22 是螺旋线总偏差展成法的测量原理图。以被测齿轮回转轴线为基准,通过精密传动机构实现被测齿轮回转和测头沿轴向移动,以形成理论的螺旋线轨迹。实际螺旋线与设计螺旋线轨迹进行比较,其差值输入记录器绘出螺旋线偏差曲线,在该曲线上按定义确定螺旋线偏差。

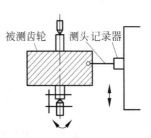

图 9-22　螺旋线总偏差展
成法的测量原理

9.2.4　影响齿轮副侧隙的误差评定指标及其检测

按理论中心距安装的齿轮副,为保证必要的齿侧侧隙,可将传动齿轮的齿厚减薄。控制及评定齿厚减薄量,可用以下两个指标。

1. 齿厚偏差 f_{sn}

齿厚偏差 f_{sn} 是指在齿轮的分度圆柱面上,齿厚的实际值与公称值之差(对于斜齿轮,指法向齿厚),如图 9-23 所示。为了获得适当的齿轮副侧隙,规定用齿厚的极限偏差来限制实际齿厚偏差,即 $E_{sni} < f_{sn} < E_{sns}$。一般情况下,$E_{sns}$ 和 E_{sni} 分别为齿厚的上下偏差,且均为负值。该评定指标由 GB/Z 18620.2—2008 推荐。

齿厚偏差是反映齿轮副侧隙要求的一项单项性指标,实质为分度圆弧齿厚的偏差,即应沿分度圆进行测量。但由于弧长难以直接测量,故实际测量为分度圆弦齿厚。图 9-24 是用齿厚游标卡尺测量分度圆弦齿厚的情况。测量时,以齿顶圆作为测量基准,通过调整纵向游标卡尺来确定分度圆的高度 h;再从横向游标尺上读出分度圆弦齿厚的实际值 S_a。

由于用齿厚游标卡尺测量时,对测量技术要求高,测量精度受齿顶圆误差的影响,测量精度不高,故它仅用在公法线千分尺不能测量齿厚的场合,如大螺旋角斜齿轮、锥齿轮、大模数齿轮等。测量精度要求高时,分度圆高度 h 应根据齿顶圆实际直径进行修正。

2. 公法线长度偏差

公法线长度偏差是指在齿轮一转范围内,实际公法线长度 $W_{kactual}$ 与公称公法线长度 W_{kthe} 之差。该评定指标由 GB/Z 18620.2—2008 推荐。

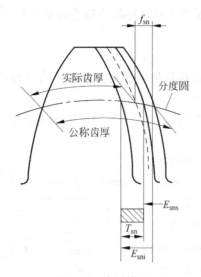

图 9-23 齿厚偏差

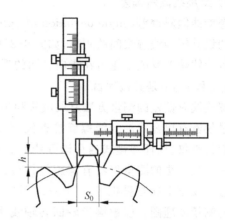

图 9-24 齿厚偏差的测量

公法线长度偏差是齿厚偏差的函数,能反映齿轮副侧隙的大小,可规定极限偏差(上偏差 E_{bns}、下偏差 E_{bni})来控制公法线长度偏差。如图 9-14(b)所示,可用齿轮公法线千分尺测量,按选得的跨齿数测得齿轮一圈内所有的公法线长度值,它们的平均值与该跨齿数的理论公法线长度的差值就为这一偏差。

公法线平均长度偏差与公法线长度变动 ΔF_w 有很大区别:

(1)公法线长度变动量大,表明公法线有长有短相差大,轮齿分布的均匀性差,故影响传递运动准确性。

(2)公法线平均长度偏差可反映轮齿的厚薄。比如,当公法线平均长度值比公称公法线小时,表明该齿轮的实际公法线偏小和齿厚偏小。这是因为齿圈上各齿距相连具有封闭性,齿距偏差的平均值为零,所以公法线平均长度偏差与齿距误差无关系,只能是齿厚薄了的原因。同时,为保证啮合时具有一定的齿侧间隙,一般要求公法线平均长度偏差为负偏差。

9.3 齿轮副误差的评定指标及其检测

前面所介绍的是单个齿轮的加工误差以及相应的评定指标,实际上,齿轮副的安装误差也会对齿轮传动造成影响,因此必须有相应的技术指标对其误差加以控制。GB/Z 18620—2008 规定了相应的检测参数。

1. 中心距偏差

中心距偏差 f_a 是指在齿轮副的齿宽中间平面内,实际中心距与公称中心距之差。标准齿轮的公称中心距 $a=\dfrac{m_n}{2}(z_1+z_2)/\cos\beta$。该评定指标由 GB/Z 18620.3—2008 推荐。

中心距偏差主要影响齿轮副的齿侧间隙。当实际中心距小于公称(设计)中心距时,会使侧隙减小;反之,会使侧隙增大。其允许值(极限偏差)的确定要考虑很多因素,如齿轮是否经常反转、齿轮所承受的载荷是否常反向、工作温度、对运动准确性要求的程度等。国家标准没有对中心距的极限偏差作出规定,设计时可参考成熟同类产品的设计,也可参考表 9-1。

表 9-1 中心距极限偏差±f_a

齿轮精度等级	1~2	3~4	5~6	7~8	9~10	11~12
f_a	0.5IT4	0.5IT6	0.5IT7	0.5IT8	0.5IT9	0.5IT11

2. 轴线平行度偏差

轴线平行度偏差有 $f_{\Sigma\beta}$ 和 $f_{\Sigma\delta}$,$f_{\Sigma\delta}$ 是指一对齿轮的轴线在轴线平面内的平行度偏差。轴线平面是用两轴距中较长的一个 L 和另一根轴上的一个轴承来确定的,如图 9-25 所示。

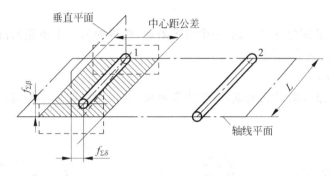

图 9-25 轴线平行度偏差

$f_{\Sigma\beta}$ 是指一对齿轮的轴线在垂直平面内的平行度偏差,如图 9-25 所示。

由于齿轮轴要通过轴承安装在箱体或其他构件上,所以轴线的平行度误差与轴承的跨距 L 有关。一对齿轮副的轴线若产生平行度误差,必然会影响齿面的正常接触,使载荷分布不均匀,同时还会使侧隙在全齿宽上大小不等。因此,$f_{\Sigma\beta}$ 和 $f_{\Sigma\delta}$ 主要影响齿轮副的侧隙和载荷均匀性,而且 $f_{\Sigma\beta}$ 的影响更为敏感,所以指导性文件中推荐它们的最大允许值为

$$f_{\Sigma\beta} = 0.5\left(\frac{L}{b}\right)F_{\beta}$$

$$f_{\Sigma\delta} = 2f_{\Sigma\beta}$$

式中,b 为齿宽。

3. 轮齿接触斑点

接触斑点是指装配好(在箱体内或啮合试验台上)的齿轮副,在轻微制动下运转后齿面的接触痕迹,是齿面接触精度的综合评定指标。它是根据接触痕迹的状况,在齿面展开图上用百分数计算,如图 9-26 所示。沿齿长方向:接触痕迹的长度 b''(扣除超过模数值的断开部分 c)与工作长度 b' 之比的百分数,即:$[(b''-c)/b']\times$

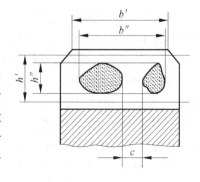

图 9-26 接触斑点

100%。沿齿高方向：接触痕迹的平均高度 h'' 与工作高度 h' 之比的百分数，即 $(h''/h') \times 100\%$。

产品齿轮副在其箱体内所产生的接触斑点的大小反映了载荷分布的均匀性。产品齿轮在啮合试验台上与测量齿轮的接触斑点可反映齿廓和螺旋线偏差（主要用于大齿轮不能装在现有检查仪或工作现场没有其他检查仪可用的场合）。接触斑点是为了保证齿轮副的接触精度或承载能力而提出的一个特殊的检验项目。设计时，给定齿长方向与高度方向的两个百分数。

它的检验，对较大的齿轮副，一般在安装好的齿轮传动装置中检验，对于成批生产的机器中的中小齿轮，允许在专用啮合机上与精确齿轮啮合检验。

GB/Z 18620.4—2008 给出了圆柱齿轮各精度等级的接触斑点的允许值。

4. 齿轮副的侧隙

齿轮副的侧隙可分为圆周侧隙 j_{wt} 和法向侧隙 j_{bn} 两种。

1）圆周侧隙 j_{wt}

圆周侧隙是指装配好的齿轮副，一个齿轮固定，测得的另一个齿轮的圆周晃动量，以分度圆弧长计值，如图 9-27 所示。

2）法向侧隙 j_{bn}

法向侧隙是指装配好的齿轮副，当工作齿面接触时，测得的非工作齿面间的最小距离，如图 9-28 所示。

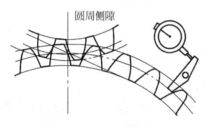

图 9-27　齿轮副圆周侧隙

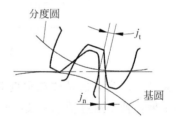

图 9-28　齿轮副的法向侧隙

圆周侧隙可用指示表测量，法向侧隙可用塞尺测量。圆周侧隙 j_{wt} 与法向侧隙 j_{bn} 的关系为：$j_{bn} = j_{wt}\cos\beta_b\cos\alpha_n$，式中 β_b 为基圆螺旋角，α_n 为分度圆法面压力角。

5. 其他相关参数

该部分参数包括齿轮副的切向综合总偏差 F'_{ic} 和齿轮副的一齿切向综合总偏差 f'_{ic}。两个参数在 GB/T 10059—2008 和 4 个指导性文件中没有规定。

1）齿轮副的切向综合总偏差 F'_{ic}

齿轮副的切向综合总偏差是指按设计中心距安装好的齿轮副，在啮合转动足够多的转数内，一个齿轮相对于另一个齿轮的实际转角与公称转角之差的总幅度值，以分度圆弧长计值。一对工作齿轮的切向综合总偏差等于两齿轮的切向综合总偏差 F'_i 之和，它是评定齿轮副的传递运动准确性的指标。对于分度传动链用的精密齿轮副，它是重要的评定指标。

2）齿轮副的一齿切向综合总偏差 f'_{ic}

齿轮副的一齿切向综合偏差是指安装好的齿轮副，在啮合转动足够多的转数内，一个齿轮相对于另一个齿轮,在一个齿距角内的实际转角与公称转角之差的最大幅度值,以分度圆弧长计值。也就是齿轮副的切向综合总偏差记录曲线上的小波纹的最大幅度值。齿轮副的一齿切向综合偏差是评定齿轮副传递平稳性的直接指标。对于高速传动用齿轮副,它是重要的评定指标,对动载系数、噪声、振动有着重要影响。

9.4　齿轮精度标准及其应用实例

9.4.1　渐开线圆柱齿轮精度

1. 精度等级

《圆柱齿轮　精度制》(GB/T 10095.1—2008)标准对轮齿同侧齿面的 11 项偏差规定了 13 个精度等级,即 0、1、2、…、12 级。其中,0 级最高、12 级最低,适用于分度圆直径 5～10000mm、法向模数 0.5～70mm、齿宽 4～1000mm 的渐开线圆柱齿轮。

《圆柱齿轮　精度制》(GB/T 10095.2—2008)标准对径向综合总偏差 F_i'' 和一齿径向综合偏差 f_i'' 规定了 4、5、…、12 共 9 个精度等级,其中 4 级最高、12 级最低。使用的尺寸范围:分度圆直径 5～1000mm、法向模数 0.2～10mm。

0～2 级精度的齿轮要求非常高,我国目前的制造水平和测量条件尚未达到,属于有待发展的精度等级。其余的精度大致分为三类:3～5 级为高精度等级;6～8 级为中等精度等级;9～12 级为低精度等级。5 级精度是确定齿轮各项允许值计算式的基础级。

2. 精度等级的选用

齿轮的精度等级选用的主要依据是齿轮传动的用途、使用条件及对它的技术要求,即要考虑传递运动的精度、齿轮的圆周速度、传递的功率、工作持续时间、振动与噪声、润滑条件、使用寿命及生产成本等的要求,同时还要考虑工艺的可能性和经济性。

确定齿轮精度等级目前多采用类比法,即根据齿轮的用途、使用要求和工作条件,查阅有关参考资料,参照经过实践验证的类似产品的精度进行选用。

计算法是根据运动精度要求,按误差传递规律,计算出齿轮一转中允许的最大转角误差,然后再根据工作条件或根据圆周速度或噪声强度要求确定齿轮的精度等级。

在进行类比选择时,应注意以下问题:

(1) 了解各级精度应用的大体情况,如表 9-2、表 9-3 所示。

(2) 根据使用要求,轮齿同侧齿面各项偏差的精度等级可以相同,也可以不同。

(3) 径向综合总偏差 F_i''、一齿径向综合偏差 f_i'' 及径向跳动 F_r 的精度等级应相同,但它们与轮齿同侧齿面偏差的精度等级可以相同,也可以不相同。

3. 单个齿轮各项偏差的允许值

GB/T 10059.1—2008 和 GB/T 10059.2—2008 对单个齿轮的 14 项偏差允许值列出了

表 9-2   部分机械采用的齿轮精度等级

应 用 范 围	精 度 等 级	应 用 范 围	精 度 等 级
单啮仪、双啮仪	2～5	载重汽车	6～9
轮减速器	3～5	通用减速器	6～9
金属切削机床	3～8	轧钢机	5～10
航空发动机	4～7	矿用绞车	6～10
内燃机	5～8	起重机	6～9
轻型汽车	5～8	拖拉机	6～10

表 9-3   圆柱齿轮精度等级的适用范围

精度等级	圆周速度/(m/s)		工作条件及应用范围	切 齿 方 法
	直齿	斜齿		
3	>40	>75	用于特别精密的分度机构或在最平稳且无噪声的极高速下工作的齿轮传动中的齿轮;特别是精密机构中的齿轮、高速传动的齿轮(透平传动);检测 5、6 级的测量齿轮	在周期误差特小的精密机床上用展成法加工
4	>35	>70	用于特别精密的分度机构或在最平稳且无噪声的极高速下工作的齿轮传动中的齿轮;特别是精密机构中的齿轮、高速透平传动的齿轮;检测 7 级的测量齿轮	在周期误差极小的精密机床上用展成法加工
5	>20	>40	用于精密的分度机构或在极平稳且无噪声的高速下工作的齿轮传动中的齿轮;特别是精密机构中的齿轮、涡轮传动的齿轮;检测 8、9 级的测量齿轮	在周期误差小的精密机床上用展成法加工
6	<15	<30	用于要求最高效率且无噪声的高速下工作的齿轮传动中的齿轮或分度机构的齿轮传动中的齿轮;特别重要的航空、汽车用齿轮;读数装置中的特别精密的齿轮	在精密机床上用展成法加工
7	<10	<15	在高速和适度功率或大功率和适度速度下工作的齿轮;金属切削机床中需要协调性的进给齿轮;高速减速器齿轮;航空、汽车以及读数装置用齿轮	在精密机床上用展成法加工
8	<6	<10	无须特别精密的一般机械制造用齿轮,不包括在分度链中的机床齿轮;飞机、汽车制造业中不重要的齿轮;起重机构用齿轮;农业机械中的重要齿轮;通用减速器齿轮	用展成法加工或分度法加工
9	<2	<4	用于粗糙工作的,不按正常精度要求的齿轮,因结构上考虑受载低于计算载荷的传动齿轮	任何方法

计算式,并据此经过计算圆整后编制成表(F_i'、f_i' 和 F_{pk} 没有直接可用的表格,需要时可用公式计算)。表 9-4～表 9-10 为常用表格的摘录。在 GB/T 10095—2008 和 4 个指导性文件中没有规定基圆齿距偏差(旧标准称为基节极限偏差)f_{pb} 推荐值,表 9-11 为旧标准推荐值。

表 9-4   单个齿距极限偏差 ±f_{pt}

分度圆直径 d/mm	法向模数 m_n/mm	精 度 等 级				
		5	6	7	8	9
		±f_{pt}/μm				
20<d≤50	2<m_n≤3.5	5.5	7.5	11.0	15.0	22.0
	3.5<m_n≤6	6.0	8.5	12.0	17.0	24.0

续表

分度圆直径 d/mm	法向模数 m_n/mm	精度等级				
		5	6	7	8	9
		$\pm f_{pt}$/μm				
50<d≤125	2<m_n≤3.5	6.0	8.5	12.0	17.0	23.0
	3.5<m_n≤6	6.5	9.0	13.0	18.0	26.0
	6<m_n≤10	7.5	10.0	15.0	21.0	30.0
125<d≤280	2<m_n≤3.5	6.5	9.0	13.0	18.0	26.0
	3.5<m_n≤6	7.0	10.0	14.0	20.0	28.0
	6<m_n≤10	8.0	11.0	16.0	23.0	32.0
280<d≤560	2<m_n≤3.5	7.0	10.0	14.0	20.0	29.0
	3.5<m_n≤6	8.0	11.0	16.0	22.0	31.0
	6<m_n≤10	8.5	12.0	17.0	25.0	35.0

表 9-5　齿距累积总偏差 F_p

分度圆直径 d/mm	法向模数 m_n/mm	精度等级				
		5	6	7	8	9
		F_p/μm				
20<d≤50	2<m_n≤3.5	15.0	21.0	30.0	42.0	59.0
	3.5<m_n≤6	15.0	22.0	31.0	44.0	62.0
50<d≤125	2<m_n≤3.5	19.0	27.0	38.0	53.0	76.0
	3.5<m_n≤6	19.0	28.0	39.0	55.0	78.0
	6<m_n≤10	20.0	29.0	41.0	58.0	82.0
125<d≤280	2<m_n≤3.5	25.0	35.0	50.0	70.0	100.0
	3.5<m_n≤6	25.0	36.0	51.0	72.0	102.0
	6<m_n≤10	26.0	37.0	53.0	75.0	106.0
280<d≤560	2<m_n≤3.5	33.0	46.0	65.0	92.0	131.0
	3.5<m_n≤6	33.0	47.0	66.0	94.0	133.0
	6<m_n≤10	34.0	48.0	68.0	97.0	137.0

表 9-6　齿廓总偏差 F_α

分度圆直径 d/mm	法向模数 m_n/mm	精度等级				
		5	6	7	8	9
		F_α/μm				
20<d≤50	2<m_n≤3.5	7.0	10.0	14.0	20.0	29.0
	3.5<m_n≤6	9.0	12.0	18.0	25.0	35.0
50<d≤125	2<m_n≤3.5	8.0	11.0	16.0	22.0	31.0
	3.5<m_n≤6	9.5	13.0	19.0	27.0	38.0
	6<m_n≤10	12.0	16.0	23.0	33.0	46.0
125<d≤280	2<m_n≤3.5	9.0	13.0	18.0	25.0	36.0
	3.5<m_n≤6	11.0	15.0	21.0	30.0	42.0
	6<m_n≤10	13.0	18.0	25.0	36.0	50.0
280<d≤560	2<m_n≤3.5	10.0	15.0	21.0	29.0	41.0
	3.5<m_n≤6	12.0	17.0	24.0	34.0	48.0
	6<m_n≤10	14.0	20.0	28.0	40.0	56.0

表 9-7   螺旋线总公差 F_{β}

分度圆直径 d/mm	齿宽 b/mm	精 度 等 级				
		5	6	7	8	9
		F_{β}/μm				
$20<d\leqslant50$	$10<b\leqslant20$	7.0	10.0	14.0	20.0	29.0
	$20<b\leqslant40$	8.0	11.0	16.0	23.0	32.0
$50<d\leqslant125$	$10<b\leqslant20$	7.5	11.0	15.0	21.0	30.0
	$20<b\leqslant40$	8.5	12.0	17.0	24.0	34.0
	$40<b\leqslant80$	10.0	14.0	20.0	28.0	39.0
$125<d\leqslant280$	$10<b\leqslant20$	8.0	11.0	16.0	22.0	32.0
	$20<b\leqslant40$	9.0	13.0	18.0	25.0	36.0
	$40<b\leqslant80$	10.0	15.0	21.0	29.0	41.0
$280<d\leqslant560$	$20<b\leqslant40$	9.5	13.0	19.0	27.0	38.0
	$40<b\leqslant80$	11.0	15.0	22.0	31.0	44.0
	$80<b\leqslant160$	13.0	18.0	26.0	36.0	52.0

表 9-8   径向综合总偏差 F_i''

分度圆直径 d/mm	法向模数 m_n/mm	精 度 等 级				
		5	6	7	8	9
		F_i''/μm				
$20<d\leqslant50$	$1.0<m_n\leqslant1.5$	16.0	23.0	32.0	45.0	64.0
	$1.5<m_n\leqslant2.5$	18.0	26.0	37.0	52.0	73.0
$50<d\leqslant125$	$1.0<m_n\leqslant1.5$	19.0	27.0	39.0	55.0	77.0
	$1.5<m_n\leqslant2.5$	22.0	31.0	43.0	61.0	86.0
	$2.5<m_n\leqslant4.0$	25.0	36.0	51.0	72.0	102.0
$125<d\leqslant280$	$1.0<m_n\leqslant1.5$	24.0	34.0	48.0	68.0	97.0
	$1.5<m_n\leqslant2.5$	26.0	37.0	53.0	75.0	106.0
	$2.5<m_n\leqslant4.0$	30.0	43.0	61.0	86.0	121.0
	$4.0<m_n\leqslant6.0$	36.0	51.0	72.0	102.0	144.0
$280<d\leqslant560$	$1.0<m_n\leqslant1.5$	30.0	43.0	61.0	86.0	122.0
	$1.5<m_n\leqslant2.5$	33.0	46.0	65.0	92.0	131.0
	$2.5<m_n\leqslant4.0$	37.0	52.0	73.0	104.0	146.0
	$4.0<m_n\leqslant6.0$	42.0	60.0	84.0	119.0	169.0

表 9-9   一齿径向综合偏差 f_i''

分度圆直径 d/mm	法向模数 m_n/mm	精 度 等 级				
		5	6	7	8	9
		f_i''/μm				
$20<d\leqslant50$	$1.0<m_n\leqslant1.5$	4.5	6.5	9.0	13.0	18.0
	$1.5<m_n\leqslant2.5$	6.5	9.5	13.0	19.0	26.0
$50<d\leqslant125$	$1.0<m_n\leqslant1.5$	4.5	6.5	9.0	13.0	18.0
	$1.5<m_n\leqslant2.5$	6.5	9.5	13.0	19.0	26.0
	$2.5<m_n\leqslant4.0$	10.0	14.0	20.0	29.0	41.0

分度圆直径 d/mm	法向模数 m_n/mm	精 度 等 级				
		5	6	7	8	9
		f_i''/μm				
125<d≤280	1.0<m_n≤1.5	4.5	6.5	9.0	13.0	18.0
	1.5<m_n≤2.5	6.5	9.5	13.0	19.0	27.0
	2.5<m_n≤4.0	10.0	15.0	21.0	29.0	41.0
	4.0<m_n≤6.0	15.0	22.0	31.0	44.0	62.0
280<d≤560	1.0<m_n≤1.5	4.5	6.5	9.0	13.0	18.0
	1.5<m_n≤2.5	6.5	9.5	13.0	19.0	27.0
	2.5<m_n≤4.0	10.0	15.0	21.0	29.0	41.0
	4.0<m_n≤6.0	15.0	22.0	31.0	44.0	62.0

表 9-10　径向跳动偏差 F_r

分度圆直径 d/mm	法向模数 m_n/mm	精 度 等 级				
		5	6	7	8	9
		F_r/μm				
20<d≤50	2<m_n≤3.5	12.0	17.0	24.0	34.0	47.0
	3.5<m_n≤6	12.0	17.0	25.0	35.0	49.0
50<d≤125	2<m_n≤3.5	15.0	21.0	30.0	43.0	61.0
	3.5<m_n≤6	16.0	22.0	31.0	44.0	62.0
	6<m_n≤10	16.0	23.0	33.0	46.0	65.0
125<d≤280	2<m_n≤3.5	20.0	28.0	40.0	56.0	80.0
	3.5<m_n≤6	20.0	29.0	41.0	58.0	82.0
	6<m_n≤10	21.0	30.0	42.0	60.0	85.0
280<d≤560	2<m_n≤3.5	26.0	37.0	52.0	74.0	105.0
	3.5<m_n≤6	27.0	38.0	53.0	75.0	106.0
	6<m_n≤10	27.0	39.0	55.0	77.0	109.0

表 9-11　基节极限偏差 ± f_{pb}

分度圆直径 d/mm	法向模数 m_n/mm	精 度 等 级			
		6	7	8	9
		f_{pb}/μm			
d≤125	1<m_n≤3.5	9	13	18	25
	3.5<m_n≤6.3	11	16	22	32
	6.3<m_n≤10	13	18	25	36
125<d≤400	1<m_n≤3.5	10	14	20	30
	3.5<m_n≤6.3	13	18	25	36
	6.3<m_n≤10	14	20	30	40
400<d≤800	1<m_n≤3.5	11	16	22	32
	3.5<m_n≤6.3	13	18	25	36
	6.3<m_n≤10	16	22	32	45

4. 齿轮与齿轮副检验项目的确定

1) 齿轮检验项目的确定

在齿轮检验中,没有必要测量全部齿轮要素的偏差。标准规定以下项目不是必检项目:

(1) 齿廓和螺旋线的形状偏差和倾斜偏差($f_{f\alpha}$、$f_{H\alpha}$、$f_{f\beta}$、$f_{H\beta}$)——为了进行工艺分析或其他某些目的才用;

(2) 切向综合偏差(F_i'、f_i')——可以用来代替齿距偏差;

(3) 齿距累积偏差(F_{pk})——一般高速齿轮使用;

(4) 径向综合偏差(F_i''、f_i'')与径向跳动(F_r)——它们反映齿轮误差不够全面,只能作为辅助检验项目。

因此,齿轮检验项目主要为:单个齿距偏差、齿距累积总偏差、齿廓总偏差、螺旋线总偏差。它们分别控制运动的准确性、平稳性和载荷均匀性。我们把单个齿轮按照满足控制运动的准确性、平稳性和载荷均匀性的要求,归纳为以下组合选择:

(1) f_{pt}、F_p、F_α、F_β、F_r;

(2) f_{pt}、F_{pk}、F_p、F_α、F_β、F_r;

(3) F_i''、f_i'';

(4) f_{pt}、F_r(10~12 级);

(5) F_i'、f_i'(协议有要求时)。

还有下面要介绍的齿厚偏差控制齿轮副侧隙。

2) 齿轮副的检验项目

对于齿轮副来说,最终必须满足齿轮传动装置在工作条件下的传动准确性、平稳性、载荷均匀性和侧隙合理性 4 个方面的使用要求。一般对齿轮副接触斑点、侧隙以及齿轮副的切向综合总偏差、一齿切向综合偏差达到要求,则此齿轮副即认为合格。

5. 齿轮副的侧隙

齿轮副的法向侧隙与法向齿厚、公法线长度、油膜厚度等有密切的函数关系。因此,齿轮副侧隙应按工作条件,用最小法向侧隙来加以控制。

1) 最小法向侧隙 j_{bnmin}

最小法向侧隙是当一个齿轮的轮齿以最大允许实效齿厚与另一个也具有最大允许实效齿厚的相配齿轮在最紧的允许中心距相啮合时,在静态条件下的最小允许侧隙。它用来补偿由于轴承、箱体、轴等零件的制造、安装误差以及润滑、温度的影响,以保证在带负载运行于最不利的工作条件下仍有足够的侧隙。

齿轮副最小法向侧隙的确定方法包括:经验法、查表法和计算法。其中,对于查表法,GB/Z 18620.2—2008 在附录中列出了工业传动装置推荐的最小侧隙,如表 9-12 所示,该推荐值适用于大、中模数黑色金属制造的齿轮和箱体,工作时节圆线速度小于 15m/s,其箱体、轴和轴承采用常用的商业制造公差。

表 9-12 中的数值也可用下式计算:

$$j_{bnmin} = \frac{2}{3}(0.06 + 0.0005 \mid a_i \mid + 0.03m_n) \tag{9-1}$$

计算法是根据工作速度、温度、润滑等条件来计算最小法向侧隙的,这里从略。

表 9-12　对于中、大模数齿轮最小侧隙 j_{bnmin} 的推荐值

m_n	最小中心距 a_i					
	50	100	200	400	800	1600
1.5	0.09	0.11	—	—	—	—
2	0.10	0.12	0.15	—	—	—
3	0.12	0.14	0.17	0.24	—	—
5	—	0.18	0.21	0.28	—	—
8	—	0.24	0.27	0.34	0.47	—
12	—	—	0.35	0.42	0.55	—
18	—	—	—	0.54	0.67	0.94

2）齿厚极限偏差的确定

（1）齿厚上偏差 E_{sns} 的确定

齿轮副的侧隙，可以通过增大中心距和减小齿厚来获得，但标准规定采用"基中心距制"，即假设两齿轮的中心距固定，通过改变两齿轮的齿厚极限偏差来得到所需的侧隙。有了所需的最小极限侧隙要求，便可设计满足这个侧隙所要求的齿厚上偏差 E_{sns}。上述过程得到的最小法向侧隙 j_{nmin}，是在未考虑齿轮的加工安装误差时的最小极限侧隙，但两齿轮的加工误差与齿轮副的安装误差不可避免地存在，因此还要综合考虑这些影响来确定齿厚的最小减薄量。齿厚下偏差则可由 $E_{sni} = E_{sns} - T_{sn}$ 求得，其中齿厚公差 T_s 的大小，由齿轮精度要求或其他因素决定。

齿厚上偏差的确定方法包括经验类比法（可查《机械设计手册》等相关资料）、简易计算法和计算法三种。其中计算法比较细致地考虑齿轮的制造、安装误差对侧隙的影响，用较复杂的公式进行计算。具体过程如下。

设计时用的是所需侧隙的总量 j_{ns}，同时涉及两个齿轮的齿厚上偏差，若两齿轮的齿厚上偏差为 E_{sns1} 和 E_{sns2}，按切向误差与法向误差间的几何关系，它们的关系式为

$$j_{ns} = |E_{sns1} + E_{sns2}| \cos\alpha_n \tag{9-2}$$

式中，j_{ns} 应包含 j_{nmin} 和如下所计算的补偿量。

考虑齿轮副中心距有偏差 f_a（绝对值），中心距的减小（即有 $-f_a$）将使极限侧隙减小，应予以补偿。其补偿量为

$$j_{n1} = 2f_a \sin\alpha \tag{9-3}$$

考虑齿轮的加工误差与安装误差，同样要有补偿量，把有关误差的影响按随机误差关系进行合成，其综合补偿量为

$$j_{n2} = \sqrt{f_{pb1}^2 + f_{pb2}^2 + 2(F_\beta \cos\alpha_n)^2 + (f_{\Sigma\delta} \sin\alpha_n)^2 + (f_{\Sigma\beta} \cos\alpha_n)^2} \tag{9-4}$$

因为 $f_x = F_\beta$，$f_y = 1/(2F_\beta)$，则有

$$j_{n2} = \sqrt{f_{pb1}^2 + f_{pb2}^2 + (1 + 1.25\cos^2\alpha_n) \cdot F_\beta^2} \tag{9-5}$$

考虑上述三项因素的影响，设计计算时所需考虑的侧隙 j_{ns} 应为

$$j_{ns} = j_{nmin} + j_{n1} + j_{n2} = j_{nmin} + 2f_a \sin\alpha_n + j_{n2} = |E_{ss1} + E_{ss2}| \cos\alpha_n \tag{9-6}$$

此式用以确定齿厚上偏差 E_{ss} 为

$$|E_{sns1} + E_{sns2}| = (j_{nmin} + 2f_a \sin\alpha_n + j_{n2})/\cos\alpha_n = 2f_a \tan\alpha_n + (j_{nmin} + j_{n2})/\cos\alpha_n \tag{9-7}$$

通常为方便设计和计算,令 $E_{sns1} = E_{sns2} = E_{sns}$,则等式可简化为

$$E_{sns} = -f_a \tan \alpha_n - (j_{nmin} + j_{n2})/(2\cos \alpha_n) \tag{9-8}$$

以上是按两齿轮等值分配原则计算,而通常由于齿轮副中两个齿轮的参数不同,齿轮的承载能力有所差异,为了使小齿轮的强度提高一些,作适当调整,而使小齿轮 E_{sns1} 取得小些,大齿轮的 E_{sns2} 取得大些。并可进一步简化,得到简易计算法的齿厚上偏差的计算公式:

$$E_{sns} = -j_{nmin}/(2\cos \alpha_n) \tag{9-9}$$

(2) 齿厚下偏差 E_{sni} 的确定

齿厚下偏差影响最大侧隙,可以用经验类比法确定,也可按下式计算:

$$E_{sni} = E_{sns} - T_{sn} \tag{9-10}$$

式中,T_{sn} 为齿厚公差,其大小除反映质量的优劣外,还表明该齿轮加工的难易程度,设计时要兼顾企业的技术素质、切齿技术水平状况。也可按下式计算确定:

$$T_{sn} = \sqrt{F_r^2 + b_r^2} \cdot 2\tan \alpha_n \tag{9-11}$$

式中,F_r 为径向跳动公差;b_r 为切齿径向进刀公差,可按表 9-13 选用。表中的 IT 值按分度圆直径从标准公差数值中选取。

表 9-13　切齿时径向进刀公差 b_r

齿轮精度等级	4	5	6	7	8	9
b_r	1.26(IT7)	IT8	1.26(IT8)	IT9	1.26(IT9)	IT10

6. 齿坯精度与齿面表面粗糙度

齿坯的质量对轮齿加工、检验以及最终安装使用的精度影响很大。控制齿坯质量对提高齿轮轮齿的加工精度是一项积极的措施,正确确定齿坯的公差项目和公差值,是齿轮精度设计的重要环节。

齿坯精度主要包括 4 个方面:基准面与安装面的尺寸公差、基准面与安装面的形状公差、安装面的跳动公差和各表面的粗糙度。

基准面是用来确定基准轴线的面,基准轴线有三种方法确定:用两个"短的"圆柱或圆锥形基准面上设定的两个圆的圆心来确定轴线上的两个点,如图 9-29(a)所示;用一个"长的"圆柱或圆锥面来同时确定轴线的位置和方向,如图 9-29(b)所示;轴线的位置用一个"短的"圆柱形基准面上的一个圆的圆形来确定,如图 9-29(c)所示。

1) 基准面与安装面的尺寸公差

齿轮内孔或齿轮轴的轴承安装面是工作安装面,也常作基准面和制造安装面,它们的尺寸公差可参照表 9-14 选取。

表 9-14　基准面与安装面的尺寸公差

齿轮精度等级	6	7	8	9
孔	IT6	IT7		IT8
轴颈	IT5	IT6		IT7
顶圆柱面	IT8			IT9

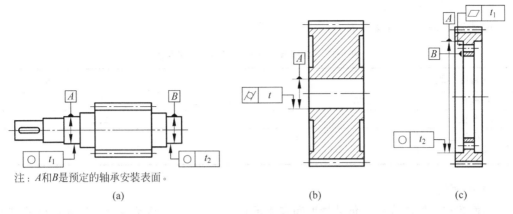

注：A和B是预定的轴承安装表面。

(a)　　　　　　　　(b)　　　　　　　　(c)

图 9-29　齿坯基准轴线的确定

齿顶圆柱面若作为测量齿厚的基准，其尺寸公差也可按表选取；若齿顶圆不作齿厚的基准，尺寸公差可按 IT11 给定，但不大于 $0.1m_n$。

2）基准面与安装面的形状公差

基准面与安装面的形状公差应不大于表 9-15 中规定的数值。

表 9-15　基准面与安装面的形状公差

确定轴线的基准面	公 差 项 目		
	圆　　度	圆　柱　度	平　面　度
两个"短的"圆柱或圆锥形基准面	$0.04(L/b)F_\beta$ 或 $0.1F_p$，取两者中小值		
一个"长的"圆柱或圆锥形基准面		$0.04(L/b)F_\beta$ 或 $0.1F_p$，取两者中小值	
一个"短的"圆柱面和一个端面	$0.06F_p$		$0.06(D_d/b)F_\beta$

注：1. 齿轮坯的公差应减至能经济地制造的最小值；

2. L—较大的轴承跨距；D_d—基准面直径；b—齿宽。

3）安装面的跳动公差

当工作面或制造安装面与基准面不重合时，必须规定它们对基准面的跳动公差，其数值应不大于表 9-16 中的数值。

表 9-16　安装面的跳动公差

确定轴线的基准面	跳动量（总的指示幅度）	
	径　　向	轴　　向
仅圆柱或圆锥形基准面	$0.15(L/b)F_\beta$ 或 $0.3F_p$，取两者中大值	
一个圆柱基准面和一个端面基准面	$0.3F_p$	$0.2(D_d/b)F_\beta$

注：齿坯的公差应减至能经济地制造的最小值。

4）各表面的粗糙度

齿坯各表面的粗糙度见表 9-17。

表 9-17　齿坯各表面粗糙度 *Ra* 的推荐值

齿轮精度等级	6	7	8	9
基准孔	1.25	1.25～2.5		5
基准轴颈	0.63	1.25	2.5	
基准端面	2.5～5		5	
顶圆柱面	5			

5）齿面粗糙度

齿面粗糙度影响齿轮的传动精度和表面承载能力等，必须给予控制。标准给出的推荐值见表 9-18。

表 9-18　轮齿齿面粗糙度 *Ra* 的推荐值

等级	*Ra*			等级	*Ra*		
	模数 *m*/mm				模数 *m*/mm		
	$m<6$	$6<m<25$	$m<6$		$m<6$	$6<m<25$	$m<6$
1		0.04		7	1.25	1.6	2.0
2		0.08		8	2.0	2.5	3.2
3		0.16		9	3.2	4.0	5.0
4		0.32		10	5.0	6.3	8.0
5	0.5	0.63	0.80	11	10.0	12.5	16
6	0.8	1.00	1.25	12	20	25	32

9.4.2　齿轮精度的标注代号

国家标准规定：在技术文件需叙述齿轮精度要求时，应注明 GB/T 10095.1—2008 或 GB/T 10095.2—2008。

关于齿轮精度等级标注建议如下：

（1）若齿轮的检验项目同为某一精度等级时，可标注精度等级和标准号。如齿轮检验项目同为 7 级，则标注为：7 GB/T 10095.1—2008 或 7 GB/T 10095.2—2008。

（2）若齿轮检验项目的精度等级不同时，如齿廓总偏差 F_α 为 6 级，而齿距累积总偏差 F_p 和螺旋线总偏差 F_β 均为 7 级时，则标注为 $6(F_\alpha)$、$7(F_p、F_\beta)$ GB/T 10095.1—2008。

9.4.3　减速器所用齿轮精度标注实例

本节通过一齿轮减速器齿轮的精度设计举例，介绍齿轮精度设计的方法和内容。

【例 9-1】　一级圆柱齿轮减速器的一直齿轮副，模数 $m=3$，齿形角 $\alpha=20°$。大齿轮的相关参数为：$z_1=24$，$z_2=69$，齿宽 $=52\text{mm}$，大齿轮孔径 $D=45\text{mm}$，圆周速度 $v=6.4\text{m/s}$，小批量生产。试对大齿轮进行精度设计，并将有关要求标注在齿轮工作图上。

解　(1) 确定检验项目

必检项目应为单个齿距偏差 f_{pt}、齿距累积总偏差 F_p、齿廓总偏差 F_α 和螺旋线总偏差 F_β。

除了这 4 个比检项目外,由于是批量生产,还可检验径向综合总偏差 F_i'' 和一齿径向综合偏差 f_i'',作为辅助检验项目。

(2) 确定精度等级

参考表 9-2、表 9-3,考虑到减速器对运动准确性要求不高,所以影响运动准确性的项目(如 F_p、F_i'')取 8 级,其余项目取 7 级,即

8(F_p)、7(f_{pt}、F_α、F_β) GB/T 10095.1—2008

8(F_i'')、7(f_i'') GB/T 10095.2—2008

(3) 确定检验项目的允许值

查表 9-4、表 9-5、表 9-6、表 9-7、表 9-8、表 9-9 分别得到:

$f_{pt} = \pm 13\mu m$; $F_p = 70\mu m$; $F_\alpha = 18\mu m$; $F_\beta = 21\mu m$; $F_i'' = 86\mu m$; $f_i'' = 21\mu m$

(4) 确定齿厚极限偏差

① 确定最小法向侧隙 j_{bnmin}

采用查表法,已知中心距 $a = \dfrac{m}{2}(z_1 + z_2) = \dfrac{3}{2} \times (24 + 69)\text{mm} = 139.5\text{mm}$,由式(9-1)得

$$j_{bnmin} = \frac{2}{3}(0.06 + 0.0005 \mid a_i \mid + 0.03 m_n)$$

$$= \frac{2}{3} \times (0.06 + 0.0005 \times 139.5 + 0.03 \times 3)\text{mm}$$

$$= 0.1465\text{mm}$$

② 确定齿厚上偏差 E_{sns}

采用简易计算法,并取 $E_{sns1} = E_{sns2}$,由式(9-9)得

$$E_{sns} = - j_{nmin}/(2\cos \alpha_n)$$

$$= - 0.1465\text{mm}/(2\cos 20°)$$

$$= - 0.078\text{mm}$$

③ 计算齿厚公差 T_{sn}

查表 9-10(按 8 级查)得 $F_r = 56\mu m$。

查表 9-13 得 $b_r = 1.26\text{IT9} = 1.26 \times 115\mu m = 144.9\mu m$,代入式(9-11)得

$$T_{sn} = \sqrt{F_r^2 + b_r^2} \cdot 2\tan \alpha_n$$

$$= \sqrt{56^2 + 144.9^2}\mu m \cdot 2\tan 20°$$

$$= 113.082\mu m \approx 113\mu m$$

④ 计算齿厚下偏差 E_{sni}

由式(9-10)得

$$E_{sni} = E_{sns} - T_{sn} = (- 0.078 - 0.113)\mu m = - 0.191\mu m$$

(5) 确定齿坯精度

① 齿轮内孔的尺寸公差

根据表 9-14,孔的尺寸公差为 7 级,取 H7,即 $\phi 45\text{H7}(^{+0.025}_{0})$。

② 齿顶圆柱面的尺寸公差

齿顶圆是检测齿厚的基准,根据表 9-14,齿顶圆柱面的尺寸公差为 IT8,取 h8,即 $\phi 213h8(_{-0.072}^{0})$。

③ 齿轮内孔的形状公差

根据表 9-15,得圆柱度公差为 $0.1F_p=0.1\times0.070$mm$=0.007$mm。

④ 两端的跳动公差

两端面在制造和工作时作为轴向定位的基准,根据表 9-16,选其跳动公差为

$$0.2(D_d/b)F_\beta = 0.2\times(80/52)\times0.021\text{mm} \approx 0.00646\text{mm}$$

参考圆跳动公差表,此精度相当高,无法查出,不是经济加工精度,故适当放大公差,改为 6 级,公差值为 0.015mm。

⑤ 顶圆的径向跳动公差

根据表 9-16,其跳动公差为 $0.3F_p=0.3\times0.07$mm$=0.021$mm。

⑥ 齿面及其余各表面的粗糙度

按表 9-17、表 9-18 选取。

(6)绘制齿轮工作图

齿轮工作图如图 9-30 所示。

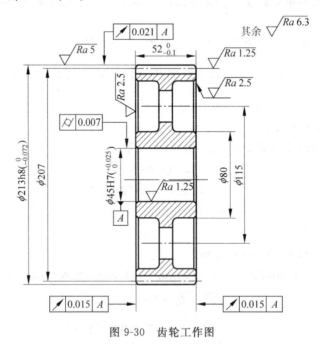

图 9-30 齿轮工作图

习　　题

9-1　齿轮传动有哪些使用要求?影响这些使用要求的误差有哪些?

9-2　比较下列偏差项目的异同点:

(1) F_i' 和 F_i''　　　　(2) F_i' 和 f_i'　　　　(3) F_i'' 和 f_i''

(4) F_i' 和 F_p 　　　(5) F_i' 和 F_r 　　　(6) F_{pk}、F_p 和 f_{pt}

9-3　齿廓总偏差 F_α、齿廓形状偏差 $f_{f\alpha}$ 和齿廓倾斜偏差 $f_{H\alpha}$ 之间有何区别和联系？

9-4　螺旋线总偏差 F_β、螺旋线形状偏差 $f_{f\beta}$ 和螺旋线倾斜偏差 $f_{H\beta}$ 之间有何区别和联系？

9-5　什么是接触斑点？为什么要控制齿轮副的接触斑点？

9-6　某通用减速器有一带孔的直齿圆柱齿轮，已知：模数 $m_n=3\mathrm{mm}$，齿数 $z=32$，中心距 $a=288\mathrm{mm}$，孔径 $D=40\mathrm{mm}$，齿形角 $\alpha=20°$，齿宽 $b=20\mathrm{mm}$，转速 $n=1280\mathrm{r/min}$，齿轮的材料为 45 号钢；减速器箱体的材料为铸铁；该减速器为小批生产。试确定齿轮的精度等级、有关侧隙的指标、齿坯公差和表面粗糙度。

9-7　已知直齿圆柱齿轮副，模数 $m_n=5\mathrm{mm}$，齿形角 $\alpha=20°$，齿数 $z_1=20$，$z_2=100$，内孔 $d_1=25\mathrm{mm}$，$d_2=80\mathrm{mm}$，图样标注为 6GB/T 10095.1—2008 和 6GB/T 10095.2—2008。

(1) 试确定两齿轮 f_{pt}、F_p、F_α、F_β、F_i''、f_i''、F_r 的允许值。

(2) 试确定两齿轮内孔和齿顶圆的尺寸公差、齿顶圆的径向圆跳动公差以及端面跳动公差。

第3部分　测量技术基础

第 10 章

测量技术基础

10.1　测量的基本概念

机械工业的发展离不开检测技术及其发展。机械产品和零件的设计、制造及检测都是互换性生产中的重要环节。在生产和科学实验中，为了保证机械零件的互换性和精度，经常需要对完工零件的几何量加以检验或测量，判断这些几何量是否符合设计要求。在测量过程中，应保证计量单位的统一和量值的准确。为了完成对完工零件几何量的测量和获得可靠的测量结果，还需要正确选择计量器具和测量方法，并研究测量误差和测量数据处理方法。

1. 测量的定义和作用

人们为了认识自然、改造自然，往往要求对一些事物和现象作定量的描述，用到量值的表达。所谓量值是指用一个数和一个特定测量单位表示的量，如 1m、5kg 等。

测量就是为获得被测对象的量值而进行的实验过程。这个实验过程可能是极为复杂的物理实验，如地球至月球距离的测定；也可能是一个很简单的操作，如物体称重或卡尺测量轴的直径等。

对于一般的量，特别是机械制造业中几何量的测量，其实质往往仅是同类量的比较。

因此，常用下述的测量定义：将被测量与标准量相比较的过程。此过程可用数学表达式描述：

$$Q = xS$$

式中，Q 为被测量；S 为标准量；x 为被测量与标准量的比值。

在机械、仪表行业中，几何量测量主要有以下作用：

（1）在制造过程中，通过测量进行工艺分析，以便确定合理的加工参数，以保证产品的质量。在自动化生产中，误差测量是自动控制系统中的关键环节，否则就失掉了控制的根据。

（2）在设计过程中通过测绘，获得设计所需的参数。

（3）零件或产品完工后验收时，通过测量进行合格性判断。

（4）在计量器具检定时，需要用更高精度的测量，以确保量值准确可靠。为了获得可靠的测量结果，必须有统一的计量单位，必须根据实际情况选择适当的测量方法和计量器具，必须保证测量的精度。因此，任何一个完整的测量过程应包括四个要素：测量对象、计量单位、测量方法、测量精度，即为测量四要素。

2. 其他基本概念

（1）计量 以保持量值准确统一和传递为目的的专门测量，习惯上称为计量（检定）。

（2）几何量 作为测量对象，它包括尺寸（长度、角度）、形状和位置误差、表面粗糙度等。

（3）检验 判定被测量是否合格的过程，通常不一定要求得到被测量的具体数值。几何量检验即是确定零件的实际几何参数是否在规定的极限范围内，以作出合格与否的判断。

（4）测试 具有试验研究性质的测量。

10.2 计量管理、计量仪器和测量方法

10.2.1 长度、角度单位及基准

生产中的测量需要标准量，而标准量所体现的量值需要由基准提供。1984 年国务院发布了《关于在我国统一实行法定计量单位的命令》，规定我国计量单位一律采用《中华人民共和国法定计量单位》，其中规定"米（m）"为长度的基本单位，同时使用米的十进倍数和分数的单位。机械制造业中常用的长度单位为毫米（mm）。精密测量时，多用微米（μm）为单位。《中华人民共和国法定计量单位》采用国际单位制中的辅助单位"弧度（rad）"作为平面角的计量单位，同时选定非国际单位制单位度（°）、分（′）、秒（″）作为角度的测量单位。弧度的单位量值是圆周上截取弧长与半径相等的该圆的两条半径之间的平面角。

长度单位的换算关系为 1mm＝(1/1000)m；1μm＝(1/1000)mm。

度、分、秒与弧度的换算关系为 $1°=60′=(\pi/180)$rad；$1′=60″=(\pi/10\ 800)$rad；$1″=(\pi/648\ 000)$rad。

1983 年 10 月第十七届国际计量大会审议规定米的定义为：1m 是光在真空中在 1/299 792 458s 的时间间隔内行进路程的长度。按此定义，在实验室进行基准值复现时，是根据辐射波长 $\lambda=c/f$ 关系式，由测出的辐射频率 f，与给定的光速值 c（物理常数）来复现长度值。可见，此定义是一个开放性的定义，谁能够获得高频率、高稳定度的辐射，并能够对其频率进行精确的测定，谁就能够建立高精度的长度基准。国际上少数工业先进国家，已将频率的稳定度提高到 10^{-14} 数量级。我国从 1985 年 3 月起已正式使用碘分子饱和吸收稳频的 0.612mm 氦氖激光辐射作为国家长度基准，其频率稳定度可达 10^{-9}。目前，我国的科学工作者采用单粒子存储技术，已将辐射的频率稳定度一举提高到 10^{-17} 的水平。弧度量值可用长度比值求得，一个圆周角又定义为 360°，因此角度无须与长度一样再建立一个自然基准。

10.2.2 量值检定及传递

使用辐射线的波长作为长度基准，虽然可以达到足够的准确，但是却不便直接应用于生产中的尺寸测量。因此，需要将基准的量值传递到实际计量器具上。量值传递的过程实际上是一个检定过程。用光波干涉仪检定计量标准器具，用计量标准器具检定使用中的计量

器具,再用这些计量器具实现工件尺寸的测量。为了保证长度基准的量值能够准确地传递到生产中去,确保全国量值的准确统一,在组织管理上和技术上都必须建立一套系统,这就是量值传递系统。我国量值传递系统的最高管理机构是国家质量技术监督局。

在技术上,为了保证量值的统一,建立了从长度基准到生产中使用的各种计量器具和工件的长度量值传递系统,如图 10-1 所示。

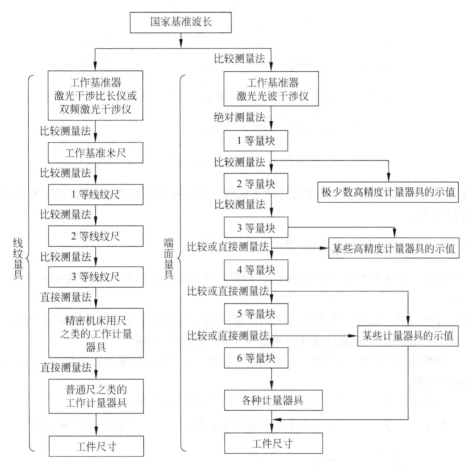

图 10-1　长度量值传递系统

角度量值尽管可以通过等分圆周获得任意大小的角度而无须再建立一个自然基准,但是在实际应用中,为了对常用特定角度测量方便和便于对测角仪器进行检定,仍然需要建立角度量的基准。实际用作角度量基准的标准器具是标准多面棱体和标准度盘,利用圆周封闭的自然条件,它们的角度值可以获得很高精度的检定。角度量值的传递系统如图 10-2 所示。

10.2.3　量块

由图 10-1 可以看出,在长度量值传递系统中,从基准到工件之间的量值传递媒介,主要有线纹尺和量块,其中尤以量块的应用最广。在机械和仪器制造业中,量块除广泛用来检定

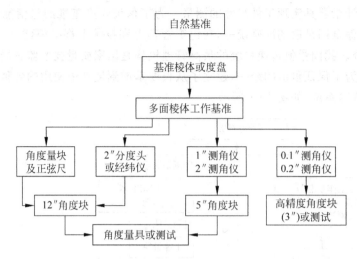

图 10-2　角度量值传递系统

和校准各种测量仪器和量具外,还常常用于仪器、机床、夹具等的调整,有时也直接用于零件的测量和检验。

1. 关于量块的几个主要术语

(1) 量块　两相互平行测量面间具有精确尺寸,且其截面为矩形长度的测量工具(见图 10-3)。

(2) 量块长度　量块一个测量面上的任意一点至与此量块另一测量面相研合的辅助体表面之间的垂直距离。辅助体表面的质量和材质应与量块相同。

(3) 量块任意点长度　量块一个测量面上任意一点(不包括测量面边缘为 0.5mm 的区域)的量块长度。

(4) 量块中心长度　量块一个测量面上中心点的量块长度。

(5) 量块长度变动量　量块测量面上最大量块长度和最小量块长度之差(见图 10-4)。

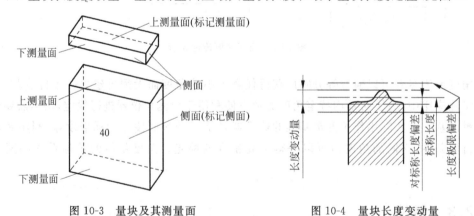

图 10-3　量块及其测量面　　　　　　图 10-4　量块长度变动量

2. 量块的精度等级

GB/T 6093—2001 依据量块长度的极限偏差,长度变动量允许值,测量面的表面粗糙度,测量面的平面度、研合性、尺寸稳定性等,将量块划分为 0,1,2,3 和 K 级,最高精度等级是 0 级,最低是 3 级,K 级量块是校准级,其长度极限偏差与 1 级相同,其长度变动量允许值等指标与 0 级相同,其中心长度用光波干涉法测量,并给出实测值。K 级量块用作最高级量块,仅在用比较法检定 0,1,2 级量块时作为基准使用。由于 K 级量块的长度极限偏差是 0 级量块的 4 倍,故更容易制造且使用经济。

3. 量块的组合

由于量块的测量面极为光滑平整,两块量块顺其测量面加压推合即可黏合在一起。利用这种特性,可以在一定的尺寸范围内,用不同尺寸的量块组合成所需的各种工作尺寸。常见的成套生产的量块有 83 块、46 块和 38 块等规格。表 10-1 列出了国产 83 块一套的量块尺寸构成系列。

表 10-1　国产 83 块一套的量块尺寸(摘录于 GB/T 6093—2001 附录 A)

公称尺寸系列/mm	尺寸间隔/mm	块　数
0.5	—	1
1	—	1
1.005	—	1
1.01,1.02,…,1.49	0.01	49
1.5,1.6,…,1.9	0.1	5
2.0,2.5,…,9.5	0.5	16
10,20,…,100	10	10

组合量块时,为减少量块组合的累积误差,应力求使用最少的块数,一般不超过 4～5 块。因此,可从消去所需工作尺寸的最小尾数开始,逐一选取。例如,为得到工作尺寸 36.375mm 的量块组,从 83 块组中选取量块,其过程如图 10-5 所示。

所需工作尺寸	36.375mm
选第一块	1.005mm
剩下尺寸	35.37mm
选第二块	1.37mm
剩下尺寸	34mm
选第三块	4mm
剩下尺寸	30mm
选第四块	30mm

图 10-5　量块选择过程

10.2.4　计量仪器分类及其度量指标

1. 计量器具的分类

按被测几何量在测量过程中的变换原理的不同,计量器具可以分为以下几种。

(1) 机械式计量器具　用机械方法来实现被测量的变换和放大的计量器具,如千分尺

（螺纹测微计）、百分表、杠杆比较仪等。

（2）光学式计量器具　用光学方法来实现被测量的变换和放大的计量器具，如光学计、光学分度头、投影仪、干涉仪等。

（3）电动式计量器具　将被测量先变换为电量，然后通过对电量的测量来完成被测几何量测量的计量器具，如电感测微仪、电容测微仪等。

（4）气动式计量器具　将被测几何量变换为气动系统状态（流量或压力）的变化，检测此状态的变化来实现被测几何量测量的计量器具，如水柱式气动量仪、浮标式气动量仪。

（5）光电计量器具　用光学方法放大或瞄准，通过光电元件再转化为电量进行检测，以实现被测几何量测量的计量器具，如光栅式测量装置、光电显微镜、激光干涉仪等。

2. 计量器具的基本度量指标

（1）刻度间距 C　计量器具标尺或圆刻度盘上两相邻刻线中心之间的距离或圆弧长度（见图 10-6）。刻度间距太小，会影响估读精度，太大则会加大读数装置的轮廓尺寸。为适于人眼观察，刻度间距一般为 0.75～2.5mm。

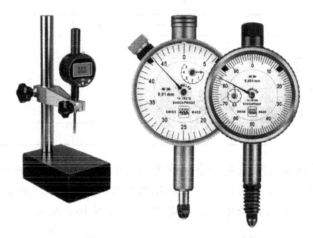

图 10-6　测量器具（千分表）的度量指标

（2）分度值 i（亦称刻度值、分辨力）　各刻度间距所代表的量值或量仪显示的最末一位数字所代表的量值。在长度测量中，常用的分度值有 0.01mm，0.005mm，0.002mm 以及 0.001mm 等几种（图 10-6 中分度值为 0.001mm）。对于有些量仪（如数字式量仪），由于非刻度盘指针显示，就不称为分度值，而称分辨力。

（3）灵敏度 S　指针对标尺的移动量 dL 与引起此移动量的被测几何量的变动量 dX 之比，即 $S=dL/dX$。灵敏度亦称传动比或放大比，它表示计量器具放大微小量的能力。

（4）示值范围　计量器具所能显示或指示的被测量起始值到终止值的范围。例如，图 10-6 所示比较仪的示值范围为 $\pm 100\mu m$。

（5）测量范围　计量器具的误差处于规定极限内，所能测量的被测量最小值到最大值的范围。如图 10-6 所示比较仪，悬臂的升降可使测量范围增大达到 0～180mm。

（6）示值误差　计量器具显示的数值与被测几何量的真值之差。示值误差是代数值，有正、负之分。一般可用量块作为真值来检定出计量器具的示值误差。示值误差越小，计量器具的精度就越高。

（7）示值变动性 在测量条件不作任何改变的情况下，同一被测量进行多次重复测量读数，其结果的最大差异。

（8）回程误差 在相同情况下，计量器具正反行程在同一点示值上被测量值之差的绝对值。引起回程误差的主要原因是量仪传动元件之间存在间隙。

（9）测量力 接触测量过程中测头与被测物体之间的接触压力。过大的测量力会引起测头和被测物体的变形，从而引起较大的测量误差，较好的计量器具一般均设置有测量力控制装置。

10.3 测量方法的有关原则

10.3.1 测量方法的分类

根据是否直接测量出被测量进行分类，测量方法可以分为：

（1）直接测量 欲测量的数值直接由计量器具读出。例如，用游标卡尺测量轴的直径，便直接能从卡尺上读出轴的直径尺寸。

（2）间接测量 欲测量的数值由实测的量的数值按一定的函数关系式运算后得到。

例如图 10-7 中，欲测几何量是锥体的圆锥角 φ，间接测量时，按照下式确定正弦规下所垫量块组的尺寸 h 为

$$h = L\sin\varphi$$

式中，L 为正弦规两圆柱的中心距；φ 为待测圆锥角的公称值。

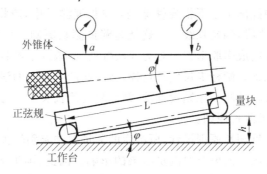

图 10-7 用正弦规间接测量锥角

测量时，将所组合的量块组、正弦规、被测锥体如图 10-7 所示平稳地安置于平板上后，用带表座的千分表，在图示距离为 l 的两点 a 和 b 处接触测量，确定 a、b 两点的高度差 Δ，按公式 $\theta \approx \Delta / l$ 确定被测圆锥角对其公称值的角度差，被测圆锥角的值即为

$$\Phi = \varphi + \theta$$

根据测量时是否与标准件进行比较作分类，测量方法可以分为以下几种。

（1）绝对测量 测量时被测几何量的绝对数值由计量器具的显示系统直接读出。例如用测长仪测量轴径，其尺寸由仪器标尺直接读出。

（2）相对测量 测量时先用标准件调整计量器具零位，再由标尺读出被测几何量相对于标准件的偏差，被测几何量的数值等于此偏差与标准件量值之和。一般来说，相对测量法比绝对测量法精度高。

根据测量时工件被测表面与计量器具是否有机械接触进行分类，测量方法可以分为：

（1）接触测量 计量器具的测头与工件被测表面有机械接触。例如，千分尺测量轴径。

（2）非接触测量 计量器具的测头与工件被测表面无机械接触。例如，用工具显微镜测量零件几何尺寸，用电容测微仪测量跳动等。

接触测量对被测表面上的油污、灰尘、切削液等不敏感，但由于测量力的存在，会引起被测表面和测量器具的变形，因而影响测量精度。非接触测量则与其相反。

此外，根据测量时被测工件所处的状态的不同分类，测量方法还可以分为：静态测量和动态测量两种。根据测量对工艺过程所起作用的不同分类，测量方法可以分为：被动测量和主动测量两种。同时，在自动化生产中，还常常涉及在线测量和实时测量等方法。

10.3.2 有关测量原则

为了减小测量误差、提高测量精度，在进行精密测量时常要求遵循一些测量原则，以下介绍几个常用的原则。

1. 阿贝测长原则

长度测量时需要计量器具的测量头或量臂移动，如游标卡尺、千分尺，其活动部件移动方向的正确性通常靠导轨保证。导轨的制造与安装误差（如直线度误差及配合处的间隙）会造成移动方向的偏斜。为了减小这种方向偏斜对测量结果的影响，1890 年德国人艾恩斯特•阿贝（Ernst Abbe）提出了以下指导性原则：在长度测量中，应将标准长度量（标准线）安放在被测长度量（被测线）的延长线上。这就是阿贝测长原则。也就是说，量具或仪器的标准量系统和被测尺寸应成串联形式。若为并联排列，则该计量器具的设计，或者说其测量方法原理不符合阿贝原则。游标卡尺便是这样，会因此产生较大的误差，可称阿贝误差。万能测长仪的测量头是按阿贝测长原则设计的，常称阿贝测长头。千分尺的结构，若忽略读数装置的直径，也符合阿贝测长原则。

测量仪器若不按阿贝测长原则设计，所产生的测量误差差别较大；应用阿贝测长原则，可以显著减少测量头移动方向偏差对测量结果的影响。因此，阿贝测长是精密测量中非常重要的原则，在评定量仪或拟定长度测量方案时必须首先给以考虑。若由于结构上的原因（如在大尺寸测量中，阿贝测长原则难以实现（如工作台、床身要求太长等）时，应该采取其他有效措施以减少、甚至消除这种测量原理方面产生的误差。

2. 最短测量链原则

在长度测量中，整个测量系统由多个环节组成，如测量台架、垫块、调节装置、读数装置、测量头等，最终形成两测量面，立式测量仪器即为测头端面与工作台面，卧式测量仪器即为活动测头与固定测头的端面。测量链则由测量系统的各个环节再经由两测量面与被测工件连成封闭链。测量时，测量链中各组成环节的误差对测量结果有直接的影响（误差传递系数通常为 1),即测量链的最终测量误差是各组成环节误差的累积值。因此,尽量减少测量链的组成环节可以减小测量误差,这就是最短测量链原则。正因为这样,在用量块组合尺寸时,应使量块数量尽可能减少;在用指示表测量时,在测头与被测工件及工作台之间,应不垫或尽量少垫量块,表架的悬伸支臂与立柱应尽量缩短等。

3. 圆周封闭原则

在圆周分度器件(如刻度盘、圆柱齿轮等)的测量中,利用在同一圆周上所有夹角之和等于 360°,即所有夹角误差之和等于零的这一自然封闭特性,在没有更高精度的圆分度基准器件的情况下,采用"自检法"也能达到高精度测量的目的。圆柱齿轮齿距误差的测量便是一例,齿距的公称值正是对应于用齿数等分 360°所得的圆心角,测得整个齿轮的全部实际齿距,其平均值即为其公称值,而每一实际齿距与它的差值便是各个齿的齿距偏差。

计量检定部门对标准多面棱体(角度基准)的检定也是应用了这一原则,可达到很高的测量精度。

10.4　测量误差及数据处理

10.4.1　测量误差的基本概念

1. 测量误差

任何测量过程,由于受到计量器具和测量条件的影响,不可避免地会出现误差。因此,每一个实际测得值往往只是在一定程度上近似于被测量的真值,这种近似程度在数值上则表现为测量误差。测量误差 Δ 是被测量的实际测量结果 X 与被测量的真值 Q 之差,即

$$\Delta = X - Q$$

上式表达的误差也叫绝对误差,而绝对误差与真值之比的百分数称为相对误差 r,即

$$r = \Delta/Q \times 100\%$$

相对误差是无量纲量,当被测量值不同且相差较大时,用它更能清楚地比较或反映两测量值的准确性。

以上计算式要有真值才能求出结果,而真值具有不能确定的本性,故实际中常用对被测量多次重复测量所得的平均值作为约定真值。

2. 测量误差的分类

按误差的性质,测量误差分为随机误差、系统误差和粗大误差三类。

(1) 随机误差　在相同条件下对同一量的多次重复测量过程中,以不可预知方式变化的一种误差,它是整个测量误差中的一个分量。这一分量的大小和符号不可预定,它的分散程度,称为"精密度"。随机误差按其本质被定义为:测得值与对同一被测量进行大量重复测量所得结果的平均值之差。在测量过程中量仪的不稳定造成的误差,环境条件中温度的微小变动和地基振动等所造成的误差,均属于随机误差。

（2）系统误差 在相同条件下对同一被测量的多次测量过程中，保持恒定或以可预知方式变化的测量误差的分量，即误差的绝对值和符号固定不变。按其本质被定义为：对同一被测量进行大量重复测量所得的结果的平均值，与被测量真值之差。它的大小表示测量结果对真值的偏离程度，反映测量的"正确度"，对测量仪器而言，可称为偏移误差。如量块检定后的实际偏差，在按"级"使用此量块的测量过程中，它便是定值系统误差。

（3）粗大误差 明显超出规定条件下预期的误差。粗大误差也称疏忽误差或粗差。引起粗大误差的原因如：错误读取示值；使用有缺陷的测量器具；量仪受外界振动、电磁等干扰而发生指示突跳。

测量准确度是测量结果与被测量真值之间的一致程度。显然，无粗大误差，且随机误差和系统误差小，则测量"准确度"高，但这只是一种定性概念，要定量表示宜用不确定度。

10.4.2 测量数据处理

由于测量误差的存在，使测量结果带有不可信性，为提高其可信程度和准确程度，常对同一量进行相同条件下的重复多次的测量，取得一系列的包含有误差的数据，按统计方法处理，获知各类误差的存在和分布，分别给以恰当的处理，最终得到较为可靠的测量值，并给出可信程度的结论。数据处理包括下列内容。

1. 系统误差的消除

测量过程中的系统误差可分为恒定系统误差和变值系统误差，具有不同的特性。恒定系统误差是对每一测量值的影响均为相同常量，对误差分布范围的大小没有影响，但使算术平均值产生偏移。通过对测量数据的观察分析，或用更高精度的测量鉴别，可较容易地把这一误差分量分离出来并作修正；变值系统误差的大小和方向则随测试时刻或测量值的不同大小等因素按确定的函数规律而变化。如果确切掌握了其规律性，则可以在测量结果中加以修正。消除和减少系统误差的方法常见有：补偿修正法、抵消法、对称法、半周期法等。

2. 随机误差的处理

在测量过程数据中，排除系统误差和粗大误差后余下的便是随机误差。随机误差的处理是从它的统计规律出发，按其为正态分布（见标准《数据的统计处理和解释 正态分布均值和方差的估计与检验》(GB/T 4889—2008))求测得值的算术平均值以及用于描述误差分布的标准偏差。随机误差是不可消除的一个误差分量，进行分析处理的目的是为了得知测得值的精确程度。通过对求得的标准偏差作进一步的处理，可获得测量结果的不确定度。

1）算术平均值以及任一测量值的标准偏差

消除系统误差和粗大误差后的一系列测量数据（n 个分量相互独立）$x_1, x_2, \cdots, x_n$，其算术平均值为

$$\bar{x} = \frac{\sum\limits_{i=1}^{n} x_i}{n} \tag{10-1}$$

设 Q 为被测量的真值，δ_i 为测量列中测得值的随机误差，则上式中 $x_i = Q + \delta_i$。在等精

度多次测量中,随着测量次数 n 的增大,$\bar{x}$ 必然越接近真值,这时取算术平均值为测量结果,将是真值的最佳估计值。

测量列中单次测量值(任一测量值)的标准偏差定义为

$$\sigma = \sqrt{\frac{\sum_{i=1}^{n}\delta_i^2}{n}} \tag{10-2}$$

由于真差 δ_i 未知,所以不能直接按定义求得 σ 值,故实际测量时常用残余误差 $\nu_i = x_i - \bar{x}$ 代替真差 δ_i,按照贝塞尔(Bessel)公式求得 σ 的估计值 S,即为单次测量的标准偏差:

$$S = \sqrt{\frac{\sum_{i=1}^{n}\nu_i^2}{n-1}} \tag{10-3}$$

2)随机误差的分布

大量的测量实践表明,随机误差通常服从正态分布规律,所以,其概率密度函数为

$$y = \frac{1}{\sigma\sqrt{2\pi}}\exp\left[-\frac{1}{2}\left(\frac{x-\mu}{\sigma}\right)^2\right] \tag{10-4}$$

函数曲线如图 10-8 所示,σ 越大,表示测量的数据越分散。

3)测量列算术平均值的标准偏差

如果在相同条件下,对某一被测几何量重复地进行 m 组的"n 次测量",则 m 个"n 个数的算术平均值"的算术平均值将更接近真值。m 个平均值的分散程度要比单次测量值的分散程度小得多。描述它们的分散程度,可用测量列算术平均值的标准偏差 $\sigma\bar{x}$ 作为评定指标,其值按下式计算:

$$\sigma_{\bar{x}} = \frac{\sigma}{\sqrt{n}} \tag{10-5}$$

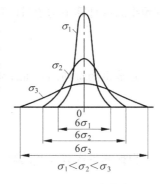

图 10-8　正态分布

其估计量为 $S_{\bar{x}} = \dfrac{S}{\sqrt{n}}$。此值将是不确定度表达的根据,以上过程和方法也是现代不确定度评定方法中所要应用的方法。

3. 粗大误差的处理

在一列重复测量所得数据中,经系统误差修正后如有个别数据与其他数据有明显差异,则这些数值很可能含有粗大误差,称其为可疑数据,记为 x_d。根据随机误差理论,出现粗大误差的概率虽小,但不为零。因此,必须找出这些异常值,予以剔除。然而,在判别某个测得值是否含有粗大误差时,要特别慎重,需要作充分的分析研究,并根据选择的判别准则予以确定,因此要对数据按相应的方法作预处理。

预处理并判别粗大误差有多种方法和准则,有 3σ 准则、罗曼诺夫斯基准则、狄克松准则、格罗布斯准则等,其中 3σ 准则是常用的统计判断准则,罗曼诺夫斯基准则适用于数据较少场合。

1)3σ 准则

此准则先假设数据只含随机误差进行处理,计算得到标准偏差,按一定概率确定一个区

间,便可以认为:凡超过这个区间的误差,就不属于随机误差而是粗大误差,含有该误差的数据应予以剔除。这种判别处理原理及方法仅局限于对正态或近似正态分布的样本数据处理。

3σ 准则又称拉依达准则,作判别计算时,先以测得值 x_i 的平均值 $\bar{x}$ 代替真值,求得残差 $\nu_i = x_i - \bar{x}$。再以贝塞尔公式算得的标准偏差 S 代替 σ,用 $3S$ 值与各残差 ν_i 作比较,对某个可疑数据 x_d,若其残差 ν_d 满足下式则为粗大误差,应剔除数据 x_d。

$$|\nu_d| = |x_d - \bar{x}| > 3S \tag{10-6}$$

每经一次粗大误差的剔除后,剩下的数据要重新计算 S 值,再次以数值已变小了的新的 S 值为依据,进一步判别是否还存在粗大误差,直至无粗大误差为止。应该指出,3σ 准则是以测量次数充分大为前提的。当 $n \leqslant 10$ 的情形,用 3σ 准则剔除粗大误差是不够可靠的。因此,在测量次数较少的情况下,最好不要选用 3σ 准则,而用其他准则。

2) 罗曼诺夫斯基准则

当测量次数较少时,用罗曼诺夫斯基准则较为合理,这一准则又称 t 分布检验准则,它是按 t 分布的实际误差分布范围来判别粗大误差的。其特点是首先剔除一个可疑的测量值,然后按 t 分布检验被剔除的测量值是否含有粗大误差。

设对某量作多次等精度独立测量,得 $x_1, x_2, \cdots, x_n$。若认为测得值 x_d 为可疑数据,将其预剔除后计算平均值(计算时不包括 x_d):

$$\bar{x} = \frac{1}{n-1} \sum_{i=1, i \neq d}^{n} x_i \tag{10-7}$$

并求得测量列的标准差估计量(计算时不包括 $\nu_d = x_d - \bar{x}$):

$$S = \sqrt{\frac{\sum_{i=1}^{n-1} \nu_i^2}{n-2}} \tag{10-8}$$

根据测量次数 n 和选取的显著度 α,即可由表 10-2 查得检验系数 $K(n, \alpha)$。若有

$$|x_d - \bar{x}| \geqslant K(n, \alpha)S \tag{10-9}$$

则数据 x_d 含有粗大误差,应予以剔除。否则,予以保留。

【例 10-1】 对某一轴径进行等精度测量 15 次,按测量顺序把各测量值依次列于表 10-2 中,试求测量结果。

(1) 判断定值系统误差

假设计量器具已经检定、测量环境得到有效控制,可以认为测量列中不存在定值系统误差。

(2) 计算测量值列算术平均值并填入表格中

$$\bar{x} = \frac{\sum_{i=1}^{n} x_i}{n} = \frac{461.130\text{mm}}{15} = 30.742\text{mm}$$

(3) 计算残差并填入表格中

$$\nu_i = x_i - \bar{x}$$

按残差观察法,这些残差的符号大致上正负相间,没有周期性变化,因此可认为测量列中不存在变值系统误差。

表 10-2 测量数据处理计算表

测量序号	测量值 x_i /mm	计算残差① $\nu_i = x_i - \bar{x}$ /μm	计算残差的平方① ν_i^2 /μm²	计算残差② $\nu_i = x_i - \bar{x}$ /μm	计算残差的平方② ν_i^2 /μm²
1	30.742	0	0	+1	1
2	30.743	+1	1	+2	4
3	30.740	−2	4	−1	1
4	30.741	−1	1	0	0
5	30.755	13	169	—	—
6	30.739	−3	9	−2	4
7	30.740	−2	4	−1	1
8	30.739	−3	9	−2	4
9	30.741	−1	1	0	0
10	30.742	0	0	+1	1
11	30.743	+1	1	+2	4
12	30.739	−3	9	−2	4
13	30.740	−2	4	−1	1
14	30.743	+1	1	+2	4
15	30.743	+1	1	+2	4
① 算术平均值 $\bar{x} = 30.742$		$\sum_{i=1}^{15} \nu_i = 0$	$\sum_{i=1}^{15} \nu_i^2 = 214$	—	—
② 去掉一个含粗大误差数据后的算术平均值 $\bar{x} = 30.741$		—	—	$\sum_{i=1}^{14} \nu_i \approx 1$	$\sum_{i=1}^{14} \nu_i^2 = 33$

注：可在 Excel 软件中进行数据处理或用高级语言编程(如 VB)的方法进行数据处理更方便。

（4）计算测量值列单次测量值的标准偏差

$$S = \sqrt{\frac{\sum_{i=1}^{n} \nu_i^2}{n-1}} = \sqrt{\frac{214}{15-1}} \mu m \approx 3.9 \mu m$$

（5）判断粗大误差

按照拉伊达 3σ 准则，测量列中出现了绝对值(13)大于 3σ 的残差($3 \times 3.9 = 11.7$)，应去掉不可靠数据，去掉第 5 次测得值。

对剩余 14 个测量值进行同样计算处理，如表格中的右边两列。

求残差标准偏差估计值(μm)：

$$S = \sqrt{\frac{\sum_{i=1}^{n} \nu_i^2}{n-1}} = \sqrt{\frac{33}{14-1}} \mu m \approx 1.6 \mu m$$

按照拉伊达 3σ 准则($3\sigma = 3S = 4.8$)，再观察未发现粗大误差。

（6）计算测量值列算术平均值的标准偏差

$$\sigma_{\bar{x}} = \frac{\sigma}{\sqrt{n}} = \frac{1.6}{\sqrt{14}} \mu m \approx 0.4 \mu m$$

（7）计算测量值列算术平均值的测量极限误差

$$\delta_{\lim(\bar{x})} = \pm \sigma_{\bar{x}} = \pm 3 \times 0.4 \mu m = \pm 1.2 \mu m = \pm 0.0012 mm$$

（8）确定测量结果

$$d_e = \bar{x} \pm \delta_{\lim(\bar{x})} = (30.741 \pm 0.001) mm$$

这时的置信概率为 99.73%。

10.4.3 测量不确定度

在国民经济、国防建设、科学技术各个领域，为了认识事物，无处不涉及测量，并且大量地存在，而测量数据是测量的产物，有的数据是为定量用的，有的则是供定性用的，它们都与不确定度密切相关。为明确定量用数据的水平与准确性，其最后结果的表示必须给出其不确定度，否则，所述结果的准确性和可靠性不明，数据便没有使用价值和意义。

有了不确定度说明，便可知测量结果的水平如何。不确定度越小，测量的水平越高，数据的质量越高，其使用价值也越高；不确定度越大，测量的水平越低，数据质量越低，其使用价值也越低。

不确定度与计量科学技术密切相关，它用于说明基准标定、测试检定的水平，在 ISO/IEC 导则 25"校准实验室与测试实验室能力的通用要求"中指明，实验室的每个证书或报告，均必须包含有关评定校准或测试结果不确定度的说明。在质量管理与质量保证中，对不确定度极为重视。ISO 9001 规定：在检验、计量和试验设备使用时，应保证所用设备的测量不确定度已知，且测量能力满足要求。

1. 有关的术语定义

（1）不确定度   用以表征合理赋予被测量的值的分散性而在测量结果中含有的一个参数。测量不确定度与测量误差紧密相连但却有区别：在实际工作中，由于不知道被测量值的真值才去进行测量，误差的影响必然使测量结果出现一定程度上的不真实，故必须同时表达其准确程度，现要求用测量不确定度来描述，它是对测得值的分散性的估计，是用以表示测量结果分散区间的量值，但不是指具体的、确切的误差值，虽可以通过统计分析方法进行估计，却不能用于修正、补偿量值。过去，我们通过对随机误差的统计分析求出描述分散性的标准偏差后，以特定的概率用极限误差值来描述，实际上，大多就是今天所要描述的测量不确定度。

（2）标准不确定度   以标准差表示的测量结果不确定度。标准不确定度的评定方法有两种：A 类评定和 B 类评定。由观测列统计分析所作的不确定度评定称为不确定度的 A 类评定，相应的标准不确定度称为统计不确定度分量或"A 类不确定度分量"；由不同于观测列统计分析所作的不确定度评定，称为不确定度的 B 类评定，相应的标准不确定度称为非统计不确定度分量或"B 类不确定度分量"。将标准不确定度区分为 A 类和 B 类的目的，是使标准不确定度可通过直接或间接的方法获得，两种方法只是计算方法的不同，并非本质上存在差异,两种方法均基于概率分布。

(3) 合成标准不确定度　测量结果由其他量值得来时,按其他量的方差或协方差算出的测量结果的标准不确定度。如被测量 Y 和其他量 X_i 有关系 $y = f(X_i)$,测量结果 y 的合成标准不确定度记为 $u_c(y)$,也可简写为 u_c 或 $u(y)$,它等于各项分量标准不确定度,即 $u(X_i)$ 的平方之和的正平方根。

(4) 伸展不确定度　确定测量结果区间的量,合理赋予被测量值一个分布区间,希望绝大部分实际值含于该区间,也称范围不确定度,即被测量的值以某一可能性(概率)落入该区间中。展伸不确定度记为 U,一般是该区间的半宽。

(5) 包含因子　为获得伸展(范围)不确定度,对合成标准不确定度所乘的数值,也称范围因子,也就是说,它是伸展不确定度与合成标准不确定度的比值。包含因子记为 κ。

(6) 自由度　求不确定度所用总和中的项数与总和的限制条件之差。自由度记为 v。

(7) 置信水准　伸展不确定度确定的测量结果区间包含合理赋予被测量值的分布的概率,也称包含概率。置信水准记为 p。

2. 测量不确定度的来源

(1) 对被测量的定义不完善;
(2) 被测量定义复现的不理想;
(3) 被测量的样本不能代表定义的被测量;
(4) 环境条件对测量过程的影响考虑不周,或环境条件的测量不完善;
(5) 模拟仪表读数时人为的偏差;
(6) 仪器分辨力或鉴别阈不够;
(7) 赋予测量标准或标准物质的值不准;
(8) 从外部来源获得并用以数据计算的常数及其他参数不准;
(9) 测量方法和测量过程中引入的近似值及假设;
(10) 在相同条件下被测量重复观测值的变化等。

习　题

10-1　测量的定义是什么?什么是测量误差?有什么分类?

10-2　试叙述测量中系统误差、随机误差和粗大误差的特点及处理方法。

10-3　什么是阿贝误差和阿贝原则?游标尺的结构是否符合阿贝原则?千分尺呢?

10-4　试从 83 块一套的量块中同时组合下列尺寸:48.98mm,29.875mm,10.56mm。

10-5　等精度测量某一尺寸 15 次,各次的测得值如下(单位为 mm):20.002,20.003,20.000,20.001,20.005,19.999,20.000,19.999,20.001,20.004,20.001,19.998,20.003,20.000,20.003。求测量结果的平均值以及平均值的标准偏差。

第 **11** 章

尺寸的检验

11.1　注出公差的尺寸检验

为了使加工零件符合设计图纸的精度要求,最终保证产品的质量,除了要保证加工零件所采用的加工设备与加工工艺满足零件的技术精度要求外,还应该规定相应的测量检验原则作为技术保证。只有按测量检验标准规定的方法确认合格的零件,才能满足设计要求。

针对工件的检验,我国制定了两个相关国家标准:《产品几何级数规范(GPS)　光滑工件尺寸的检验》(GB/T 3177—2009)和《光滑极限量规　技术条件》(GB 1957—2006)。对于工件注出公差的尺寸(有一般线性尺寸和有包容要求的尺寸),GB/T 3177—2009 规定了用普通计量器具进行工件尺寸测量与检验的方法;GB/T 1957—2006 则规定了用光滑极限量规进行工件检验的方法。采用这两个标准中的方法测量检验,可以防止误收,保证质量要求,满足按泰勒原则验收仅带有包容要求的工件。

11.1.1　泰勒原则与误废和误收概念

泰勒原则就是要求孔、轴的体外作用尺寸不超出其最大实体尺寸,且提取要素的局部尺寸不超出其最小实体尺寸的检验原则。这也就是测量检验中必须遵守的极限尺寸判断原则。

按照第 2 章的技术术语解释,体外作用尺寸是工件的提取要素的局部尺寸和孔、轴形位误差的综合作用形成的。因此,按泰勒原则验收工件,实际上是以某一检测边界尺寸综合控制孔、轴的提取要素的局部尺寸与实际形状位置误差是否满足技术要求。对仅带有包容要求的尺寸检验,该检测边界尺寸即孔、轴的极限尺寸;用该检测边界检验合格的孔、轴可满足包容要求。

对仅带有包容要求的工件尺寸检验,遵循泰勒原则的验收要求可表达如下:

对于孔　　　$D_{\min} \leqslant D_{\mathrm{fe}}$,且 $D_{\mathrm{ai}} \leqslant D_{\max}$;

对于轴　　　$d_{\min} \leqslant d_{\mathrm{ai}}$,且 $d_{\mathrm{fe}} \leqslant d_{\max}$。

误收是把超出极限尺寸范围的不合格工件误认为合格;误废是把在极限尺寸范围内的合格工件误认为不合格。传统的验收方法是把图样上的极限尺寸作为相应的验收极限,用普通计量器具测量工件实际尺寸,若测得值(实际尺寸)不超出上下极限尺寸,即判为合格予以接收。由于不可避免的测量误差,使得检验人员可能产生两种误判:误收或误废。误收会影响产品质量,误废则造成经济损失。

如图 11-1 所示,按传统的验收方法,在上验收极限(上极限尺寸)附近处,由于计量器具的测量不确定度,会把尺寸真值读大或读小,若把大于上极限尺寸或小于下极限尺寸的真值测得为在极限尺寸之内的值,则产生误收;若把小于上极限尺寸或大于下极限尺寸的真值测得为在极限尺寸之外的值,则发生误废。这种误判(误收或误废)发生的概率与工件提取要素的局部尺寸的分布情况有关,也与计量器具不确定度、测量方法的精确度有关。由于工件提取要素的局部尺寸的分布与加工方法的过程能力指数 C_p 有关,因此,工艺能力指数与提取要素的局部尺寸的分布规律会影响误判的概率。提取要素的局部尺寸服从对称分布规律时,在上、下验收极限发生误判的概率相同;若为偏态分布时,则在偏向的一侧误判的概率较大。

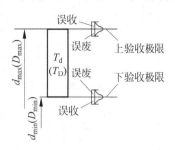

图 11-1　误收和误废示意图

11.1.2　光滑工件尺寸检验

因为多数通用计量器具通常只是测量尺寸,不测量工件上可能存在的形状误差。对于带有包容要求的尺寸要素的检验,只是测量提取要素的局部尺寸,不足以判断工件的形状误差(如圆度、直线度等),要判定该工件尺寸要素是否满足包容要求,就需采用一些测量措施,在检测判定中考虑这些形状误差,以综合判定工件被检验要素是否超出包容要求所指的最大实体边界。同时,传统及现行普遍的验收方法存在着误收和误废现象,难于满足泰勒原则要求。由于工件的形状误差可以由加工设备和工艺装备的精度来控制,考虑到车间实际情况下的尺寸检验的方便性,工件尺寸的合格与否按一次测量结果来判断是较为方便实用的。这种检测原则,对温度、压陷效应等以及计量器具和标准器的系统误差不进行修正。为此,《光滑工件尺寸的检验》(GB/T 3177—2009)标准,通过内缩验收极限的规定解决这一矛盾。该标准是用于使用游标卡尺、千分尺、车间使用的比较仪、投影仪等量具量仪,对图样上注出的公差等级为 6～18 级(IT6～IT18)、公称尺寸至 500mm 的光滑工件尺寸的检验,也适用于对一般公差尺寸的检验。

1. 安全裕度与验收极限

采用计量器具测量的标准温度是 20℃。如果计量器具与被测工件的线膨胀系数相同,测量时只需保持两者具有相同的温度,实际温度可以偏离 20℃。

1) 验收极限方式的确定内缩方式

验收极限是判断所检验工件尺寸合格与否的尺寸界限,并按验收极限来验收工件。标准规定了下列两种方式确定验收极限。

(1) 内缩方式

验收极限是从规定的最大实体尺寸(MMS)和最小实体尺寸(LMS)分别向工件公差带内移动一个安全裕度(A)来确定,如图 11-2 所示。A 的数值按工件公差(T)的 1/10 确定,它与工件标注的公差等级有关,可从表 11-1 查得。

表 11-1　安全裕度（A）与计量器具不确定度允许值（u_1）

μm

公称尺寸 大于	至	IT6 T	A	u_1 I	II	III	IT7 T	A	u_1 I	II	III	IT8 T	A	u_1 I	II	III	IT9 T	A	u_1 I	II	III
—	3	6	0.6	0.54	0.9	1.4	10	1.0	0.9	1.5	2.3	14	1.4	1.3	2.1	3.2	25	2.5	2.3	3.8	5.6
3	6	8	0.8	0.72	1.2	1.8	12	1.2	1.1	1.8	2.7	18	1.8	1.6	2.7	4.1	30	3.0	2.7	4.5	6.8
6	10	9	0.9	0.81	1.4	2.0	15	1.5	1.4	2.3	3.4	22	2.2	2.0	3.3	5.0	36	3.6	3.3	5.4	8.1
10	18	11	1.1	1.0	1.7	2.5	18	1.8	1.7	2.7	4.1	27	2.7	2.4	4.1	6.1	43	4.3	3.9	6.5	9.7
18	30	13	1.3	1.2	2.0	2.9	21	2.1	1.9	3.2	4.7	33	3.3	3.0	5.0	7.4	52	5.2	4.7	7.8	12
30	50	16	1.6	1.4	2.4	3.6	25	2.5	2.3	3.8	5.6	39	3.9	3.5	5.9	8.8	62	6.2	5.6	9.3	14
50	80	19	1.9	1.7	2.9	4.3	30	3.0	2.7	4.5	6.8	46	4.6	4.1	6.9	10	74	7.4	6.7	11	17
80	120	22	2.2	2.0	3.3	5.0	35	3.5	3.2	5.3	7.9	54	5.4	4.9	8.1	12	87	8.7	7.8	13	20
120	180	25	2.5	2.3	3.8	5.6	40	4.0	3.6	6.0	9.0	63	6.3	5.7	9.5	14	100	10	9.0	15	23
180	250	29	2.9	2.6	4.4	6.5	46	4.6	4.1	6.9	10	72	7.2	6.5	11	16	115	12	10	17	26
250	315	32	3.2	2.9	4.8	7.2	52	5.2	4.7	7.8	12	81	8.1	7.3	12	18	130	13	12	19	29
315	400	36	3.6	3.2	5.4	8.1	57	5.7	5.1	8.4	13	89	8.9	8.0	13	20	140	14	13	21	32
400	500	40	4.0	3.6	6.0	9.0	63	6.3	5.7	9.5	14	97	9.7	8.7	15	22	155	16	14	23	35

公称尺寸 大于	至	IT10 T	A	u_1 I	II	III	IT11 T	A	u_1 I	II	III	IT12 T	A	u_1 I	II	IT13 T	A	u_1 I	II
—	3	40	4.0	3.6	6.0	9.0	60	6.0	5.4	9.0	14	100	10	9.0	15	140	14	13	21
3	6	48	4.8	4.3	7.2	11	75	7.5	6.8	11	17	120	12	11	18	180	18	16	27
6	10	58	5.8	5.2	8.7	13	90	9.0	8.1	14	20	150	15	14	23	220	22	20	33
10	18	70	7.0	6.3	11	16	110	11	10	17	25	180	18	16	27	270	27	24	41
18	30	84	8.4	7.6	13	19	130	13	12	20	29	210	21	19	32	330	33	30	50
30	50	100	10	9.0	15	23	160	16	14	24	36	250	25	23	38	390	39	35	59
50	80	120	12	11	18	27	190	19	17	29	43	300	30	27	45	460	46	41	69
80	120	140	14	13	21	32	220	22	20	33	50	350	35	32	53	540	54	49	81
120	180	160	16	15	24	36	250	25	23	38	56	400	40	36	60	630	63	57	95
180	250	185	18	17	28	42	290	29	26	44	65	460	46	41	69	720	72	65	110
250	315	210	21	19	32	47	320	32	29	48	72	520	52	47	78	810	81	73	120
315	400	230	23	21	35	52	360	36	32	54	81	570	57	51	80	890	89	80	130
400	500	250	25	23	38	56	400	40	36	60	90	630	63	57	95	970	97	87	150

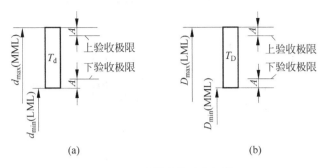

图 11-2　孔轴内缩验收极限

(a) 轴公差带；(b) 孔公差带

按此规定,孔尺寸验收时的验收极限应为

上验收极限＝最小实体尺寸(LMS)－安全裕度(A)

下验收极限＝最大实体尺寸(LMS)＋安全裕度(A)

轴尺寸的验收极限为

上验收极限＝最大实体尺寸(MMS)－安全裕度(A)

下验收极限＝最小实体尺寸(LMS)＋安全裕度(A)

安全裕度(A)可根据工件被检尺寸的基本尺寸和公差等级由表 11-1 查得。

显然,这种方式可以减少误收,但增加了误废,从保证产品质量着眼是必需的。

（2）不内缩方式

该方式规定验收极限等于工件的最大实体尺寸(MMS)和最小实体尺寸(LMS),即安全裕度(A)等于零,可在一些特定情况下使用。

2）验收极限方式的选择

上述两种验收方式的选择应综合考虑尺寸的功能要求及重要程度、尺寸公差等级、测量不确定度和工艺能力等因素。一般可按下述原则选定:

（1）对采用包容要求的尺寸、公差等级较高的尺寸,应选用内缩方式确定验收极限。

（2）当过程能力指数 $C_P \geqslant 1$ 时($C_P = T/6\sigma$,σ 是尺寸分布的标准偏差),其验收极限可以按不内缩的方式确定;但当采用包容要求时,在最大实体尺寸一侧仍应按内缩方式确定验收极限(见图 11-3)。

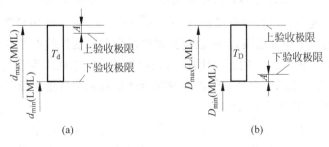

图 11-3　采用包容要求、一侧内缩的验收极限

(a) 轴公差带；b) 孔公差带

(3) 对于偏态分布的尺寸,可以只对尺寸偏向的一侧,按内缩方式确定验收极限(见图 11-4)。

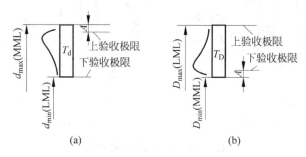

图 11-4   偏态分布、一侧内缩的验收极限

(a) 轴公差带;(b) 孔公差带

(4) 对于非配合和一般公差的尺寸,可按不内缩的方式确定验收极限。

2. 计量器具的选择

因为若计量器具的测量不确定度足够大时,还是会产生误收现象。因此,测量检验工件尺寸时,要达到不误收,单靠内缩验收极限还是不够可靠,应综合考虑测量器具的技术指标和经济指标,以综合效果最佳为原则,计量器具作出选择。选择计量器具时,需考虑以下几点。

(1) 根据被测工件的结构特点、外形及尺寸来选择测量器具,使选择的测量器具的测量范围能满足被测工件的要求。

(2) 根据被测工件的精度,按照《光滑工件尺寸的检验》(GB/T 3177—2009)的规定,按计量器具所引起的测量不确定度的允许值(u_1)选择计量器具。要求所选的计量器具的测量不确定度数值必须等于或小于其允许值(u_1)。对国家标准没有相关规定的工件尺寸测量器具的选用,可按所选的测量器具的极限误差占被测工件尺寸公差的 1/10~1/3 进行,被测工件精度低时取 1/10,工件精度高时取 1/3 甚至 1/2。如果高精度的测量器具制造困难,只好以增大测量器具极限误差占被测工件公差的比例来满足测量要求,如半导体光刻晶圆和光掩膜线宽的测量器具选择。

(3) 通过查表,综合考虑确定计量器具所引起的测量不确定度的允许值(u_1)。

测量不确定度 U 是由测量器具的不确定度(u_1)和由温度、压陷效应及工件形状误差等因素引起的不确定度(u_2)二者组合成的,$U=\sqrt{u_1^2+u_2^2}$。u_1 是表征测量器具的内在误差引起测量结果分散的一个误差范围,其中也包括调整时用的标准件的不确定度,如千分尺的校对棒和比较仪用的量块等。u_1 的影响比较大,允许值约为 $0.9A$(A 为安全裕度),u_2 的影响比较小,允许值约为 $0.45A$。向公差带内缩的安全裕度就是按测量不确定度而定的,即 $A=U$,这是因为测量不确定度由下式表达:

$$U = \sqrt{u_1^2+u_2^2} = \sqrt{(0.9A)^2+(0.45A)^2} \approx A$$

计量器具的测量不确定度允许值(u_1)可根据工件被检尺寸的公称尺寸和公差等级由表 11-1 查得。普通计量器具的测量不确定度数值可由相关的资料中查得。其中,千分尺和游标卡尺的测量不确定度见表 11-2;比较仪的测量不确定度见表 11-3;指示表的测量不确定度见表 11-4。卡尺、千分尺是一般工厂在生产车间使用的测量器具,精度较低,只适用于测 IT9 与 IT10 工件公差。为提高其测量精度,可采用比较法测量。采用比较法测量时,该类测量器具的测量不确定度可降为原来的 40%(当使用形状与工件形状相同的标准器时)或 60%(当使用形状与工件形状不相同的标准器时)。

表 11-2　千分尺和游标卡尺的测量不确定度　　　　　mm

尺寸范围		计量器具类型			
		分度值 0.01 外径千分尺	分度值 0.01 内径千分尺	分度值 0.02 游标卡尺	分度值 0.05 游标卡尺
大于	至	测量不确定度 $u_计$			
0	50	0.004			
50	100	0.005	0.008		0.050
100	150	0.006		0.020	
150	200	0.007			
200	250	0.008	0.013		
250	300	0.009			
300	350	0.010			
350	400	0.011	0.020		0.100
400	450	0.012			
450	500	0.013	0.025		
500	600				
600	700		0.030		
700	1000				0.150

表 11-3　比较仪的测量不确定度　　　　　mm

尺寸范围		所使用的计量器具			
		分度值为 0.0005 (相当于放大 2000 倍)的比较仪	分度值为 0.001 (相当于放大 1000 倍)的比较仪	分度值为 0.002 (相当于放大 400 倍)的比较仪	分度值为 0.005 (相当于放大 250 倍)的比较仪
大于	至	测量不确定度 $u_计$			
—	25	0.0006	0.0010	0.0017	0.0030
25	40	0.0007		0.0018	
40	65	0.0008	0.0011		
65	90				
90	115	0.0009	0.0012	0.0019	
115	165	0.0010	0.0013		
165	215	0.0012	0.0014	0.0020	
215	265	0.0014	0.0016	0.0021	0.0035
265	315	0.0016	0.0017	0.0022	

(4) 若所选的计量器具其不确定度为 $u_计$,则要求:$u_计 \leqslant u_1$,且尽可能地接近 u_1,以便选得较为经济的计量器具。

表 11-4   指示表的测量不确定度   mm

尺寸范围		所使用的计量器具			
		分度值为 0.001 的千分表（0 级在全程范围内，1 级在 0.2 内）；分度值为 0.002 的千分表在 1 转范围内	分度值为 0.001, 0.002,0.005 的千分表（1 级在全程范围内）；分度值为 0.01 的百分表（0 级在任意 1 内）	分度值为 0.01 的百分表（0 级在全程范围内，1 级在任意 1 内）	分度值为 0.01 的百分表（1 级在全程范围内）
大于	至	测量不确定度 $u_{\text{计}}$			
—	25	0.005	0.010	0.018	0.030
25	40	0.005	0.010	0.018	0.030
40	65	0.005	0.010	0.018	0.030
65	90	0.005	0.010	0.018	0.030
90	115	0.005	0.010	0.018	0.030
115	165	0.006	0.010	0.018	0.030
165	215	0.006	0.010	0.018	0.030
215	265	0.006	0.010	0.018	0.030
265	315	0.006	0.010	0.018	0.030

表 11-1 中，计量器具测量不确定度允许值 u_1 是按工件公差的比值分挡的：对于 IT6 至 IT11 的分为 Ⅰ、Ⅱ、Ⅲ 三挡；对于 IT12 至 IT18 的分为 Ⅰ、Ⅱ 两挡。Ⅰ、Ⅱ、Ⅲ 三挡的测量不确定度允许值 U 分别为工件公差的 $1/10,1/6,1/4$。按 $u_1=0.9U$ 计算得到的计量器具测量不确定度允许值列于表 11-1。

由 Ⅰ 至 Ⅲ 挡作不同的选择，所选到的计量器具将越低级，造成误判的可能性增大，在一般情况下应优先选用 Ⅰ 挡，其次选用 Ⅱ、Ⅲ 挡。

3. 光滑工件尺寸检验示例

【例 11-1】   试确定 $\phi140H9\textcircled{E}$ 的验收极限，并选择相应的计量器具。

解   首先查表确定 $\phi140H9$ 公差带的上下偏差，应为：$\phi140^{+0.100}_{0}$，再根据表 11-1 可知，公称尺寸＝120～180mm、公差等级为 IT9 时，安全裕度 $A=10\mu m$，测量器具允许不确定度 $u_1=9\mu m$（Ⅰ 挡）。

由于工件尺寸采用包容要求，应按内缩方式确定验收极限，则：

上验收极限＝ $D_{\max}-A=(140+0.100-0.010)\text{mm}=140.090\text{mm}$

下验收极限＝ $D_{\min}+A=(140+0.010)\text{mm}=140.010\text{mm}$

又据表 11-2 可知，在工件尺寸 ≤150mm 范围内，分度值为 0.01mm 的内径千分尺的测量不确定度为 0.008mm，小于 $u_1=0.009$mm，且数值最为接近，可以满足要求。

【例 11-2】   被测工件为 $\phi45f8(^{-0.025}_{-0.064})$mm，试确定验收极限并选择合适的测量器具。并分析该轴可否使用分度值为 0.01mm 的外径千分尺进行比较法测量验收。

解   (1) 确定验收极限。该轴精度要求为 IT8 级，采用包容要求，故验收极限按内缩方案确定。由表 11-1 确定安全裕度 A 和测量器具的不确定度允许值 u_1。

该工件的公差为 0.039mm，从表 11-1 查得 $A=0.0039$mm，$u_1=0.0035$mm。其上、下

验收极限为

上验收极限 $= d_{\max} - A = (45 - 0.025 - 0.0039)\text{mm} = 44.9711\text{mm}$

下验收极限 $= d_{\min} + A = (45 - 0.064 + 0.0039)\text{mm} = 44.9399\text{mm}$

（2）选择测量器具。按工件公称尺寸 45mm，从表 11-3 查得分度值为 0.005mm 的比较仪不确定度 $u_{计}$ 为 0.0030mm，小于允许值 $u_1 = 0.0035$mm，故能满足使用要求。

当现有测量器具的不确定度 $u_{计}$ 大于 Ⅰ 挡允许值 u_1 时，可选用表 11-1 中的第 Ⅱ 挡 u_1 值，重新选择测量器具，依次类推，第 Ⅱ 挡 u_1 值满足不了要求时，可选用第 Ⅲ 挡 u_1 值。

（3）当没有比较仪时，由表 11-2 选用分度值为 0.01mm 的外径千分尺，其不确定度 $u_{计}$ 为 0.004mm，大于允许值 $u_1 = 0.0035$mm，显然用分度值为 0.01mm 的外径千分尺采用绝对测量法，不能满足测量要求。

（4）用分度值为 0.01mm 的外径千分尺进行比较测量时，使用 45mm 量块作为标准器（标准器的形状与轴的形状不相同），千分尺的不确定度可降为原来的 60%，即减小到 0.004 × 60% = 0.0024mm，小于允许值 $u_1 = 0.0035$mm。所以用分度值为 0.01mm 外径千分尺进行比较测量，是能满足测量精度的。

结论：该轴既可使用分度值为 0.005mm 的比较仪进行比较法测量，还可使用分度值为 0.01mm 的外径千分尺进行比较法测量，此时验收极限不变。

【例 11-3】　试确定按 GB/T 1804f(精密级)设计的 60mm 一般公差尺寸的验收极限，并选择相应的计量器具。

解　由线性尺寸一般公差可知，工件尺寸在 30～120mm 范围内，f 级（精密级）的极限偏差为 ±0.15mm。由于该尺寸采用一般公差，因此可按不内缩方式确定验收极限，即以其极限尺寸作为验收极限：

上验收极限 $= (60 + 0.15)\text{mm} = 60.15\text{mm}$

下验收极限 $= (60 - 0.15)\text{mm} = 59.85\text{mm}$

又据表 11-1 可知，公称尺寸 $= 50 \sim 80$mm，工件公差 $T = 0.3$mm $= 300\mu$m（相当于 IT12），其计量器具不确定度允许值 $u_1 = 27\mu$m（Ⅰ 挡）。

再据表 11-2 可知，尺寸 <300mm 范围内，分度值为 0.02mm 的游标卡尺的测量不确定度为 0.02mm，小于 $u_1 = 0.027$mm，可以满足要求。

11.2　常用尺寸的测量仪器

尺寸的测量方法和计量器具的种类很多，除了在生产实习中已介绍过的游标类量具（游标卡尺、游标深度尺、游标高度尺等）、螺旋测微量具（外径千分尺、内径千分尺）、指示表（百分表、千分表、杠杆百分表、内径百分表等）以外，下面再介绍几种较精密的计量器具的工作原理。

11.2.1　卧式测长仪

卧式测长仪是以一精密线纹尺为实物基准，利用显微镜细分读数的高精度测量仪器，可对零件的外形尺寸进行绝对测量和相对测量。如更换附件,还能测量内尺寸和内、外螺纹的中径。

卧式测长仪的工作原理如图11-5所示。在进行外尺寸测量时,测量前先使仪器测座与尾座10的两测量头接触,在读数显微镜中观察并记下第一次读数值。然后,以尾座测量头为固定测量头,移动测座,将被测工件放入两测量头之间,通过工作台的调整,使被测尺寸处于测量轴线上,再从读数显微镜中观察并读出第二个读数。两次读数之差,就是被测工件的实际尺寸。

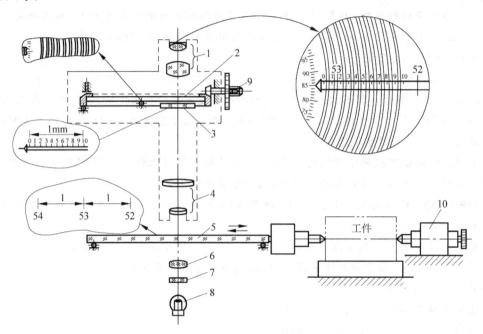

图 11-5   卧式测长仪的测量原理

1—目镜;2—螺旋分划板;3—十等分分划板;4—物镜;5—基准线纹尺;

6—聚光镜;7—滤光片;8—光源;9—微调手柄;10—尾座

由图11-5也能看出其光学系统的原理。由光源8发出的光线经过滤光片、聚光镜照亮了玻璃基准线纹尺5,经物镜4成像于螺旋分划板2上,在读数显微镜的目镜1中,可看到三种刻度重合在一起,一种是毫米线纹尺上的刻度,其间隔为1mm;另一种是间隔为0.1mm的十等分刻度,在十等分分划板3上;还有一种是有10圈多一点的阿基米德螺旋线刻度,在螺旋分划板2上,其螺距为0.1mm,在螺旋线里圈的圆周上有100格圆周刻度,每格圆周刻度代表阿基米德螺旋线移动0.001mm。读数时,旋转螺旋分划板微调手柄9,使毫米刻度线位于某阿基米德螺旋双刻线之间。如图11-5所示从显微镜中看到的图像是,基准线纹尺的毫米数值为52mm和53mm,其中53mm指示线在第二圈阿基米德螺旋线双刻线中,则毫米数为53mm,第二圈阿基米德螺旋线在十等分分划板上的位置不足2格,则读数为0.1mm;0.001mm的数值从螺旋线里圈的圆周上读出,为0.0855mm,最后一位数字由目测者估计得出,则整个读数值为

$$(53+0.1+0.0855)\text{mm}=53.1855\text{mm}$$

卧式测长仪分度值为0.001mm,测量范围为0~100mm,借助量块可扩大测量范围。

11.2.2　立式光学比较仪

立式光学比较仪是一种用相对法进行测量的精度较高、结构简单的常用光学量仪。

立式光学比较仪采用了光学杠杆放大原理。如图 11-6(a)所示玻璃标尺位于物镜的焦平面上，C 为标尺的原点。当光源发出的光照亮标尺时，标尺相当于一个发光体，其光束经物镜产生一束平行光。光线前进遇到与主光轴垂直的平面反射镜，则按原路反射回来，经物镜后，光线会聚在焦点 C' 上。C' 与 C 重合，标尺的影像仍在原处。图 11-6(b)表示当测杆 2 有微量位移 1 时，使平面反射镜 1 对主光轴偏转 α 角，于是由反射镜反射的光线与入射光线之间偏转 2α 角，标尺上 C 点的影像移到 C'' 点。只要把位移 L 测量出来，就可求出测量杆的位移量 l 值。从图上可知，$L = f\tan2\alpha$，f 是物镜的焦距，而 $l = a\tan\alpha$，因 a 很小，故放大比为

$$K = \frac{L}{l} = \frac{f\tan2\alpha}{a\tan\alpha} \approx \frac{2f}{a}$$

式中，a 为测杆到平面反射镜支点 M 的距离，称为臂长。

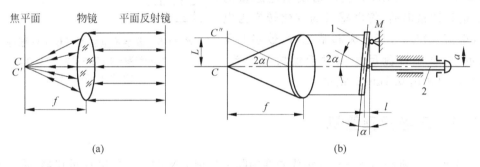

图 11-6　光学杠杆转换原理
1—平面反射镜；2—测杆

一般物镜焦距 $f = 200\text{mm}$，臂长 $a = 5\text{mm}$。代入上式得

$$K = \frac{2 \times 200}{5} = 80$$

因此，光学杠杆放大比为 80 倍，标尺的像通过放大倍数为 12 的目镜来观察，这样总的放大倍数为 $12 \times 80 = 960$ 倍。也就是说，当测杆位移 $1\mu\text{m}$ 时，经过 960 倍的放大，相当于在目镜内看到刻线移动了 0.96mm。

立式光学比较仪的分度值为 0.001mm；示值范围为 ±0.1mm；测量范围：高度 $0 \sim 180$mm，直径 $0 \sim 150$mm。

如图 11-7 所示为立式光学比较仪中光学测量管的光学系统图。照明光经反射镜 1 照亮分划板 2 左面的刻度标尺，标尺的光线经棱镜 3、物镜 4 形成平行光束（分划板位于物镜的焦平面上），射在平面反射镜 5 上。当测杆 6 有微量位移时，反射镜 5 绕支点转动 α

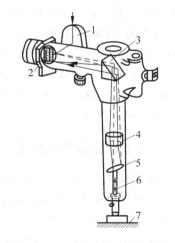

图 11-7　光学测量管的测量系统
1—反射镜；2—分划板；3—棱镜；4—物镜；
5—反射镜；6—测杆；7—工作台

角,使刻度尺在分划板右边的像相对于固定的基准线上下移动。从目镜中可观察到刻度尺影像相对于基准线的位移量,即可得到测杆的位移量。

测量时,先将量块放在工作台上,调整仪器使反射镜与主光轴垂直,然后换上被测工件。由于工件与量块尺寸的差异而使测杆产生位移。

11.2.3   电感测微仪

电感测微仪是一种常用的电动量仪。它是利用磁路中气隙的改变,引起电感量相应改变的一种量仪。图 11-8 为数字式电感测微仪工作原理图。测量前,用量块调整仪器的零位,即调节测量杆 3 与工作台 5 的相对位置,使测量杆 3 上端的磁芯处于两只差动线圈 1 的中间位置,数字显示为零。测量时,若被测尺寸相对于量块尺寸有偏差,测量杆 3 带动磁芯 2 在差动线圈 1 内上下移动,引起差动线圈电感量的变化,通过测量电路,将电感量的变化转换为电压(或电流)信号,并经放大和整流,由数字电压表显示,即显示被测尺寸相对于量块的偏差。数字显示可读出 $0.1\mu m$ 的量值。

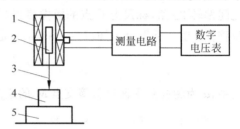

图 11-8   数字式电感测微仪工作原理
1—差动线圈;2—磁芯;3—测量杆;
4—被测零件;5—工作台

11.2.4   三坐标测量机

三坐标测量机是 20 世纪 60 年代初在国际上发展起来的一种新型计量仪器,是一种集光、机、电、计算机和自动控制等多种技术于一体的新型精密测量仪器。它可在空间相互垂直的三个坐标上进行零件和部件的尺寸、形状及相互位置的检测,例如箱体、导轨、涡轮和叶片、缸体、凸轮、齿轮、形体等空间型面的测量。此外,还可用于划线、定中心孔、光刻集成线路等,并可对连续曲面进行扫描及制备数控机床的加工程序等。由于它的通用性强、测量范围大、精度高、效率高、性能好、能与柔性制造系统相连接,已成为一类大型精密仪器,故有"测量中心"之称,并广泛用于机械制造、电子、汽车、航空航天等工业中,是精密测量发展的方向。目前,在全世界范围内已形成了相当规模的三坐标测量机的制造厂,按类型和尺寸来说约有 300 多个品种。国外著名的生产厂家有德国的蔡司(Zeiss)和莱茨(Leitz)、意大利的 DEA、美国的布朗-夏普(Brown & Sharpe)、日本的三丰(Mitutoyo)等公司。

1. 三坐标测量机的分类

按测量精度分为高精度、中精度和低精度三类。低精度的主要是具有水平臂的三坐标划线机;中等精度及一部分低精度测量机常称为生产型坐标测量机;高精度的称为精密型或计量型,主要在计量室使用。它们划分原则是:低精度测量机的单轴最大测量不确定度大体在 $1\times10^{-4}L$ 左右,而空间最大测量不确定度为 $(2\sim3)\times10^{-4}L$,其中 L 为最大量程;中等精度的三坐标测量机,其单轴与空间最大测量不确定度分别约为 $1\times10^{-5}L$ 和 $(2\sim3)\times10^{-5}L$;精密型的分别小于 $1\times10^{-6}L$ 和 $(2\sim3)\times10^{-6}L$。

三坐标测量机按其测量范围可分为大型测量机（X 轴的测量范围在 2000mm 以上，主要用于汽车与飞机外壳、发动机与推进器叶片等大型零件的检测）、中型测量机（X 轴的测量范围为 500～2000mm，主要用于箱体、模具类零件的测量）和小型测量机（X 轴的测量范围小于 500mm，主要用于测量小型精密的模具、工具、刀具与集成线路板等）。按其自动化程度分为数字显示及打印型、带有小型计算机的测量机型、计算机数字控制（CNC）型。

三坐标测量机的结构形式可归纳为 7 大类：由平板测量原理发展起来的悬臂式、桥框式和龙门式，这三类一般称为坐标测量机；由镗床发展起来的立柱式和卧镗式，这两类测量机一般称为万能测量机；由测量显微镜演变而成的仪器台式，又可称为三坐标测量仪；极坐标式，它是从极坐标原理发展起来的。

悬臂三坐标测量机的工作台开阔、运动轻便、易于装卸工件，但由于单点支撑，刚性较差。龙门式三坐标测量机精度高、刚性好、移动平稳，但立柱限制了工件的装卸，测量不方便。桥框式坐标测量机刚性好，在测量范围较大时仍能保证测量精度。

2. 三坐标测量机的结构及工作原理

三坐标测量机由主机（包括工作台、导轨、驱动系统、位置测量系统等）、测头系统、控制系统、计算机及其软件、终端设备、工作台及附件等几部分组成。

工作台一般是花岗石。导轨一般在 X、Y、Z 三个方向均采用气浮导轨，移动时摩擦阻力小、轻便灵活、工作平稳、精度高。位置测量系统是三坐标测量机的重要组成部分，对测量精度影响很大，一般采用自动发出信号的数字式连续位移系统。该系统由标尺光栅、指示光栅和光电转换器组成。当指示光栅相对标尺光栅移动时，由光栅副产生的莫尔条纹随之移动，其位移量由光电转换器转换成周期电信号，经放大整形处理成计数脉冲，送入数字显示器或计算机中。

测量头是三坐标测量机的关键部件，对测量机的功能、精度和效率影响很大。测量头按测量方法不同，可以分为接触式和非接触式；按结构不同可分为机械式、光学式和电气式。接触式测量头在测量时用测量头的下端与工件直接接触。非接触式测量头多为光学式或电气式，测量时没有测量力，故可对软材料和易变形材料进行精确测量。测量头在测杆上一般可以沿前、后、左、右和下 5 个方向安装。也可以同时安装几个测头，以便同时进行各个面的测量。如测量复杂曲面，测量头还可以在水平或垂直面内旋转。

最常用的测量头是电气式测量头，电气式测量头分为两类：①点位测量电子测头；②连续扫描测量电子测头。点位测量电子测头工作时，测头接触工件后，发出采样信号，多头电子测头有 5 个三向过零发讯的电子测头，分别装在测头主体的前、后、左、右、下 5 个位置上。因为是由不同形状和不同长度的测头组成，所以可以在不更换测头和不改变测头状态的情况下，一次完成所有方向上的测量。连续扫描测量电子测头工作时，测头不离开工件。如多向连续扫描电子测头可以在通过测头中心的断面内或在垂直测头中心的平面内扫描轮廓型面。测头内含有三套辅助伺服控制系统，用来保证测头始终贴在零件的表面上。连续扫描测量电子测头可对三维空间的曲线、曲面进行连续扫描测量。

三坐标测量机测量时，测头沿着被测工件的几何型面移动时，测量机随时给出测头的位置，从而可获得被测几何型面上各测点的坐标值。根据这些坐标值，由计算机算出待测的尺寸或形位误差。如图 11-9 所示为悬臂式三坐标测量机的外形图。图 11-10 是 Renishaw 的测头系统,包括测头回转体控制器、测头自动更换控制器和测头接口。

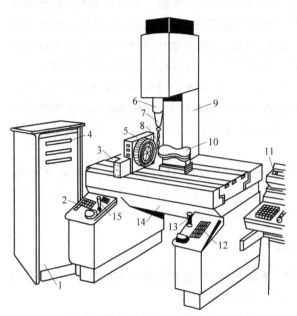

图 11-9   悬臂式三坐标测量机外形

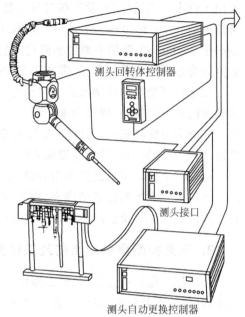

图 11-10   Renishaw 的测头系统

1—电器控制箱；2—操作键盘；3—工作台；4—数显头；5—分度头；6—测轴；7—三维测头；8—测针；9—立柱；10—工件；11—记录仪、打印机等外部设备；12—程序调用键盘；13,15—控制 x、y、z 三个运动方向的操作手柄；14—机座

3. 三坐标测量机的应用

三坐标测量机的主要用途是将加工好的零件与图样进行比较。通过软件控制测头(传感器),可以连续可靠地进行测量。

三坐标测量机通常用于各种几何量的测量和连续扫描测量。

1) 几何量的测量

(1) 自动找正   测量前,先在标准块上校准测头,然后可将工件任意放在工作台上,用计算机找正。这时有两个坐标系：工件坐标系 X_w、Y_w、Z_w,测量机坐标系 X_M、Y_M、Z_M。测量时先将工件坐标系中的基准点坐标送入计算机,计算机能自动将各测量点的坐标值通过平移和旋转转换成工件坐标系中的坐标值。通常采用点位测量,在工件表面上采样一系列有意义的空间点,经数据处理,计算出由这些点组成的特定几何要素的形状和位置。例如测圆,理论上三点定圆,当测量点大于三点后可给出最小二乘圆的圆心和位置。

(2) 基本几何元素的测量   基本几何元素有点、线、平面、球、圆、圆柱、圆锥、……,计算时,计算机按最小二乘法给出各基本几何参数值,随着采样点数的增加,测量精度也相应地提高。任何复杂的工件均可分解为基本几何要素进行测量。

(3) 形状误差的测量   测量各种几何要素的形状误差。

(4) 距离的测量   例如,可测量点到点、点到线、点到面、线到线等的距离。

(5) 位置误差的测量   例如,测量线到面的垂直度等。

（6）轮廓的测量　测量曲线、曲面,例如,测量叶片曲面、模具型面等。

（7）其他测量　例如,测量螺纹、齿轮、滚道等。

2）连续扫描测量

例如,对汽车轮廓或电视屏幕进行连续扫描测量等。

使用三坐标测量机对零件进行综合测量和全面分析具有效率高、测量精度和可靠性高、能自动处理测量数据,缩短加工机床的停机时间,易于与加工中心配套等优点。但由于三坐标测量机价格较贵,故一般工厂生产车间用得较少。

11.3　光滑极限量规设计

11.3.1　光滑极限量规的基本概念

光滑极限量规是检验光滑工件尺寸的一种没有刻线的专用测量器具。它不能测得工件实际尺寸的大小,而只能确定被测工件的尺寸是否在它的极限尺寸范围内,从而对工件作出合格性判断。通常把检验孔径的光滑极限量规称为塞规,把检验轴径的光滑极限量规称为环规或卡规。

理论上其尺寸应该等于被检验工件的检测边界尺寸。它是用模拟装配状态的方法,检查工件是否可以装进去或局部尺寸是否超出另一极限,以确定其合格性的。通常把按被测工件的最大实体尺寸制造的,称为通规,也叫通端;而把按被测工件最小实体尺寸制造的,称为止规,也叫止端。通规是指在模拟装配处于最为不利状态的量规,即用尺寸等于被检验工件最大实体极限尺寸的极限量规来检验工件,量规能够通过工件,就表明被检验工件体外作用尺寸没有超过允许材料量最多的极限尺寸。对于环规或卡规,是指模拟装配最为有利状态的量规,即用尺寸等于被检验工件最小实体极限尺寸的极限量规来检验工件,量规不能够通过工件,就表明被检验工件没有去除过多的材料。图 11-11 示出了孔、轴的极限量规与其极限尺寸的关系。

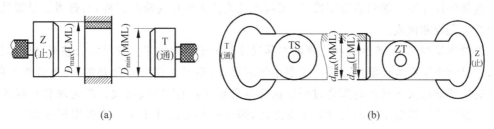

图 11-11　极限量规

（a）孔用量规；（b）轴用量规

11.3.2　光滑极限量规的分类

按照用途,光滑极限量规可分为工作量规、验收量规和校对量规三类。

1. 工作量规

零件加工操作者使用的量规,称为工作量规。工作量规通常都有通规("通"用代号"T"表示)和止规("止"用代号"Z"表示),且成对使用。

2. 验收量规

检验部门或用户代表在验收产品时使用的量规,称为验收量规。验收量规原则上亦应成对使用通规和止规。在实际生产中,常常用磨损量较大、但未超出磨损极限的工作量规(通规),作为验收量规(通规),在验收部门用来验收工件。在验收部门用的止规,则采用尺寸尽可能接近被检工件最小实体极限的量规。

3. 校对量规

检验轴用量规在其制造和使用过程中的尺寸、磨损或变形的量规,称为校对量规。它是检查轴用工作量规在制造时是否符合制造公差,在使用中是否已达到磨损极限所使用的量规。在制造工作量规时,由于轴用工作量规(通常为卡规)测量比较困难,使用过程中又易于磨损和变形,所以必须用校对量规进行"校对"(检验);而孔用量规(通常为塞规)是轴状的外尺寸,便于用通用测量仪器进行检验,所以孔用量规没有校对量规。校对量规可分为3种:

(1)"校通-通"量规(代号为 TT)   检验轴用量规的校对量规。
(2)"校止-通"量规(代号为 ZT)   检验轴用量规止规的校对量规。
(3)"校通-损"量规(代号为 TS)   检验轴用量规通规磨损极限的校对量规。

11.3.3   量规检验的误判

1. 量规尺寸误差造成的误判

量规的尺寸不可能制造得很准确,用偏离理论要求的量规检验工件,与普通计量器具一样会产生误收和误废。

以轴用量规为例,若通规和止规的实际尺寸都位于被检验工件的尺寸公差带之外,则有一部分尺寸大于最大极限尺寸或小于最小极限尺寸(超出工件尺寸公差带)的不合格工件,既被通规所通过又不被止规所通过而误认为是合格品,因而造成误收。若通规和止规的实际尺寸都位于被检验工件的尺寸公差带之内,则有一部分尺寸小于最大极限尺寸和大于最小极限尺寸(处于工件尺寸公差带之内)的工件,在检验时,或不能被通规所通过或被止规所通过而被误认为是废品,因而造成误废。

2. 工件形状误差造成的误判

加工完的工件,其实际尺寸虽经检验合格,但由于形状误差的存在,也有可能不能装配、装配困难或即使偶然能装配,也达不到配合要求的情况。故用量规检验时,为了正确地评定被测工件是否合格,是否能装配,对于遵守包容原则的孔和轴,应按泰勒原则判断验收。

作用尺寸由最大实体尺寸限制,就把形状误差限制在尺寸公差之内;另外,工件的实际尺寸由最小实体尺寸限制,才能保证工件合格并具有互换性,并能自由装配。亦即符合泰勒原则验收的工件是能保证使用要求的。

符合泰勒原则的光滑极限量规应达到如下要求:

通规用来控制工件的体外作用尺寸,它的测量面应具有与孔或轴相对应的完整表面,称为全形量规,其尺寸等于工件的最大实体尺寸,且其长度应等于被测工件的配合长度。

止规用来控制工件的实际尺寸,它的测量面应为两点状的,称为不全形量规,两点间的尺寸应等于工件的最小实体尺寸。

若光滑极限量规的设计不符合泰勒原则,则对工件的检验可能造成错误判断。以图 11-12 为例,分析量规形状对检验结果的影响:被测工件孔为椭圆形,实际轮廓从 X 方向和 Y 方向都已超出公差带,已属废品。但若用两点状通规检验,可能从 Y 方向通过,若不作多次不同方向检验,则可能发现不了孔已从 X 方向超出公差带。同理,若用全形止规检验,则根本通不过孔,发现不了孔已从 Y 方向超出公差带。这样,由于量规形状不正确,实际应用中的量规,由于制造和使用方面的原因,常常偏离泰勒原则。例如,为了用已标准化的量规,允许通规的长度小于工件的配合长度;对大尺寸的孔、轴用全形通规检验,既笨重又不便于使用,允许用不全形通规;对曲轴轴径,由于无法使用全形的环规通过,允许用卡规代替。

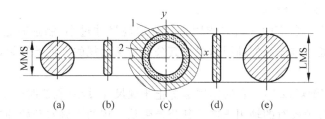

图 11-12　塞规形状对检验结果的影响

(a) 全形通规;(b) 两点状止规;(c) 工件;(d) 两点状通规;(e) 全形止规

对止规也不一定全是两点式接触,由于点接触容易磨损,一般常以小平面、圆柱面或球面代替点;检验小孔的止规,常用便于制造的全形塞规;同样,对刚性差的薄壁件,由于考虑受力变形,常用完全形的止规。

光滑极限量规的国家标准规定,使用偏离泰勒原则的量规时,应保证被检验的孔、轴的形状误差(尤其是轴线的直线度、圆度)不影响配合性质。

11.3.4　量规尺寸公差带的布置与公差

量规在使用时是量具,但成批制造生产量规时它是工件,必须有图纸并标注公差,满足公差要求的合格的一大批同一种类量规其尺寸是大小不一的。要想所有的量规作为量具检验其他工件时不至于误收工件,量规的制造公差带必须有特别的设计。

首先,量规的公差带不得超出被检工件的尺寸公差带。其次,对于通规,因为它经常通过工件,磨损较大,要有预磨量以保证一定的使用寿命。且还应该规定允许磨损的界限——

磨损极限,以限制其使用过程中的磨损。至于止规,由于它不经常通过工件,磨损较少,所以在给定制造公差带时不必预留磨损量和另行规定磨损极限。

根据上述原则,国家标准 GB/T 1957—2006 规定光滑极限量规的公差带不得超越工件公差带,其布置如图 11-13、图 11-14 所示。由图可见,为了不发生误收,工作量规的公差带全部位于工件公差带之内。工作量规"通规"的制造公差带对称于 Z 值且在工件的公差带之内,其磨损极限与工件的最大实体尺寸重合。工作量规"止规"的制造公差带从工件的最小实体尺寸起,向工件的公差带内分布。

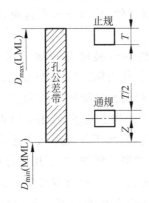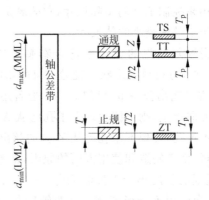

图 11-13　孔用量规公差带　　　　　图 11-14　轴用量规公差带

校对量规公差带的分布如下:

(1)"校通-通"量规(TT)　它的作用是防止通规尺寸过小(制造时过小或自然时效时过小)。检验时应通过被校对的轴用通规。其公差带从通规的下偏差开始,向轴用通规的公差带内分布。

(2)"校止-通"量规(ZT)　它的作用是防止止规尺寸过小(制造时过小或自然时效时过小)。检验时应通过被校对的轴用止规。其公差带从止规的下偏差开始,向轴用止规的公差带内分布。

(3)"校通-损"量规(TS)　它的作用是防止通规超出磨损极限尺寸。检验时,若通过了,则说明所校对的量规已超过磨损极限,应予报废。不能被校对量规 TS 通过的工作量规,其尺寸没有超出磨损极限尺寸,因此可以继续使用。其公差带是从通规的磨损极限开始,向轴用通规的公差带内分布。

与工作量规公差带布置的原则相同,校对量规公差带也全部安置在被检验工作量规的公差带以内,以保证不把尺寸超出最大实体尺寸的工作量规误认为是合格的量规,不把磨损超极限的量规仍继续使用,即避免发生误收。而且,由图 11-14 可见,TT 和 ZT 两校对量规的最小实体尺寸分别等于它所模拟的工作通规和工作止规的最大实体极限,TS 的最大实体尺寸等于它所模拟的工作通规的磨损极限尺寸。

GB 1957—2006 规定了用于检验基本尺寸至 500mm、公差等级为 IT6～IT16 时的孔用和轴用工作量规的尺寸公差 T_1,以及工作通规的尺寸公差带中心到工件最大实体尺寸(通规的磨损极限尺寸)之间的距离 Z_1(亦称"位置参数"),表 11-5 是该表的摘录。同时还规定:各种校对量规的尺寸公差 T_p 等于被检验的工作量规的尺寸公差 T_1 的一半,即 $T_p = T_1/2$。

表 11-5　光滑极限量规的公差值

工件孔或轴的公称尺寸/mm	IT6			IT7			IT8			IT9			IT10			IT11		
	IT6	T_1	Z_1	IT7	T_1	Z_1	IT8	T_1	Z_1	IT9	T_1	Z_1	IT10	T_1	Z_1	IT11	T_1	Z_1
	μm																	
～3	6	1	1	10	1.2	1.6	14	1.6	2	25	2	3	40	2.4	4	60	3	6
3～6	8	1.2	1.4	12	1.4	2	18	2	2.6	30	2.4	4	48	3	5	75	4	8
6～10	9	1.4	1.6	15	1.8	2.4	22	2.4	3.2	36	2.8	5	58	3.6	6	90	5	9
10～18	11	1.6	2	18	2	2.8	27	2.8	4	43	3.4	6	70	4	8	110	6	11
18～30	13	2	2.4	21	2.4	3.4	33	3.4	5	52	4	7	84	5	9	130	7	13
30～50	16	2.4	2.8	25	3	4	39	4	6	62	5	8	100	6	11	160	8	16
50～80	19	2.8	3.4	30	3.6	4.6	46	4.6	7	74	6	9	120	7	13	190	9	19
80～120	22	3.2	3.8	35	4.2	5.4	54	5.4	8	87	7	10	140	8	15	220	10	22
120～180	25	3.8	4.4	40	4.8	6	63	6	9	100	8	12	160	9	18	250	12	25
180～250	29	4.4	5	46	5.4	7	72	7	10	115	9	14	185	10	20	290	14	29
250～315	32	4.8	5.6	52	6	8	81	8	11	130	10	16	210	12	22	320	16	32
315～400	36	5.4	6.2	57	7	9	89	9	12	140	11	18	230	14	25	360	18	36
400～500	40	6	7	63	8	10	97	10	14	155	12	20	250	16	28	400	20	40

通常验收量规不单独制造,而是由旧的工作通规作为验收通规。各种不同生产类型、不同产品性质的工厂所采用的验收体制和方法应有所不同,因此,国家标准没有对验收量规的公差作出具体统一的规定,应由各工厂企业根据具体情况自行确定。

此外,标准还规定量规的形状和位置误差应在其尺寸公差带内,其公差值为量规尺寸公差的 50%。当量规的尺寸公差小于或等于 0.002mm 时,其形状和位置公差为 0.001mm。

11.3.5　光滑极限量规的设计

1. 量规的形式(GB/T 10920—2008)

检验圆柱形工件的光滑极限量规的形式很多。合理地选择与使用,对正确判断检验结果影响很大。按照国家标准推荐,检验孔时,可用下列几种形式的量规(见图 10-15(a)):全形塞规、不全形塞规、片状塞规、球端杆规。

检验轴时,可用下列形式的量规(见图 10-15(b)):环规和卡规。

上述各种形式的量规及应用尺寸范围,可供设计时参考。具体结构形式参看标准 GB/T 10920—2008 及有关资料。在实际工作中,完全符合泰勒原则要求的量规在某些场合下不可能使用,或制造困难。如内燃机中曲轴的曲拐部分,不能用环规检验;大尺寸的孔,因太重不便用全形塞规检验;小尺寸孔的球端杆规制造有困难等。进行量规设计时,要考虑量规尺寸的不同对量规选择的影响,按推荐的 1、2 选择量规形式。

2. 量规的技术要求

量规可用合金工具钢、碳素工具钢、渗碳钢及其他耐磨材料制成。钢制量规测量面的硬度应为 58HRC～65HRC。量规测量面的表面粗糙度参数值,取决于被检验工件的基本尺寸、公差等级和表面粗糙度参数值及量规的制造工艺水平,一般不低于光滑极限量规国家标

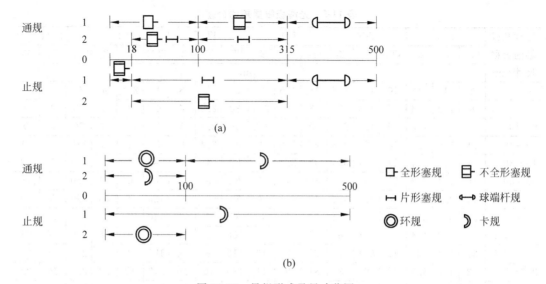

图 11-15   量规形式及尺寸范围

(a) 测孔量规形式及应用尺寸范围；(b) 测轴量规形式及应用尺寸范围

准推荐的表面粗糙度参数值(见表 11-6),校对量规测量面的表面粗糙度应比被校对的轴用量规测量面高一级。测量面不应有锈迹、毛刺、黑斑、划痕等明显影响外观和使用质量的缺陷。其他表面不应有锈蚀和裂纹。通常,量规应经稳定性处理。

表 11-6   工作量规测量面的表面粗糙度

工 作 量 规	工作量规的公称尺寸/mm		
	小于或等于 120	大于 120、小于或等于 315	大于 315、小于或等于 500
	工作量规测量面的表面粗糙度 Ra 值/μm		
IT6 级孔用工作量规	0.05	0.10	0.20
IT7~IT9 级空用工作塞规	0.10	0.20	0.40
IT10~IT12 级孔用工作塞规	0.20	0.40	0.80
IT13~IT16 级孔用工作塞规	0.40	0.80	
IT6~IT9 级轴用工作环规	0.10	0.20	0.40
IT10~IT12 级轴用工作环规	0.20	0.40	0.80
IT13~IT16 级轴用工作环规	0.40	0.80	

3. 量规工作尺寸计算

光滑极限量规设计计算的步骤如下:

(1) 由国家标准 GB/T 1800—2009 查出孔与轴工件的上、下偏差。

(2) 由表 11-1 查出工作量规制造公差 T_1 和通规公差带中心到工件最大实体尺寸之间的距离 Z。

(3) 按工作量规制造公差 T_1,确定校对量规的制造公差。

(4) 画量规公差带图,计算各种量规的极限偏差和工作尺寸。

(5) 选择量规形式;画量规工作图;确定量规的形状公差、表面粗糙度参数和其他技术参数。

工作尺寸是指图样上标注的尺寸,为适应加工工艺的需要,量规工作尺寸的标注形式通常为:以最大实体尺寸为基本尺寸,公差带向量规体内布置。这叫做"向体内原则",即轴状量规上偏差为零,孔状量规下偏差为零,而基本尺寸则变成了非整数形式。

【例 11-4】 计算 20H8/f7 孔与轴用量规的工作尺寸。

解　(1) 由国家标准 GB/T 1800—2009 查出孔与轴的上、下偏差为

$\phi30$H8 孔　ES$=+0.033$mm,EI$=0$;

$\phi30$f7 轴　es$=-0.020$mm,ei$=-0.041$mm。

(2) 由表 11-5 查得工作量规的制造公差 T_1 和位置要素 Z_1。

塞规:制造公差 $T_1=0.0034$mm;位置要素 $Z_1=0.005$mm。

卡规:制造公差 $T_1=0.0024$mm;位置要素 $Z_1=0.0034$mm。

(3) 确定工作量规的形状公差。

塞规:形状公差 $T_1/2=0.0017$mm;

卡规:形状公差 $T_1/2=0.0012$mm。

(4) 确定校对量规的制造公差。

校对量规制造公差 $T_p=T_1/2=0.0012$mm。

(5) 计算在图样上标注的各种尺寸和偏差。

① $\phi30$H8 孔用塞规

通规:上偏差$=$EI$+Z_1+T_1/2=(0+0.005+0.0017)mm=+0.0067$mm;

　　　下偏差$=$EI$+Z_1-T_1/2=(0+0.005-0.0017)mm=+0.0033$mm;

　　　磨损极限$=D_{\min}=30$mm。

止规:上偏差$=$ES$=+0.033$mm;

　　　下偏差$=$ES$-T_1=(0.033-0.0034)$mm$=+0.0296$mm。

② $\phi30$f7 轴用卡规

通规:上偏差$=$es$-Z_1+T_1/2=(-0.02-0.0034+0.0012)mm=-0.0222$mm;

　　　下偏差$=$es$-Z_1-T_1/2=(-0.02-0.0034-0.0012)mm=-0.0246$mm;

　　　磨损极限尺寸$=d_{\max}=29.98$mm。

止规:上偏差$=$ei$+T_1=(-0.041+0.0024)$mm$=-0.0386$mm;

　　　下偏差$=$ei$=-0.041$mm。

③ 轴用卡规的校对量规

"校通-通":上偏差$=$es$-Z_1-T_1/2+T_p=(-0.02-0.0034-0.0012+0.0012)$mm

　　　　　　　　$=-0.0234$mm;

　　　　　下偏差$=$es$-Z_1-T_1/2=(-0.02-0.0034-0.0012)$mm

　　　　　　　　$=-0.0246$mm。

"校通-损":上偏差$=$es$=-0.02$mm;

　　　　　下偏差$=$es$-T_p=(-0.02-0.0012)$mm$=-0.0212$mm。

"校止-通":上偏差$=$ei$+T_p=(-0.041+0.0012)$mm$=-0.0398$mm;

　　　　　下偏差$=$ei$=-0.041$mm。

$\phi30$H8/f7 孔、轴用量规公差带如图 11-16 所示。

工作量规参数及计算结果汇总见表 11-7,校对量规参数及计算结果见表 11-8。

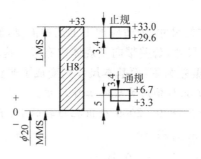

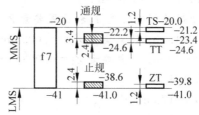

图 11-16   量规的公差带布置图

表 11-7   工作量规参数及计算结果

工件	量规	量规公差/μm	Z/μm	量规定形尺寸/mm	量规极限尺寸/mm		量规图样标注尺寸/mm
					上	下	
孔 $\phi 30^{+0.033}_{0}$ Ⓔ	通规	3.4	5	$\phi30$	$\phi30.067$	$\phi30.033$	$\phi 30.0067^{0}_{-0.0034}$
	止规	3.4	—	$\phi30.033$	$\phi30.033$	$\phi30.0296$	$\phi 30.0330^{0}_{-0.0034}$
轴 $\phi 30^{-0.020}_{-0.041}$ Ⓔ	通规	2.4	3.4	$\phi29.980$	$\phi29.9778$	$\phi29.9754$	$\phi29.9754^{+0.0024}_{0}$
	止规	2.4	—	$\phi29.959$	$\phi29.9614$	$\phi29.9590$	$\phi29.9590^{+0.0024}_{0}$

表 11-8   校对量规参数及计算结果

工件	量规	量规公差/μm	Z/μm	量规定形尺寸/mm	量规极限尺寸/mm		量规图样标注尺寸/mm
					上	下	
轴 $\phi 30^{-0.020}_{-0.041}$ Ⓔ	TT 量规	1.2	3.4	$\phi29.980$	$\phi29.9766$	$\phi29.9754$	$\phi 29.9766^{0}_{-0.0012}$
	ZT 量规	1.2	—	$\phi29.959$	$\phi29.9602$	$\phi29.9590$	$\phi 29.9602^{0}_{-0.0012}$
	TS 量规	1.2	—	$\phi29.980$	$\phi29.980$	$\phi29.9788$	$\phi 29.980^{0}_{-0.0012}$

查表得量规的其他参数如形位公差、表面粗糙度、技术条件；画出孔用和轴用工作量规的工作图，图样标注分别如图 11-17 和图 11-18 所示。

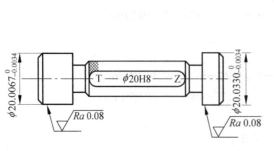

图 11-17   塞规

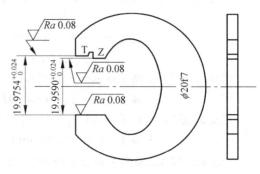

图 11-18   卡规

习　题

11-1　在尺寸检验时误收与误废是怎样产生的？检测标准采用什么方法来减少这种可能性？

11-2　什么是泰勒原则？在实际测量中如何体现泰勒原则？

11-3　用通用计量器具检测 $\phi40K7Ⓔ$ 孔，试确定验收极限并选择计量器具。

11-4　三坐标测量机的低精度、中等精度、高精度分类的标准是什么？

11-5　光滑极限量规有何特点？如何用它检验工件是否合格？

11-6　量规分几类？各有何用途？孔用工作量规为何没有校对量规？

11-7　确定 $\phi18H7/p7$ 孔、轴用工作量规及校对量规的尺寸并画出量规的公差带图。

11-8　有一配合 $\phi45H8/f7$，试用泰勒原则分别写出孔、轴尺寸的合格条件。

11-9　判断题

(1) 极限量规检验工件时，只要通规能通过被检验孔，该工件便合格。　　　　　(　　)

(2) 实际尺寸在极限尺寸之内的工件一定是合格件。　　　　　　　　　　　　　(　　)

(3) 通规、止规都制造成全形塞规，容易判断零件的合格性。

(4) 通规用于控制工件的作用尺寸，止规用于控制工件的实际尺寸。

(5) 光滑极限量规不能确定工件的实际尺寸。

11-10　如题图 11-1 所示的零件加工后，设被测圆柱的横截面形状正确，实际尺寸处处皆为 19.97mm，轴线对基准平面的垂直度误差值为 $\phi0.04$mm。试述该零件的合格条件，并判断合格与否？

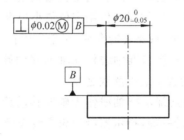

题图　11-1

第 12 章

几何误差的评定与检测

在进行零件几何量测量时,只判断出有、无几何误差是不够的,应该测出几何误差数值的大小。要求得具体数值,则要定义各项几何误差的含义。国家标准《产品几何量技术规范(GPS)形状和位置公差检测规定》(GB/T 1958—2004)中对几何误差的定义、评定方法、检测原则、基准的建立和体现都做了规定。

12.1　几何误差的定义及有关规定

（1）几何误差是指被测要素相对其理想要素的变动量(偏离量)。

（2）最小条件是评定形状误差的基本原则,在满足零件功能要求的前提下,允许采用近似方法来评定。形状误差值用最小包容区域的宽度或直径表示。

（3）定向误差是被测实际要素对一具有确定方向的理想要素的变动量,理想要素的方向由基准确定。定向误差值用定向最小包容区域的宽度或直径表示。

（4）定位误差是被测实际要素对一具有确定位置的理想要素的变动量,理想要素的位置由基准和理论正确尺寸确定。定位误差值用定位最小包容区域的宽度或直径表示。

（5）测量定向或定位误差时,只要功能允许,可采用模拟方法体现被测实际要素。

（6）圆跳动为被测实际要素绕基准轴线作无轴向移动旋转一周时,由位置固定的指示器在给定方向上测得的最大读数与最小读数之差。

（7）全跳动为被测实际要素绕基准轴线作无轴向移动旋转,同时指示器沿理想素线连续移动(或被测实际要素每回转一周,指示器沿理想素线作最小的间断移动),由指示器在给定方向上测得的最大读数与最小读数之差。

12.2　几何误差的评定准则

几何误差的评定过程是:首先测量出被测实际要素,然后找出并计算被测实际要素对理想要素的偏离、变动量,此时要求遵守"最小条件"。最小条件的含义是:被测实际要素相对其理想要素存在的最大变动量为最小时,此最大变动量才是其误差值,这种评定方法称为最小条件法。若以此值为宽度或直径,作形状位置与公差带形状位置一致的区域,便能包容实际被测要素,且包容得最紧,故这种评定方法又称为最小包容区域法。

对于轮廓要素(线、面轮廓度除外),符合最小条件的理想要素位于实体之外并与被测实际要素相接触,使被测实际要素相对理想要素的最大变动量为最小。对于中心要素(轴线、中心线、中心面等),符合最小条件的理想要素的位置位于被测实际要素之中,使实际中心要素相对理想要素的最大变动量为最小。

如图 12-1(a)所示为平面内直线度误差的评定,在被测的实际直线与其理想直线比较时,几何理想直线的确定是直接影响到误差数值大小的问题。符合最小条件的做法就是用两根平行的直线包容被测线,通过寻找放置的方向和位置使两者之间的距离为最小,即形成最小包容区域,此时两平行线之一(图 12-1(a)中的 A_1B_1 直线)即为几何理想直线。

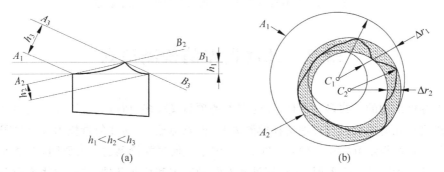

图 12-1　最小包容区域法
(a) 平面内直线度误差的评定;(b) 圆度误差的评定

如图 12-1(b)所示为零件圆截面实际轮廓的圆度误差评定。作包容实际轮廓的内、外两个同心圆,形成一个环形区域。这样的环形区域有无穷多个,直径大小可以不同、圆心位置也可以不同。但符合最小条件要求的环形区域(既要包容实际要素又要使同心圆之间的半径差为最小)是唯一的。图 12-1(b)中,以 C_2 为圆心定位的 A_2 同心圆组的半径差为最小,满足最小条件要求,两圆半径的差值 Δr_2 即为圆度误差。

位置误差的评定涉及被测要素和基准。基准是确定要素之间几何方位关系的依据,基准应是理想要素。要求误差符合最小条件的实质是要求基准要素的放置应符合最小条件,而理想要素则与基准要素保持特定的几何位置关系。因此,最小包容区域应是定向、定位的最小包容区域。通常采用精确工具模拟的基准要素来建立基准。

在位置误差测量中,基准要素可用如下方法来体现。

(1) 模拟法　采用形状精度足够的精密表面来体现基准。如用精密平板的工作面模拟基准平面,基准实际要素与模拟基准接触时,可能形成稳定接触状态(见图 12-2(a))或非稳定接触状态(见图 12-2(b))。若基准实际要素与模拟基准之间自然形成符合最小条件的相对位置关系,就是稳定接触。非稳定接触可能有多种位置状态,测量位置误差时,应调整使基准实际要素与模拟基准之间尽可能达到符合最小条件的相对位置关系,以使测量结果唯一。

(2) 分析法　通过对基准实际要素进行测量,再将根据测量数据用图解法或计算法按最小条件确定的理想要素作为基准。

(3) 直接法　以基准实际要素为基准。当基准实际要素具有足够高的形状精度时,可忽略形状误差对测量结果的影响。

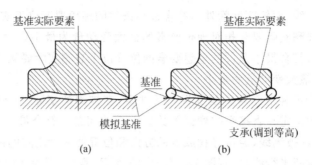

图 12-2   基准实际要素与模拟基准的两种接触状态

12.3   几何误差的检测原则

由于零件结构的形式多种多样,几何误差的项目又较多,所以其检测方法也很多。为了能正确地测量几何误差和合理地选择检测方案,国家标准《产品几何量技术规范(GPS)形状和位置公差检测规定》(GB/T 1958—2004)规定了几何误差检测的 5 条原则,它是各种检测方案的概括。检测几何误差时,应根据被测对象的特点和检测条件,按照这些原则选择最合理的检测方案。

1. 与理想要素比较原则

与理想要素比较原则就是将被测实际要素与理想要素相比较,量值由直接法或间接法获得。测量时,理想要素用模拟法获得。理想要素可以是实物,也可以是一束光线、水平面或运动轨迹,如以平板、小平面、光线扫描平面等作为理想平面;以一束光线、拉紧的钢丝或刀口尺等作为理想的直线。根据该原则测得的结果与规定的误差定义一致。这是一条基本原则,大多数几何误差的检测都应用这个原则。

2. 测量坐标值原则

几何要素的特征总是可以在坐标中反映出来,测量坐标值原则就是用坐标测量装置(如三坐标测量机、工具显微镜)测量被测实际要素的坐标值(如直角坐标值、极坐标值、圆柱坐标值),并经过数据处理获得几何误差值。该原则对轮廓度、位置度测量应用较为广泛。这项原则适宜测量形状复杂的表面,但数据处理往往十分烦琐。但随着计算机技术的发展,其应用将会越来越广泛。

3. 测量特征参数的原则

测量特征参数的原则就是测量被测实际要素中具有代表性的参数(特征参数)来表示几何误差值。特征参数是指能近似反映几何误差的参数。因此,应用测量特征参数原则测得的几何误差,与按定义确定的几何误差相比,只是一个近似值。例如以平面内任意方向的最大直线度误差来表示平面度误差;在轴的若干轴向截面内测量其素线的直线度误差,然后取各截面内测得的最大直线度误差作为任意方向的轴线直线度误差;用两点法测量圆度误差,在一个横截面内的几个方向上测量直径,取最大、最小直径差之半作为圆度误差。

虽然测量特征参数原则得到的几何误差只是一个近似值,存在着测量原理误差,但该原则的检测方法较简单,应用该原则不需复杂的数据处理,可使测量过程和测量设备简化。因此,在不影响使用功能的前提下,应用该原则可以获得良好的经济效果,常用于生产车间现场,是一种应用较为普遍的检测原则。

4. 测量跳动原则

测量跳动原则就是在被测实际要素绕基准轴线回转过程中,沿给定方向测量其对某参考点或线的变动量,变动量是指指示表最大与最小读数之差。采用的方法和设备均较简单,适合车间条件下使用,但只限于回转体零件。

5. 控制实效边界原则

控制实效边界原则就是检验被测实际要素是否超过最大实体实效边界,以判断零件合格与否。该原则只适用于采用最大实体要求的零件。一般采用位置量规检验。

位置量规是模拟最大实体实效边界的全形量规。若被测实际要素能被位置量规通过,则被测实际要素在最大实体实效边界内,表示该项几何公差要求合格。若不能通过,则表示被测实际要素超越了最大实体实效边界。

12.4　几何误差的检测

几何误差是被测实际要素对其理想要素的变动量。检测时根据测得的几何误差是否在几何公差的范围内,得出零件合格与否的结论。

几何误差有 14 个项目,加上零件的结构形式又多种多样,因而几何误差的检测方法有很多种。为了能正确检测几何误差,便于选择合理的检测方案,国家标准(GB/T 1958—2004)中规定了几何误差的 5 条检测原则及应用这 5 条原则的 108 种检测方法。检测几何误差时,根据被测对象的特点和客观条件,可以按照这 5 条原则,在 108 种检测方法中选择一种最合理的方法。也可根据实际生产条件,采用标准规定以外的检测方法和检测装置,但要保证能获得正确的检测结果。

12.4.1　形状误差的检测

1. 直线度误差的检测

1) 指示表测量法

如图 12-3 所示为用指示表测量外圆柱轴线的直线度误差。测量时将工件安装在平行于平板的两顶尖之间,用带有两只指示表的表架沿铅垂轴截面的两条素线测量,同时分别记录两指示表在各测点的读数,计算两指示表在各测点读数差的绝对值,取其中最大值的一半作为该轴截面轴线的直线度误差。按上述方法测量若干个轴截面,取其中最大的误差值作为该外圆轴线的直线度误差。

2）刀口尺法

刀口尺法是用刀口尺和被测要素（直线或平面）接触，利用刀口尺体现理想直线，使刀口尺与被测要素之间的最大间隙为最小，此最大间隙即为被测要素的直线度误差。

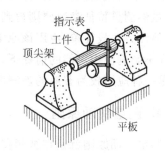

图 12-3　用指示表测量外圆轴线的直线度误差

如图 12-4(a)所示为用刀口尺测量某一表面轮廓线的直线度误差。将刀口尺的刃口与实际轮廓紧贴，实际轮廓线与刃口之间的最大间隙就是直线度误差。当直线度误差较大时，可用塞尺直接测出间隙值；当直线度误差较小时，可通过与标准光隙比较的方法估读出误差值。

3）钢丝法

如图 12-4(b)所示，钢丝法是用特别的钢丝作为测量基准，用测量显微镜读数。调整钢丝的位置，使测量显微镜读得两端读数相等。沿被测要素移动显微镜，显微镜中的最大读数即为被测要素的直线度误差值。

4）水平仪法

如图 12-4(c)所示，水平仪法是将水平仪放在被测表面上，沿被测要素按节距逐段连续测量。一般在读数之前先将被测要素调成近似水平，以保证水平仪读数方便。测量时可在水平仪下面放入桥板，桥板长度可按被测要素的长度与测量精度要求决定。最后对读数进行计算处理即可求得直线度误差值，也可采用作图法求得直线度误差值。

5）自准直仪法

如图 12-4(d)所示，自准直仪法是将自准直仪放在固定位置上，测量过程中保持位置不变。反射镜通过桥板放在被测要素上，沿被测要素按节距逐段连续移动反射镜，并在自准直仪的读数显微镜中读得相应读数，对读数进行计算处理即可求得直线度误差。该测量方法是以准直光线作为测量基准。

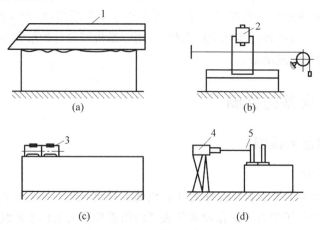

图 12-4　直线度误差的测量方法

1—刀口尺；2—测量显微镜；3—水平仪；4—自准直仪；5—反射镜

2. 平面度误差的检测

1) 指示表测量法

如图 12-5(a)所示为用指示表测量平面度误差。将工件支承在平板上,借助指示表调整被测平面对角线上的 a 与 b 两点,使这两点等高,再调整另一对角线上的 c 与 d 两点,使它们等高。然后按一定布点移动指示表测量平面上的点,指示表的最大读数与最小读数之差即为该平面的平面度误差。

2) 平晶测量法

对平面度要求很高的小平面,如量块的测量表面和测量仪器的工作台等,可用平晶测量。如图 12-5(b)所示为用平晶测量平面度误差。将平晶紧贴在被测平面上,根据产生的干涉条纹,经过计算可以得到平面度误差。被测表面的平面度误差为封闭的干涉条纹数乘以光波波长之半;对于不封闭的干涉条纹,为条纹的弯曲度与相邻两条纹间距之比再乘以光波波长之半。

3) 水平仪法

如图 12-5(c)所示为用水平仪测量平面度误差。水平仪通过桥板放在被测平面上,用水平仪按照一定的布点和方向逐点测量,对测量数据进行分析处理后可得平面度误差。

4) 自准直仪法

自准直仪法可用来测量较大平面的平面度误差。如图 12-5(d)所示为用自准直仪测量平面度误差。将自准直仪固定在平面外某一位置,反射镜放在被测平面上,调整自准直仪,使其与被测表面平行,按一定的布点和方向逐点测量,对测量数据进行分析处理后可得平面度误差。

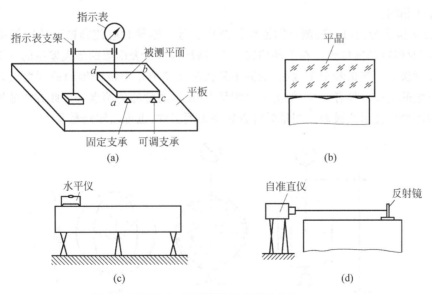

图 12-5　平面度误差的测量方法

(a) 指示表测量;(b) 平晶测量;(c) 水平仪测量;(d) 自准直仪测量

水平仪测量法和自准直仪测量法的读数要整理成对基准平面(水平面或光轴平面)的距离值。由于被测实际平面的最小包容区域(两平行平面)一般不平行于基准平面,所以一般不能用最大和最小距离之差的绝对值作为平面度最小包容区域法误差值。为了求得此值，就必须旋转测量基准平面使其和最小包容区域方向平行，此时原来的距离读数值就要按坐标变换原理增减。基准平面和最小包容区域方向平行的判别准则是：

（1）三角形准则 如图 12-6(a)所示，和基准平面平行的两平行平面包容被测表面时，被测表面上有三个最低点（或三个最高点）及一个最高点（或一个最低点）分别与两包容平面相接触；并且最高点（或最低点）能投影到三个最低点（或三个最高点）之间。

（2）交叉准则 如图 12-6(b)所示，被测表面上有两个最高点和两个最低点分别和两个平行的包容面相接触，并且两最高点（最低点）投影于两最低点（最高点）连线的两侧。

（3）直线准则 如图 12-6(c)所示，被测表面上同一截面内有两个高点及一个低点（或两个低点及一个高点）分别与两个平行的包容面相接触。

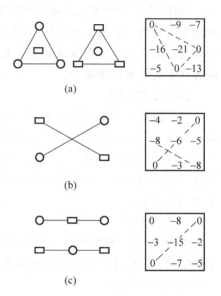

图 12-6 平面度误差的最小包容区域判别准则

3. 圆度误差的检测

检测外圆柱表面的圆度误差时，可用千分尺测出同一正截面的最大直径差，此差值的一半即为该截面的圆度误差。测量若干个正截面，取其中最大的误差值作为该外圆的圆度误差。圆柱孔的圆度误差可用内径百分表（或千分表）检测，测量方法与上述方法相同。

图 12-7 所示为用两点法测量圆锥面的圆度误差。测量时应使圆锥面的轴线垂直于测量截面，同时固定轴向位置。在工件回转一周过程中，指示表读数的最大差值的一半即为该截面的圆度误差。测量若干个截面，取其中最大的误差值作为该圆锥面的圆度误差。由于此检测方案的支撑点只有一个，加上一个测量点，所以通常称为两点法。此方法适用于测量内外表面的偶数棱形状误差。测量时可以转动被测工件，也可以转动量具。

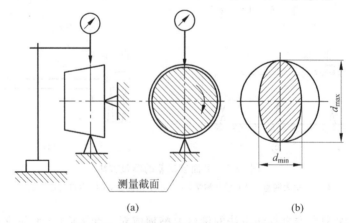

图 12-7 用两点法测量圆锥面的圆度误差

（a）测量方法；（b）误差

　　图 12-8 所示为用三点法测量圆锥面的圆度误差。将被测工件放在 V 形架上,使其轴线垂直于测量截面,同时固定轴向位置。测量方法同两点法。三点法适用于测量内外表面的奇数棱形状误差。此方法测量结果的可靠性取决于截面形状误差和 V 形架夹角的综合效果,通常采用夹角为 90°和 120°(或 72°和 108°)的两个 V 形架分别测量。

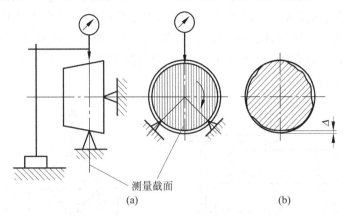

图 12-8　用三点法测量圆锥面的圆度误差
(a) 测量方法;(b) 误差

　　圆度误差也可用圆度仪来测量。如图 12-9(a)所示,圆度仪上的回转轴带着传感器转动,使传感器测量头沿被测表面转一圈,测量头的径向位移转换成电信号,经放大器放大后驱动记录笔在圆盘纸上画出相应的位移,得到所测截面的轮廓图,如图 12-9(b)所示。然后用一块刻有许多等距同心圆的透明板置于记录纸上,与测得的轮廓圆相比较,找出紧紧包容轮廓圆并且半径差为最小的两同心圆,如图 12-9(c)所示,此半径差即为被测圆的圆度误差(此时要符合最小条件的要求:两同心圆包容被测实际轮廓时,至少有 4 个实测点内外相间地分布在这两个圆周上,如图 12-9(d)所示)。如果圆度仪能和计算机相连,则可将传感器采集到的电信号输入计算机,通过处理程序求出圆度误差值。圆度仪的测量精度高,但价格也很高,对使用环境的要求也高。

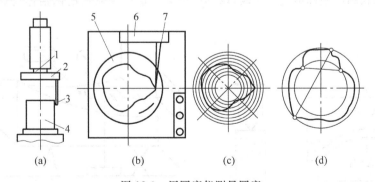

图 12-9　用圆度仪测量圆度
1—圆度仪回转轴;2—传感器;3—测量头;4—被测零件;5—转盘;6—放大器;7—记录笔

　　圆度误差也可通过直角坐标测量仪测量出圆上各点的直角坐标值,再计算出圆度误差。

4. 圆柱度误差的检测

　　圆柱度误差的检测可在圆度仪上测量若干个横截面的圆度误差,按最小条件确定圆柱度误差。如圆度仪具有使测量头沿圆柱轴向作精确移动的导轨,使测量头沿圆柱面作螺旋运动,则可利用计算机算出圆柱度误差。

目前在生产中测量圆柱度误差采用的方法与测量圆度误差一样,多用测量特征参数的近似方法。图 12-10 所示为用指示表测量某工件外圆的圆柱度误差。将工件放在平板上的 V 形架内(V 形架的长度大于被测圆柱面长度),在工件回转一周的过程中,测出正截面上的最大与最小读数。连续测量多个正截面,取各截面内所测得的所有读数中最大与最小读数的差值的一半作为该圆柱面的圆柱度误差。为测量准确,通常采用夹角为 90° 和 120° 的两个 V 形架分别测量。

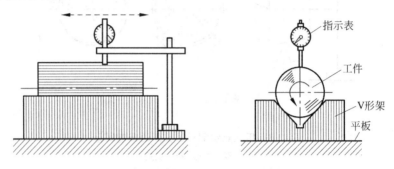

图 12-10　外圆表面的圆柱度误差检测

5. 轮廓度误差的检测

(1) 用轮廓度样板模拟理想轮廓曲线,与实际轮廓进行比较。如图 12-11 所示,将轮廓样板按规定的方向放置在被测工件上,根据光隙法估读间隙的大小,取最大间隙作为该零件的线轮廓度误差。

(2) 用坐标测量机测量曲线或曲面上若干点的坐标值。如图 12-12 所示,将被测工件放在仪器工作台上,并进行正确定位。测出实际曲面轮廓上若干个点的坐标值,并将测得的坐标值与理想轮廓的坐标值进行比较,取其中最大差值的绝对值的两倍作为该零件的面轮廓度误差。

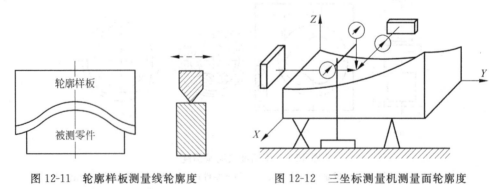

图 12-11　轮廓样板测量线轮廓度　　　　　图 12-12　三坐标测量机测量面轮廓度

12.4.2　位置误差的检测

在位置误差的检测中,被测实际要素的方向和(或)位置是根据基准来确定的。理想基准要素是无法获得的,在实际测量中,通常用模拟法来体现基准,即用有足够精确形状的表面来体现基准平面、基准轴线、基准中心平面等基准要素。图 12-13 所示为用检验平板来体现基准平面。图 12-14 所示为用可胀式或与孔无间隙配合的圆柱心轴来体现孔的基准轴线。图 12-15 所示为用 V 形架来体现外圆基准轴线。图 12-16 所示为用与实际轮廓成无间隙配合的平行平面定位块的中心平面来体现基准中心平面。

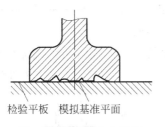

图 12-13　模拟基准平面

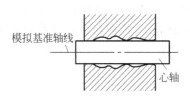

图 12-14　模拟孔的基准轴线

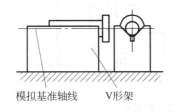

图 12-15　模拟外圆柱面基准轴线

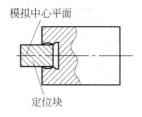

图 12-16　模拟基准中心平面

1. 平行度误差的检测

图 12-17 所示为用指示表测量面对面的平行度误差。测量时将工件放置在平板上,用指示表测量被测平面上各点,指示表的最大读数与最小读数之差即为该工件的平行度误差。

图 12-18 所示为测量某工件孔轴线对底平面的平行度误差。测量时将工件直接放置在平板上,被测孔轴线由心轴模拟。在测量距离为 L_2 的两个位置上测得的读数分别为 M_1 和 M_2,则平行度误差为 $|M_1-M_2| \cdot L_1/L_2$,其中 L_1 为被测孔轴线的长度。

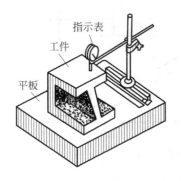

图 12-17　面对面平行度误差的检测

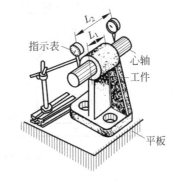

图 12-18　线对面平行度误差的检测

2. 垂直度误差的检测

图 12-19 所示为用精密直角尺检测面对面的垂直度误差。检测时将工件放置在平板

上,精密直角尺的短边置于平板上,长边靠在被测平面上,用塞尺测量直角尺长边与被测平面之间的最大间隙 f。移动直角尺,在不同位置上重复上述测量,取测得 f 的最大值 f_{max} 作为该平面的垂直度误差。

图 12-20 所示为测量某工件端面对孔轴线的垂直度误差。测量时将工件套在心轴上,心轴固定在 V 形架内,基准孔轴线通过心轴由 V 形架模拟。用指示表测量被测端面上各点,指示表的最大读数与最小读数之差即为该端面的垂直度误差。

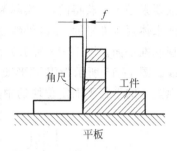

图 12-19 面对面的垂直度误差的检测

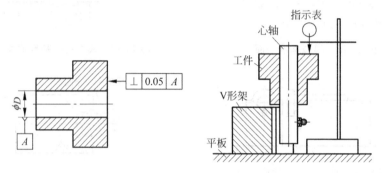

图 12-20 面对线的垂直度误差的检测

3. 倾斜度误差的检测

倾斜度误差的检测可转换为平行度误差的检测,只需要加一个定角座或定角套即可。图 12-21 所示为某工件倾斜度误差的测量。将工件放置在定角座上,调整被测工件,使整个被测表面的指示表读数差为最小值,取该读数差作为倾斜度的误差值。定角座可用正弦规或精密转台代替。

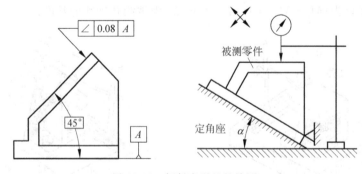

图 12-21 倾斜度误差的检测

4. 同轴度误差的检测

图 12-22 所示为测量某台阶轴 ϕd 对两端 ϕd_1 轴线组成的公共轴线的同轴度误差。测量时将工件放置在两个等高的 V 形架上,沿铅垂轴截面的两条素线测量,同时记录两指示

表在各测点的读数差的绝对值,取各测点读数差绝对值的最大值为该轴截面轴线的同轴度误差。转动工件,按上述方法测量若干个轴截面,取其中最大的误差值作为该工件的同轴度误差。

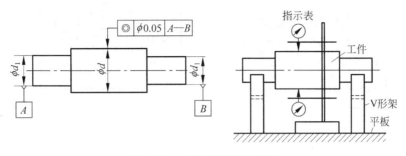

图 12-22　同轴度误差的检测

5．对称度误差的检测

图 12-23 所示为测量某轴上键槽中心平面对 ϕd 轴线的对称度误差。基准轴线由 V 形架模拟,键槽中心平面由定位块模拟。测量时用指示表调整工件,使定位块沿径向与平板平行并读数,然后将工件旋转 180°后重复上述过程,取两次读数的差值作为该测量截面的对称度误差。按上述方法测量若干个轴截面,取其中最大的误差值作为该工件的对称度误差。

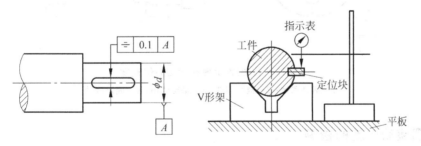

图 12-23　对称度误差的检测

6．位置度误差的检测

(1)用测长量仪测量要素的实际位置尺寸,再与理论正确尺寸比较,以最大差值绝对值的两倍作为位置度误差。对于多孔的板件,特别适宜放在坐标测量机上测量孔的坐标。如图 12-24(a)所示,测量前要调整工件,使其基准平面与仪器的坐标方向一致。未给定基准时,可调整相距最远的两孔实际中心连线与坐标方向一致,如图 12-24(b)所示。逐个地测量孔边的坐标,定出孔的位置度误差。

(2)用位置量规测量要素的合格性。如图 12-25 所示,法兰盘上装螺钉用的 4 个孔具有以中心孔为基准的位置度要求。测量时将量规的基准测销和固定测销插入工件中,再将活动测销插入其他孔中,如果都能插入工件和量规的相应孔中,即可判断被测工件是合格的。

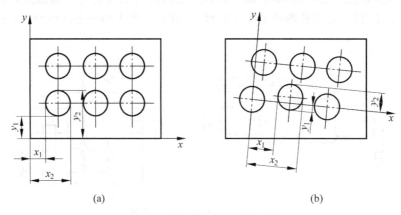

图 12-24　位置度误差的检测

（a）以平面为基准；（b）以两孔中心连线为基准

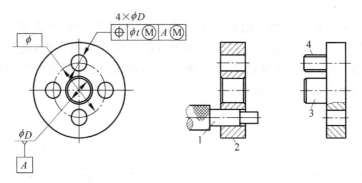

图 12-25　位置量规检验孔的位置度

1—活动测销；2—被测零件；3—基准测销；4—固定测销

7. 圆跳动误差的检测

图 12-26 所示为测量某台阶轴圆柱面对两端中心孔轴线组成的公共轴线的径向圆跳动误差。测量时工件安装在两同轴顶尖之间,在工件回转一周过程中,指示表读数的最大差值即为该测量截面的径向圆跳动误差。按上述方法测量若干正截面,取各截面测得的跳动量的最大值作为该工件的径向圆跳动误差。基准轴线也可以用一对 V 形架来体现。

图 12-27 所示为测量某工件端面对外圆基准轴线的端面圆跳动误差。测量时将工件支承在导向套筒内,并在轴向固定。在工件回转一周过程中,指示表读数的最大差值即为该测量圆柱面上的端面圆跳动误差。将指示表沿被测端面径向移动,按上述方法测量若干个位置的端面圆跳动误差,取其中的最大值作为

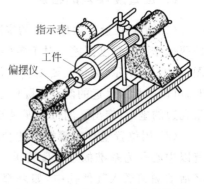

图 12-26　径向圆跳动误差的检测

该工件的端面圆跳动误差。

图 12-28 所示为测量某工件圆锥面对外圆基准轴线的斜向圆跳动误差。测量时将工件支承在导向套筒内,并在轴向固定。指示表测头的测量方向要垂直于被测圆锥面。在工件回转一周过程中,指示表读数的最大差值即为该测量圆锥面上的斜向圆跳动误差。将指示表沿被测圆锥面素线移动,按上述方法测量若干个位置的斜向圆跳动误差,取其中的最大值作为该圆锥面的斜向圆跳动误差。

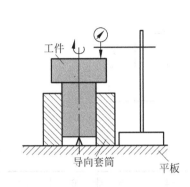

图 12-27 端面圆跳动误差的检测

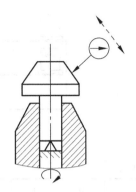

图 12-28 斜向圆跳动误差的检测

8. 全跳动误差的检测

圆跳动仅能反映单个测量面内被测要素轮廓形状的误差情况,不能反映整个被测面上的误差,全跳动则是对整个表面的几何误差的综合控制。

测量径向全跳动的装置与测量径向圆跳动的装置类似,但要求在被测工件连续回转的过程中,要让指示表同时沿基准轴线方向做直线移动。在整个测量过程中指示表读数的最大差值就是被测要素的径向全跳动误差。

测量端面全跳动的装置也与测量端面圆跳动的装置类似,但要求在被测工件连续回转的过程中,要让指示表同时沿其径向做直线移动。在整个测量过程中指示表读数的最大差值就是被测要素的端面全跳动误差。

习 题

12-1 用指示表测量导轨的直线度误差,读得的示值为对理想直线的变动量,分 7 段测得 8 个读数为 $0,-1,+2,+3,+4,+2,-2,0$(单位: μm)。试按最小包容区域法求直线度误差值。

12-2 如题图 12-1 中(a)、(b)、(c)所示分别为 3 块平版表面测得的不平的实际情况,各相对值单位为 μm,试按最小条件法确定各自的平面度误差。

12-3 如题图 12-2 所示,用分度值为 0.02mm/m 的水平仪测量工件平行度误差,所用桥板的跨距为 200mm。对基准要素 D 与被测要素 B 分别测量后,测得的各测点读数(格)列于题表 12-1 中。试用图解法求解被测要素的平行度误差值。

−2	+10	+6
−3	−5	+4
+10	+3	+10

(a)

+7	+6	0
−9	+4	−9
−4	−5	+7

(b)

−4	−3	+9
+3	−5	0
+9	+7	+2

(c)

题图　12-1

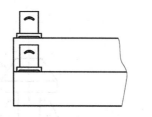

题图　12-2

题表　12-1

测点序号	0	1	2	3	4	5	6	7	8
基准要素 D 读数/格	1	−1.5	+1	−3	+1	−1.5	+0.5	0	−0.5
被测要素 B 读数/格	0	+2	−3	+5	−2	+0.5	−2	+1	0

12-4　用坐标法测量题图 12-3 所示工件的位置度误差。测得各孔轴线的实际坐标尺寸如题表 12-2 所示。试确定该零件上各孔的位置度误差值,并判断合格与否。

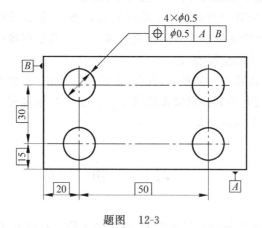

题图　12-3

题表　12-2

坐标值	孔 1	孔 2	孔 3	孔 4
x/mm	20.10	70.10	19.90	69.85
y/mm	15.10	14.85	44.82	45.12

第 13 章

表面粗糙度的检测

测量表面粗糙度参数值时,如果图样上未规定测量方向,应在高度参数(Ra、Rz)最大值的方向上进行测量,即对于一般切削加工表面,应在垂直于加工痕迹的方向上测量;当图样上明确规定测量方向的特定要求时,应按要求测量;当无法确定表面加工纹理方向时(如经电火花、研磨加工的表面),应选定几个不同方向进行测量,取其中的最大值作为被测表面的粗糙度参数值。由于各种原因,被测工件的实际表面总存在不均匀性问题,为了比较完整地反映被测表面的实际状况,应选定几个部位进行测量,测量结果可按照国家标准的有关规定确定。零件的表面缺陷,例如气孔、裂纹、砂眼、划痕等缺陷,一般比加工痕迹的深度或宽度大得多,不属于表面粗糙度的评定范围,必要时,应单独规定对表面缺陷的要求。

目前,常用的表面粗糙度检测方法有光切法、干涉法、触针扫描法等。

13.1 光 切 法

光切法是利用光切原理测量表面粗糙度的一种方法,常用的仪器是光切显微镜,又称双管显微镜,如图 13-1 所示。它可用于测量车、铣、刨及其他类似加工方法加工的金属外表面,还可以用来观察木材、纸张、塑料、电镀层等表面的微观不平度。光切显微镜主要用于测定幅度参数 Rz,测量 Rz 的范围一般为 $0.8\sim100\mu m$。必要时也可以通过测出轮廓图形上各点,用坐标点绘图法作出轮廓图形;或使用仪器上的照相装置拍摄出被测轮廓,近似评定 Ra,或 Rsm 与 $Rmr(c)$ 等参数。

光切显微镜的主要结构如图 13-2 所示。光切法的基本原理如图 13-3 所示。光切显微镜由两个镜管组成,一个是投射照明管,另一个为观察管,两个镜管的轴线夹角为 90°。照明管中光源 1 发出的光线经过聚光镜 2、光阑 3 及物镜 4 后,形成一束平行光带。这束平行光带以 45° 的倾角投射到被测表面。光带在粗糙不平的波峰 S_1 和波谷 S_2 产生反射,S_1 和 S_2 经观察管的物镜 4 后分别成像为分划板 5 上的 S_1' 和 S_2'。若被测表面微观不平度高度为 h,轮廓峰 S_1 和轮廓谷 S_2 在 45° 截面上的距离为 h_1,S_1' 和 S_2' 之间的距离 h_1' 是 h_1 经物镜后的放大像。若测得 h_1',便可求出表面微观不平度高度 h。可知 h、h_1 和 h_1' 之间有如下关系:

$$h = h_1\cos45° = \frac{h_1'}{k}\cos45° \tag{13-1}$$

式中,k 为物镜的放大倍数。

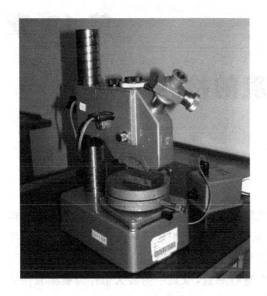

图 13-1 光切显微镜的实物照片

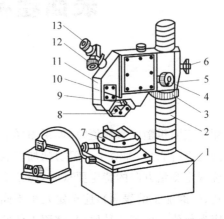

图 13-2 光切显微镜的主要结构

1—底座；2—立柱；3—升降螺母；4—微调手轮；

5—支臂；6—支臂锁紧螺钉；7—工作台；8—物镜组；

9—物镜锁紧机构；10—遮光板手轮；11—壳体；

12—目镜测微器；13—目镜

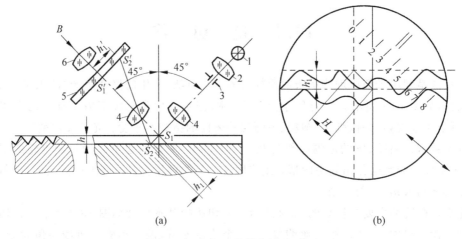

(a)   (b)

图 13-3 光切显微镜的测量原理

1—光源；2—聚光镜；3—光阑；4—物镜；5—分划板；6—目镜

测量时使用目镜测微器中分划板上十字线的横线与波峰对齐，记录下第一个读数，然后移动十字线，使十字线的横线对准波谷，记录下第二个读数。为了测量和计算的方便，测微目镜分划板十字线与分划板移动方向成 45°角，故两次读数的差值即为图 13-3(b)中的 H，H 与 h_1' 的关系为

$$h_1' = H\cos45° \tag{13-2}$$

将式(13-1)代入式(13-2)得

$$h = \frac{H}{k}\cos^2 45° = \frac{H}{2k} \tag{13-3}$$

令 $i = \frac{1}{2k}$，可得

$$h = iH \tag{13-4}$$

式中，i 为使用不同放大倍数的物镜时鼓轮的分度值，由仪器说明书提供。

13.2　干　涉　法

干涉法是利用光波干涉原理来测量表面粗糙度的一种方法。常用的仪器是干涉显微镜，干涉显微镜能将具有微观不平度的被测表面与标准光学镜面相比较，用光波波长为基准来测量工件表面粗糙度。图 13-4 所示为国产 6JA 型干涉显微镜的实物照片，图 13-5 所示为 6JA 型干涉显微镜的外形结构，它由主体、工作台、干涉头、测量目镜、照明系统和摄影系统等组成。干涉法主要用于测量表面粗糙度的 Rz，其测量的范围通常为 $0.05\sim0.8\mu m$。

图 13-6 所示为 6JA 型干涉显微镜的光学系统图。由光源 1 发出光线经聚光镜 2 和反射镜 3 转向，通过光阑 4、5，聚光镜 6 投射到分光镜 7 上被分为两束光。其中一束光透过分光镜 7，经补偿镜 8、物镜 9 射向工件被测表面 P_2，再经 P_2 反射经原光路返回，再经分光镜 7 反射射向目镜 14。另一束光由分光镜 7 反射，经滤光片 17、物镜 10，射向标准参考镜 P_1，再由 P_1 反射回来，透过分光镜 7 反射射向目镜 14。两路光束在目镜 14 的焦平面

图 13-4　6JA 型干涉显微镜的实物照片

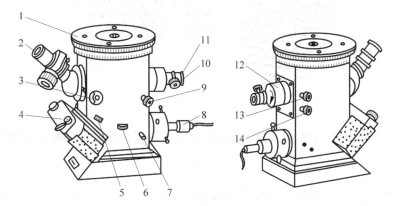

图 13-5　6JA 型干涉显微镜的外形结构

1—工作台；2—目镜；3—照相与测量选择手轮；4—照相机；5—照相机锁紧螺钉；6—孔径光阑手轮；

7—光源选择手轮；8—光源；9—宽度调节手轮；10—调焦手轮；11—光程调节手轮；

12—物镜套筒；13—遮光板调节手轮；14—方向调节手轮

上相遇叠加。由于它们有光程差,便产生干涉,形成干涉条纹。该仪器还附有照相装置,可将成像于平面玻璃 P_3 上的干涉条纹拍下,然后进行测量计算。

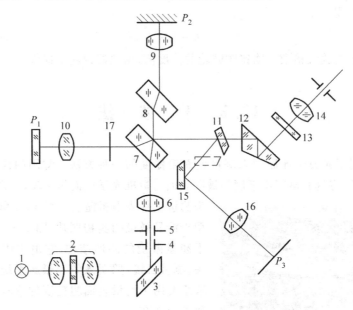

图 13-6   6JA 型干涉显微镜的光学系统图

1—光源;2—聚光镜;3,11,15—反射镜;4,5—光阑;6—聚光镜;7—分光镜;8—补偿镜;

9,10,16—物镜;12—折射镜;13—聚光镜;14—目镜;17—滤光片

若被测表面为理想平面,则在视场中出现一组等距平直的干涉条纹。若被测表面存在着微观不平度,则通过目镜可看到图 13-7 所示的干涉条纹,干涉条纹的弯曲程度随微观不平度大小而定。

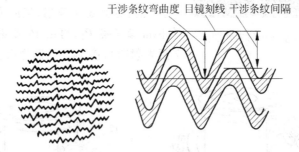

干涉条纹弯曲度　目镜刻线　干涉条纹间隔

图 13-7   干涉条纹

根据光波干涉原理,干涉条纹的弯曲量与微观不平度高度值 h 有确定的数值关系,即

$$h = \frac{a}{b} \frac{\lambda}{2} \tag{13-5}$$

式中,a 为干涉条纹的弯曲量;b 为相邻干涉条纹的间距;λ 为光波波长。对自然光(白光),$\lambda = 0.66\mu m$;对绿光(单色光),$\lambda = 0.509\mu m$;对红光(单色光),$\lambda = 0.644\mu m$。

干涉法与光切法测量都较复杂,仪器上有光学元器件,防尘要求较高,因此一般多用于成批零件的抽检测量,并在工厂计量室中进行。

13.3　触针扫描法

触针扫描法又称轮廓法,是一种接触式测量表面粗糙度的方法。它是利用金刚石针尖与被测表面相接触,当针尖以一定速度沿着被测表面移动时,被测表面的微观不平将使触针在垂直于表面轮廓方向上产生上下移动,将这种上下移动转换为电量并加以处理。人们可对记录装置记录得到的实际轮廓图进行分析计算,或直接从仪器的指示表中获得参数值。

触针扫描法常用的仪器是电动轮廓仪,该仪器可直接测量 Ra 值,也可用于测量 Rz 值。如图 13-8 所示为电动轮廓仪的工作原理框图。测量时,仪器的触针针尖与被测表面相接触,以一定速度在被测表面上移动,被测表面上的微小峰谷使触针在移动的同时,还沿轮廓的垂直方向作上下运动。触针的运动情况真实反映了被测表面的轮廓情况,通过传感器将触针的运动转换成电信号,再通过滤波、放大和计算处理,可直接显示出 Ra 值的大小,也可由记录装置画出被测表面的轮廓图形,通过数学处理得出 Rz 值的大小。

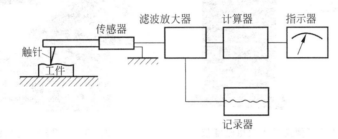

图 13-8　触针扫描法测量原理框图

触针扫描法可用于测量平面、轴、孔和圆弧面等各种形状的表面粗糙度。但由于是接触式测量,为了保证触针和被测表面可靠接触,需适当施加测量力,这对于材料较软或 Ra 值较小的表面容易产生划痕。此外,若测量太粗糙的零件表面,可能会损伤触针;若测量太光滑的零件表面,由于受触针针尖圆弧半径的限制,可能无法接触到被测表面的凹谷底部,因而测不出表面真实情况。故该方法的测量范围一般为 Ra 0.01～5μm。

BCJ-2 型电动轮廓仪是一种较老式的触针测微仪,如图 13-9 所示,它测量表面粗糙度范围一般为 Ra 2.5～12.5μm,对较小的表面粗糙度值就无法进行测量。由于体积较大,不适用于生产现场,只能在工厂计量室中使用。

图 13-10 所示为国产 TR100 型便携式表面粗糙度仪,它采用压电晶体式传感器,体积小、便于携带、操作简单,测量结果可在液晶屏幕上显示,测量范围为 Ra 0.05～10μm,Rz 0.1～50μm,示值误差≤±15%。

图 13-11 所示为 TR200 型表面粗糙度仪,它具有高精度的电感传感器,可测量显示 13 个粗糙度参数,采用 DSP(数字信号处理器)进行数据处理和控制,速度快、功耗低、机电一体化设计、体积小、重量轻、使用方便,可连接专用打印机打印测量参数及轮廓。它还可以与 PC 通信,可选配曲面传感器测量凹凸表面,可选配小孔传感器测量内孔。菜单式操作,具有图形用户界面,能显示传感器触针位置,具备存储功能的自动关机功能,可选择多种语言工作方式。

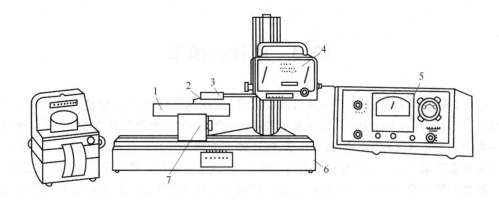

图 13-9   BCJ-2 电动轮廓仪

1—被测工件；2—触针；3—传感器；4—驱动箱；5—指示表；6—工作台；7—定位块

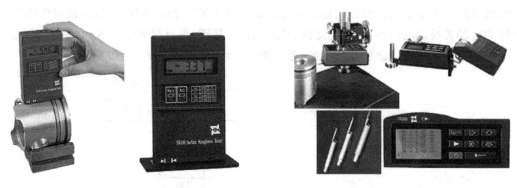

图 13-10   TR100 型便携式表面粗糙度仪   图 13-11   TR200 型表面粗糙度仪

图 13-12 所示为 TR300 型表面粗糙度仪，它采用分体式设计，将测量与操作显示分为两部分，可将测量仪放入大型工件的腔内进行遥控测量。采用双 CPU，分别控制数据采集和键盘操作，可在液晶屏幕上显示粗糙度、波纹度和原始轮廓图形等信息。配以专业分析软件可直接控制操作，并能提供强大的高级分析功能。根据不同的测量条件，可对多种零件表面的粗糙度、波纹度和原始轮廓进行多参数评定。

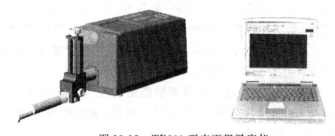

图 13-12   TR300 型表面粗糙度仪

13.4 比 较 法

表面粗糙度轮廓最简单的测量方法是粗糙度样块比较法。比较法是用一组粗糙度样块作为比较标准，样块上需标出粗糙度数值，并注明加工方法，通过人的视觉或触觉，也可借助放大镜、显微镜来判断被测表面粗糙度的一种检测方法。

视觉比较就是用人的眼睛反复比较被测表面与样块间的加工痕迹异同、反光强度、色彩差异，以判定被测表面粗糙度的大小。触觉比较就是用手指分别触摸或滑过被测表面与比较样块，根据手的感觉判断被测表面与比较样块在峰谷高度和间距上的差别，从而判断被测表面粗糙度的大小。

比较时，所用的粗糙度样块的材料、形状和加工方法应尽可能与被测表面相同，这样可以减少检测误差，提高判断准确性。当零件批量较大时，也可以从加工零件中挑选出样品，经检定后作为表面粗糙度样块使用。

尽管这种方法不够严谨，但它具有测量方便、成本低、对环境要求不高等优点，所以被广泛用于车间生产现场检验一般表面粗糙度。但比较法评定的可靠性很大程度上取决于检验人员的经验，属于定性评定，仅适于评定表面粗糙度要求不高的工件表面。

国家标准《表面粗糙度比较样块　磨、车、镗、铣、插及刨加工表面》(GB/T 6060.2—2006)规定了表面粗糙度比较样块的术语与定义、制造方法、表面特征、分类、表面粗糙度参数及评定、结构与尺寸、加工纹理经及标志包装等。图 13-13 所示为表面粗糙度比较样块，它是采用特定合金材料加工而成的，具有不同的表面粗糙度参数值。

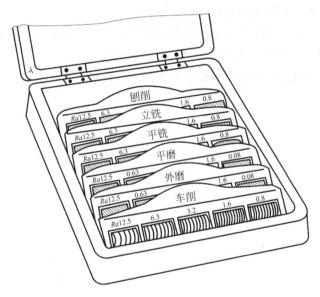

图 13-13　表面粗糙度比较样块

通过比较法判定表面粗糙度时要注意以下事项：

(1) 被测表面与粗糙度比较样块应具有相同的材质，不同材质表面的反光特性和手感不一样。例如用一个钢质的粗糙度比较样块与一个铜质的加工表面比较，将会导致较大的误差。

(2) 被测表面与粗糙度比较样块应具有相同的加工方法，不同的加工方法所获得的加工痕迹是不一样的。例如，车削加工的被测表面绝不能用磨削加工的粗糙度比较样块来比较。

(3) 用比较法检测工件的表面粗糙度时，应注意温度、照明方式等环境因素的影响。

13.5 印 模 法

在实际测量中,会遇到有些表面不便于采用以上方法用仪器直接测量,如深孔、盲孔、凹槽、内螺纹及大型横梁等,则可采用印模法将被测表面的轮廓复制成模,再使用非接触测量方法测量印模,从而间接评定被测表面的粗糙度。印模法是利用石蜡、低熔点合金或其他印模材料,压印在被测零件表面,取得被测表面的复印模型,放在显微镜上间接地测量被检验表面的粗糙度的方法。

习   题

13-1 简述表面粗糙度常用的测量方法和测量仪器。

13-2 解释光切法测量表面粗糙度的原理。

13-3 分析干涉法测量表面粗糙度的原理。

13-4 触针扫描法适合测量表面粗糙度的哪个参数?测量范围一般为多少?为什么触针扫描法不适合测量太粗糙或太光滑表面的表面粗糙度?

13-5 比较法测量表面粗糙度的特点是什么?适合用于哪种场合?

第4部分 尺寸链

第 14 章

尺 寸 链

在设计机器和零部件时,不仅要进行运动、强度、刚度等的分析与计算,还要进行精度设计。零件的精度是由整机、部件所要求的精度决定的,而整机、部件的精度则由零件的精度来保证。整机、部件无论是结构设计,还是加工工艺分析或装配工艺分析,经常会遇到相关尺寸、公差和技术要求的确定,在很多情况下,这些问题可以运用尺寸链原理来解决。尺寸链原理是分析和研究整机、部件与零件精度间的关系所应用的基本理论。在充分考虑整机、部件的装配精度与零件加工精度的前提下,可以运用尺寸链计算方法,合理地确定零件的尺寸公差与位置公差,使产品获得尽可能高的性能价格比,创造最佳的技术经济效益。这是零件精度设计的主要内容之一。我国已发布这方面的国家标准《尺寸链 计算方法》(GB/T 5847—2004),供设计时参考使用。

14.1 基 本 概 念

14.1.1 尺寸链的基本概念

1. 尺寸链的基本术语及其定义

1) 尺寸链的定义

在机器装配或零件加工过程中,由相互连接的尺寸形成封闭的尺寸组称为尺寸链。

如图 14-1(a)所示,将直径为 A_1 的轴装入直径为 A_2 的孔中,装配后得到间隙 A_0。A_0 的大小取决于孔径 A_2 和轴径 A_1 的大小。A_1 和 A_2 属于不同零件的设计尺寸。A_0、A_1 和 A_2 这三个相互连接的尺寸就形成了封闭的尺寸组,即形成了一个尺寸链。

如图 14-1(b)所示的齿轮轴及其各个轴向长度尺寸,按轴的全长 B_3 下料,加工该轴时加工出尺寸 B_2 和 B_1,最后形成尺寸 B_0。B_0 的大小取决于尺寸 B_1、B_2 和 B_3 的大小。B_1、B_2 和 B_3 皆为同一零件的设计尺寸。B_0、B_1、B_2 和 B_3 这 4 个相互连接的尺寸就形成了一个尺寸链。

如图 14-1(c)所示,内孔需要镀铬使用。镀铬前按工序尺寸(直径)C_1 加工孔,孔壁镀铬厚度为 C_2、C_3($C_2=C_3$),镀铬后得到孔径 C_0。C_0 的大小取决于 C_1、C_2 和 C_3 的大小。C_1、C_2 和 C_3 皆为同一零件的工艺尺寸。C_0、C_1、C_2 和 C_3 这 4 个相互连接的尺寸就形成了一个尺寸链。

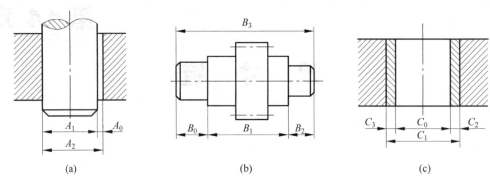

图 14-1   尺寸链

(a) 装配尺寸链；(b) 零件尺寸链；(c) 工艺尺寸链

2）有关尺寸链组成部分的术语及定义

（1）环   列入尺寸链中的每一个尺寸，例如图 14-1(a)中的 A_0、A_1 和 A_2 以及图 14-1(b)中的 B_0、B_1、B_2 和 B_3 都是尺寸链的环，环一般用英文大写字母表示，分为封闭环和组成环。

（2）封闭环   尺寸链中在装配或加工过程中最后自然形成的那个环。例如图 14-1(a)中的 A_0（在加工过程中最后形成的）就是封闭环。封闭环一般用下角标为阿拉伯数字"0"的英文大写字母表示。

（3）组成环   尺寸链中对封闭环有影响的全部环。这些环中任何一环的变动必然引起封闭环的变动。组成环一般用下角标为阿拉伯数字（1、2、3、…）的英文大写字母表示，如图 14-1(a)中的 A_1、A_2 和图 14-1(b)中的 B_1、B_2、B_3。组成环分为增环和减环。

① 增环：其变动会引起封闭环同向变动的组成环。同向变动是指该环增大时封闭环也增大，该环减小时封闭环也减小，如图 14-1(a)中的 A_2。

② 减环：其变动会引起封闭环反向变动的组成环。反向变动是指该环增大时封闭环减小，该环减小时封闭环增大，如图 14-1(a)中的 A_1。

（4）补偿环   在尺寸链计算中，有时需要预先选定其中某一组成环，通过改变这个组成环的大小或位置，使封闭环达到规定的要求。这个组成环称为补偿环。例如图 14-3 所示的齿轮机构中，用轴套的厚度作为补偿环，装配时选择并安装不同厚度的轴套来调整齿轮端面与对应挡圈端面之间的轴向间隙的大小。

（5）传递系数   表示各组成环影响封闭环大小的程度和方向的系数，用符号 ξ_i 表示（下角标 i 为组成环的序号）。对于增环，ξ_i 为正值；对于减环，ξ_i 为负值。

2. 尺寸链的分类

1）按尺寸链的功能要求分类

（1）装配尺寸链   全部组成环为不同零件的设计尺寸（零件图上标注的尺寸）所形成的尺寸链，如图 14-1(a)所示。

（2）零件尺寸链   全部组成环为同一零件的设计尺寸所形成的尺寸链，如图 14-1(b)所示。装配尺寸链和零件尺寸链统称为设计尺寸链。

（3）工艺尺寸链　全部组成环为零件加工时该零件的工艺尺寸所形成的尺寸链，如图 14-1(c)所示。

　　2）按尺寸链中各环的相互位置分类

　　（1）直线尺寸链　全部组成环皆平行于封闭环的尺寸链，如图 14-1(a)、(b)、(c)所示的尺寸链均为直线尺寸链。直线尺寸链中增环的传递系数 $\xi_i = +1$，减环的传递系数 $\xi_i = -1$。

　　（2）平面尺寸链　全部组成环位于一个平面或几个平行平面内，但某些组成环不平行于封闭环的尺寸链，如图 14-2 所示。

　　（3）空间尺寸链　全部组成环位于几个不平行的平面内的尺寸链。

　　最常见的尺寸链是直线尺寸链。平面尺寸链和空间尺寸链可以通过采用坐标投影的方法转换为直线尺寸链，然后按直线尺寸链的计算方法来计算。本章只阐述直线尺寸链的计算方法。

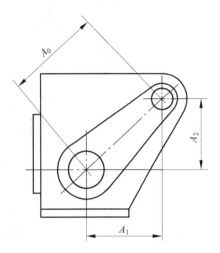

图 14-2　箱体的平面尺寸链

14.1.2　尺寸链的建立与分析

正确地建立尺寸链是进行尺寸链计算的前提。下面举例说明建立装配尺寸链的步骤。

1. 确定封闭环

建立尺寸链时必须首先明确封闭环。装配尺寸链中的封闭环就是装配后应达到的装配精度要求。通常每一项装配精度要求就可以相应建立一个尺寸链。

图 14-3(a)所示为一齿轮机构部件，由于齿轮 3 要在轴 1 上回转，因此齿轮左、右端面分别与轴套 4、挡圈 2 之间应该有轴向间隙，并且该间隙应控制在一定范围内。由于该间隙是在零件装配过程中最后自然形成的，所以它就是封闭环。为计算方便，可将间隙集中在齿轮与挡圈之间，用 L_0 表示。

2. 查找组成环并画出尺寸链图

在装配关系中，对装配精度要求有直接影响的那些零件的尺寸，都是装配尺寸链中的组成环。对于每一项装配精度要求，通过对装配关系的分析，都可查明其相应装配尺寸链的组成环。查找组成环的方法是：从封闭环的一端开始，依次找出那些会引起封闭环变动的相互连接的各个零件尺寸，直到最后一个零件尺寸与封闭环的另一端连接为止，其中每一个尺寸就是一个组成环。

确定了封闭环并找出了组成环后，用符号将它们标注在装配示意图上，或将封闭环和各个组成环相互连接的关系单独地用简图表示出来，就得到了尺寸链图。画尺寸链图时，可用带箭头的线段来表示尺寸链的各环，线段一端的箭头只表示查找组成环的方向。与封闭环线段箭头方向一致的组成环为减环，与封闭环箭头方向相反的组成环为增环。

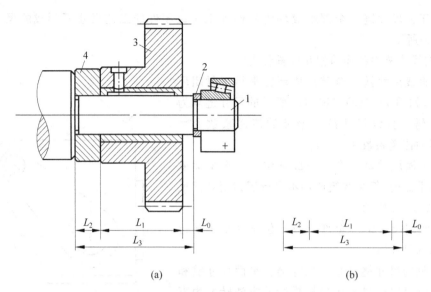

图 14-3　齿轮机构的尺寸链

（a）齿轮机构；（b）尺寸链图

1—轴；2—挡圈；3—齿轮；4—轴套

例如在图 14-3(a) 中，可以从封闭环 L_0 的左端开始，查找影响间隙 L_0 大小的尺寸，它们依次为齿轮轮毂的宽度 L_1、轴套厚度 L_2 和轴上两台肩之间的长度 L_3。由这三个组成环对封闭环的影响的性质可知，尺寸 L_3 为增环，尺寸 L_1、L_2 为减环。将尺寸 L_0 与 L_1、L_2、L_3 依次用线段连接，就得到了如图 14-3(b) 所示的尺寸链图。

在查找组成环时，应注意遵循"最短尺寸链原则"。在装配精度要求既定的条件下，组成环数目越少，则组成环所分配到的公差就越大，组成环所在部位的加工就越容易。所以在设计产品时，应尽可能使影响装配精度的零件数量最少。

3. 零件位置误差对封闭环的影响

以上所述尺寸链中都是线性尺寸的变动对封闭环的影响，有时还需考虑位置误差对封闭环的影响。这时位置误差可以按尺寸链中的尺寸来处理。现仍以图 14-3(a) 所示的轴套、齿轮和轴为例来说明，它们的图样标注和实际零件图形分别见图 14-4～图 14-6。

参看图 14-4(a)，当轴套厚度 L_2 的尺寸公差与两端面的平行度公差之间的关系采用包容要求时，其两端的平行度误差控制在 L_2 的尺寸公差内，因此该平行度误差对封闭环的影响已经包括在 L_2 的尺寸公差内，不必单独考虑其影响。参看图 14-4(b)，当轴套厚度 L_2 的尺寸公差与两端面的平行度公差 t_2 之间的关系采用独立原则时，其两端面的平行度误差 f_2 会影响封闭环的大小（见图 14-4(c)），平行度公差 t_2（允许的平行度误差最大值）就应作为一个组成环（减环）列入尺寸链中。

参看图 14-5(a)，当齿轮轮毂宽度 L_1 的尺寸公差与两端面圆跳动公差 t_1 之间的关系采用独立原则时，齿轮的任一个端面圆跳动 f_1 或 f_1' 会影响封闭环的大小（见图 14-5(b)）。因此，端面圆跳动公差 t_1 应作为组成环（减环）列入尺寸链。

参看图 14-6(a)，当轴上两台肩之间的长度 L_3 的尺寸公差与台肩的端面圆跳动公差 t_3 之

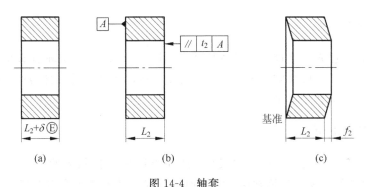

图 14-4　轴套
（a）采用包容要求；（b）采用独立原则；（c）实际零件

间的关系采用独立原则时,大台肩的端面圆跳动 f_3 会影响封闭环的大小(见图 14-6(b))。因此,端面圆跳动公差 t_3 应作为组成环(减环)列入尺寸链。

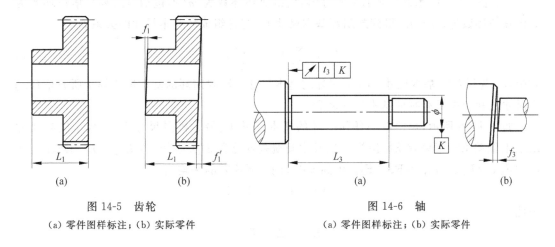

图 14-5　齿轮
（a）零件图样标注；（b）实际零件

图 14-6　轴
（a）零件图样标注；（b）实际零件

如果三个零件的位置公差都列入尺寸链,则除尺寸 L_3 为增环外,其余 5 个组成环即线性尺寸 L_1、L_2 和位置公差 t_1、t_2、t_3 皆为减环。尺寸链中位置误差对封闭环的影响比较复杂,应根据具体情况作具体分析。

14.1.3　尺寸链的计算

尺寸链的计算是指计算封闭环与组成环的基本尺寸和极限偏差。在机械设计与制造中,尺寸链的计算主要有下列三种。

1. 设计计算

设计计算是指已知封闭环的极限尺寸和各组成环的基本尺寸,计算各组成环的极限偏差。这种计算通常用于产品设计过程中由机器或部件的装配精度确定各组成环的尺寸公差和极限偏差,把封闭环公差合理地分配给各组成环。应当指出,设计计算的解不是唯一的,而且可能有多种不同的解。

2. 校核计算

校核计算是指已知各组成环的基本尺寸和极限偏差,计算封闭环的基本尺寸和极限偏差。这种计算主要用于验算零件图上标注的各组成环的基本尺寸和极限偏差在加工之后能否满足所设计产品的技术要求。

3. 工艺尺寸计算

工艺尺寸计算是指已知封闭环和某些组成环的基本尺寸、极限偏差,计算某一组成环的基本尺寸、极限偏差。这种计算常用于零件加工过程中计算某工序需要确定而在该零件的图样上没有标注的工序尺寸。

无论设计计算、校核计算或工艺尺寸计算,都要处理封闭环的基本尺寸和极限偏差与各组成环的基本尺寸和极限偏差的关系。

参看图 14-7 所示的多环直线尺寸链,设组成环环数为 m(不包括封闭环),增环环数为 n,则减环环数为 $(m-n)$,得到封闭环基本尺寸 L_0 与各组成环基本尺寸的关系如下

$$L_0 = \sum_{z=1}^{n} L_z - \sum_{j=n+1}^{m} L_j \tag{14-1}$$

式中,L_z 为增环的基本尺寸;L_j 为减环的基本尺寸。即封闭环的基本尺寸等于所有增环基本尺寸之和减去所有减环基本尺寸之和。

如图 14-8 所示,尺寸链中任何一环的基本尺寸 L、最大极限尺寸 L_{max}、最小极限尺寸 L_{min}、上偏差 ES、下偏差 EI、公差 T 以及中间偏差 Δ 之间的关系如下:$L_{max}=L+ES$、$L_{min}=L+EI$、$T=L_{max}-L_{min}=ES-EI$。中间偏差为上、下偏差的平均值,即

$$\Delta = (ES + EI)/2$$

因此

$$ES = \Delta + T/2$$
$$EI = \Delta - T/2 \tag{14-2}$$

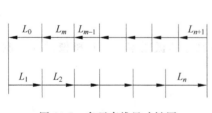

图 14-7　多环直线尺寸链图

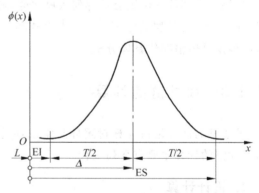

图 14-8　极限偏差与中间偏差、公差的关系

x—尺寸;$\phi(x)$—概率密度

尺寸链中任何一环的中间尺寸为 $(L_{max}+L_{min})/2 = L+\Delta$。由图 14-7 所示的直线尺寸链图可以得出封闭环中间偏差 Δ_0 与各组成环中间偏差 Δ_i 的关系如下

$$\Delta_0 = \sum_{z=1}^{n} \Delta_z - \sum_{j=n+1}^{m} \Delta_j \qquad (14\text{-}3)$$

式中,Δ_z 为增环中间偏差;Δ_j 为减环中间偏差。即封闭环中间偏差等于所有增环中间偏差之和减去所有减环中间偏差之和。

为了保证互换性,可以采用完全互换法或大数互换法来达到封闭环的公差要求。某些情况下,为了经济地达到装配尺寸链的装配精度要求,可以采用不完全互换的分组法、调整法或修配法。

14.2 尺寸链的极值法计算

极值法(也称完全互换法)是指在全部产品中,装配时各组成环不需挑选,也不需改变其大小或位置,装入后即能达到封闭环的公差要求的尺寸链计算方法。该方法采用极值公差公式计算。

1. 极值公差公式

为了达到完全互换,就必须保证尺寸链中各组成环的尺寸为最大或最小极限尺寸时,能够达到封闭环的公差要求。如图 14-7 所示的多环直线尺寸链。

若组成环中的增环都是最大极限尺寸,减环都是最小极限尺寸,则封闭环必然是最大极限尺寸,它们的关系如下

$$L_{0\max} = \sum_{z=1}^{n} L_{z\max} - \sum_{j=n+1}^{m} L_{j\min} \qquad (14\text{-}4)$$

即封闭环的最大极限尺寸等于各增环的最大极限尺寸之和减去各减环的最小极限尺寸之和。

同理,封闭环的最小极限尺寸等于各增环的最小极限尺寸之和减去各减环的最大极限尺寸之和,它们的关系如下

$$L_{0\min} = \sum_{z=1}^{n} L_{z\min} - \sum_{j=n+1}^{m} L_{j\max} \qquad (14\text{-}5)$$

将封闭环最大极限尺寸和封闭环最小极限尺寸分别减去封闭环的基本尺寸,即可得到封闭环的上偏差 ES_0 和下偏差 EI_0。它们的关系如下

$$\mathrm{ES}_0 = L_{0\max} - L_0 = \sum_{z=1}^{n} \mathrm{ES}_z - \sum_{j=n+1}^{m} \mathrm{EI}_j \qquad (14\text{-}6)$$

$$\mathrm{EI}_0 = L_{0\min} - L_0 = \sum_{z=1}^{n} \mathrm{EI}_z - \sum_{j=n+1}^{m} \mathrm{ES}_j \qquad (14\text{-}7)$$

式中,ES_z、ES_j 分别为增环和减环的上偏差;EI_z、EI_j 分别为增环和减环的下偏差。

上两式表明,封闭环的上偏差等于所有增环上偏差之和减去所有减环下偏差之和;封闭环的下偏差等于所有增环下偏差之和减去所有减环上偏差之和。

封闭环的上偏差减去封闭环的下偏差,即可得到封闭环的公差。

$$T_0 = \mathrm{ES}_0 - \mathrm{EI}_0 = \sum_{z=1}^{n} T_z + \sum_{j=n+1}^{m} T_j = \sum_{k=1}^{m} T_k \qquad (14\text{-}8)$$

式中，T_z、T_j 分别为增环和减环的公差，并可一并记成 T_k。

式(14-8)表明，尺寸链封闭环的公差等于各组成环公差之和。

从式(14-8)还可知道，封闭环公差比任何组成环公差都要大。因此，在零件设计时，设计人员应尽量选择最不重要的尺寸作为封闭环。但在解装配尺寸链和工艺尺寸链时，封闭环是装配的最终要求或者是加工中最后自然得到的，不能任意选择。为了减小封闭环的公差，就应尽量减少尺寸链中组成环的环数。这一原则叫"最短尺寸链原则"。对于装配尺寸链，可通过改变零、部件的结构设计，减少零件数目来减少组成环的环数；对于工艺尺寸链，则可通过改变加工工艺方案以改变工艺尺寸链的组成来减少尺寸链的环数。

封闭环的平均尺寸的计算公式为

$$L_{0M} = \frac{L_{0max} + L_{0min}}{2} = L_0 + \frac{ES_0 + EI_0}{2} = \sum_{z=1}^{n} L_{zM} - \sum_{j=n+1}^{m} L_{jM} \tag{14-9}$$

式中，L_{zM}、L_{jM} 分别为增环和减环的平均尺寸。

式(14-9)表明，封闭环的平均尺寸等于所有增环平均尺寸之和减去所有减环平均尺寸之和。

在计算复杂尺寸链时，利用各环的平均尺寸进行计算，常可使计算过程简化。当计算出有关环的平均尺寸后，应将其公差对平均尺寸作双向对称分布，写成 $L_{0M} \pm T_0/2$ 或 $L_{kM} \pm T_k/2$ 的形式。全部计算完成后，再根据加工、测量及调整方面的需要，改注成具有整数基本尺寸上、下偏差形式。

2. 设计计算

【例 14-1】 如图 14-3 所示的齿轮机构尺寸链，已知各组成环的基本尺寸分别为 $L_1 = 35mm$，$L_2 = 14mm$，$L_3 = 49mm$，要求装配后齿轮右端的轴向间隙在 0.1～0.35mm 之间。试用完全互换法计算尺寸链，确定各组成环的极限偏差。

解 分析图 14-3 中的尺寸链可知，装配后的轴向间隙 L_0 为封闭环，组成环数 $m = 3$，L_3 为增环，L_1、L_2 为减环。封闭环基本尺寸 $L_0 = L_3 - (L_1 + L_2) = 49 - (35 + 14) = 0$，其公差 $T_0 = 0.35 - 0.1 = 0.25mm$，其上、下偏差分别为 $ES_0 = +0.35mm$，$EI_0 = +0.1mm$，其极限尺寸可表示为 $0^{+0.35}_{+0.1}mm$。

(1) 确定各组成环的公差

先假设各组成环公差相等，即 $T_1 = T_2 = \cdots = T_m = T_{av,L}$（平均极值公差），则由式(14-8)得：$T_0 = mT_{av,L}$，因此各组成环的平均极值公差为

$$T_{av,L} = T_0/m = 0.25/3 = 0.083mm$$

考虑到各组成环的基本尺寸的大小及加工工艺各不相同，故各组成环的公差应在平均极值公差的基础上作适当的调整。因为尺寸 L_1 和 L_3 在同一尺寸分段内，平均极值公差数值接近 IT10，所以可取

$$T_1 = T_3 = 0.10mm(IT10)$$

由式(14-8)得

$$T_2 = T_0 - T_1 - T_3 = 0.25 - 0.1 - 0.1 = 0.05mm(大致相当于 IT9)$$

(2) 确定各组成环的极限偏差

通常，尺寸链中的内、外尺寸（组成环）的极限偏差按"偏差入体原则"配置，即内尺寸

按 H 配置,外尺寸按 h 配置;一般长度尺寸的极限偏差按"偏差对称原则"即按 JS(js)配置。

因此,取
$$L_1 = 35_{-0.10}^{0} \text{mm(h10)}, \quad L_3 = 49 \pm 0.05 \text{mm(49js10)}$$

组成环 L_1 和 L_3 的极限偏差确定后,相应的中间偏差分别为 $\Delta_1 = -0.05$mm,$\Delta_3 = 0$;封闭环的中间偏差 $\Delta_0 = +0.225$mm。因此,由式(14-3)得
$$\Delta_2 = \Delta_3 - \Delta_1 - \Delta_0 = 0 - (-0.05) - 0.225 = -0.175 \text{mm}$$

按式(14-2)计算出组成环 L_2 的上、下偏差分别为
$$\text{ES}_2 = \Delta_2 + T_2/2 = -0.175 + 0.05/2 = -0.15 \text{mm}$$
$$\text{EI}_2 = \Delta_2 - T_2/2 = -0.175 - 0.05/2 = -0.20 \text{mm}$$

所以
$$L_2 = 14_{-0.20}^{-0.15} \text{mm}$$

如果要求将组成环 L_2 的公差带加以标准化,可取为 14b9,即
$$L_2 = 14_{-0.193}^{-0.150} \text{mm(14b9)}$$

按式(14-4)和式(14-5)核算封闭环的极限尺寸:
$$L_{0\max} = 49.05 - (34.9 + 13.807) = 0.343 \text{mm}$$
$$L_{0\min} = 48.95 - (35 + 13.85) = 0.1 \text{mm}$$

能够满足设计要求。

3. 校核计算

【**例 14-2**】　加工图 14-9(a)所示的套筒时,外圆柱面加工至 $A_1 = \phi 80 \text{f6}\left(_{-0.104}^{-0.030}\right)$,内孔加工至 $A_2 = \phi 60 \text{H8}\left(_{0}^{+0.046}\right)$,外圆柱面轴线对内孔轴线的同轴度公差为 $\phi 0.02$mm。试计算该套筒壁厚尺寸的变动范围。

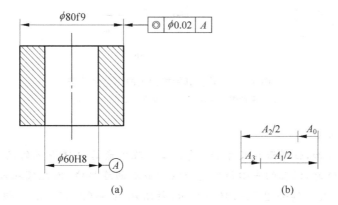

图 14-9　套筒零件尺寸链
(a)零件图样标注;(b)尺寸链图

解　(1)建立尺寸链

由于套筒具有对称性,因此在建立尺寸链时,尺寸 A_1 和 A_2 均取半值。尺寸链如图 14-9(b)所示,封闭环为壁厚 A_0,组成环为:$A_2/2 = 30_{0}^{+0.023}$mm(减环),$A_1/2 = 40_{-0.052}^{-0.015}$(增环),同轴度公差 $A_3 = 0 \pm 0.01$mm(增环)。

（2）计算封闭环的极限尺寸

按式(14-1)和式(14-4)、式(14-5)分别计算。

封闭环的基本尺寸：

$$A_0 = (A_1/2 + A_3) - A_2/2 = 40 + 0 - 30 = 10 \text{mm}$$

封闭环的最大极限尺寸：

$$A_{0\max} = (A_{1\max}/2 + A_{3\max}) - A_{2\min} = 39.985 + 0.01 - 30 = 9.995 \text{mm}$$

封闭环的最小极限尺寸

$$A_{0\min} = (A_{1\min}/2 + A_{3\min}) - A_{2\max}/2 = 39.948 - 0.01 - 30.023 = 9.915 \text{mm}$$

因此，封闭环 $A_0 = 10_{-0.085}^{-0.005}$ mm，套筒壁厚尺寸的变动范围为 $9.915 \sim 9.995$ mm。

4. 工艺尺寸计算

【例 14-3】 如图 14-10(a)所示的齿轮零件图的轮毂孔和键槽尺寸标注。图 14-10(b)所示为该孔和键槽的加工顺序：首先按工序尺寸 $A_1 = \phi 57.8_{0}^{+0.074}$ mm 镗孔，再按工序尺寸 A_2 插键槽，淬火，然后按图 14-10(a)所示图样上标注的尺寸 $A_3 = \phi 58_{0}^{+0.03}$ mm 磨孔。孔完工后要求键槽尺寸 A_0 符合图样上标注的尺寸 $62.3_{0}^{+0.2}$ mm 的规定。试用完全互换法计算尺寸链，确定工序尺寸 A_2 的极限尺寸。

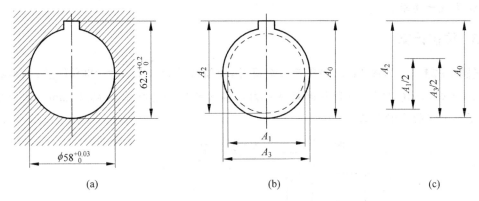

(a)   (b)   (c)

图 14-10 孔及其键槽加工的工艺尺寸链

(a) 零件图样标注；(b) 工艺尺寸；(c) 尺寸链图

解 （1）建立尺寸链

从加工过程可知，键槽深度尺寸 A_0 是加工过程中最后自然形成的尺寸，因此 A_0 是封闭环。建立尺寸链时，以孔的中心线作为查找组成环的连接线，因此镗孔尺寸 A_1 和磨孔尺寸 A_3 均取半值。尺寸链如图 14-10(c)所示，封闭环 $A_0 = 62.3_{0}^{+0.2}$ mm，组成环为 $A_3/2$（增环）、$A_1/2$（减环）和 A_2（增环）。而 $A_3/2 = 29_{0}^{+0.015}$ mm，$A_1/2 = 28.9_{0}^{+0.037}$ mm。

（2）计算组成环 A_2 的基本尺寸和极限偏差

按式(14-1)计算组成环 A_2 的基本尺寸：

$$A_2 = A_0 - A_3/2 + A_1/2 = 62.3 - 29 + 28.9 = 62.2 \text{mm}$$

按式(14-4)和式(14-5)分别计算组成环 A_2 的最大极限尺寸 $A_{2\max}$ 和最小极限尺寸 $A_{2\min}$ 为

$$A_{2\max} = A_{0\max} - A_{3\max}/2 + A_{1\min}/2 = 62.5 - 29.015 + 28.9 = 62.385 \text{mm}$$

$$A_{2min} = A_{0min} - A_{3min}/2 + A_{1max}/2 = 62.3 - 29 + 28.937 = 62.237 mm$$

因此，插键槽工序尺寸为

$$A_2 = 62.3^{+0.085}_{-0.063} mm$$

14.3　尺寸链的概率法计算

概率法（也称大数互换法）是指在绝大多数产品中，装配时各组成环不需要挑选，也不需改变其大小或位置，装入后即能达到封闭环的公差要求的尺寸链计算方法。该方法采用统计公差公式计算。

1. 统计公差公式

概率法是以一定置信概率为依据，假定各组成环的实际尺寸的获得彼此无关，即它们都为独立随机变量，各按一定规律分布，因此它们所形成的封闭环也是随机变量，按某一规律分布。按照独立随机变量合成规律，各组成环（各独立随机变量）的标准偏差 σ_i 与封闭环（这些独立随机变量之和）的标准偏差 σ_0 之间的关系如下

$$\sigma_0 = \sqrt{\sum_{i=1}^{m} \sigma_i^2} \tag{14-10}$$

式中，m 为组成环的数目。

如果各组成环实际尺寸的分布都服从正态分布，则封闭环实际尺寸的分布也服从正态分布，则封闭环实际尺寸的分布也服从正态分布。设各组成环尺寸分布中心重合，取置信概率 $P = 99.73\%$，分布范围与公差范围相同（见图 14-8），则各组成环公差 T_i 和封闭环公差 T_0 各自与它们的标准偏差的关系如下

$$T_i = 6\sigma_i, \quad T_0 = 6\sigma_0$$

将上列两式代入式(14-10)，得

$$T_0 = \sqrt{\sum_{i=1}^{m} T_i^2} \tag{14-11}$$

即封闭环公差等于各组成环公差的平方之和开根号。该公式是一个统计公差公式。其实它是统计公差公式中的一个特例，是在各组成环实际尺寸的分布都服从正态分布、分布中心与公差带中心重合、分布范围与公差范围相同这样的假设前提下得出的。而这个假设条件是符合大多数产品的实际情况的，因此上述统计公差公式的特例有其实用价值。

2. 设计计算

【例 14-4】　用大数互换法求解例 14-1，假设各组成环的分布皆服从正态分布，且分布中心与公差带中心重合，分布范围与公差范围相同。

解　由例 14-1 知，封闭环极限尺寸为 $0^{+0.35}_{+0.10} mm$。

（1）确定各组成环的公差

先假定各组成环公差相等，即 $T_1 = T_2 = \cdots = T_m = T_{av,Q}$（平均平方公差），则由式(14-11)得

$$T_0 = \sqrt{m T_{av,Q}^2}$$

所以有

$$T_{av,Q} = T_0 / \sqrt{m} = 0.25 / \sqrt{3} = 0.144\text{mm}$$

然后,调整各组成环公差。尺寸 L_1 和 L_3 在同一尺寸分段内,平均平方公差数值接近 IT11,因此取

$$T_1 = T_3 = 0.16\text{mm (IT11)}$$

由式(14-11)得

$$T_2 = \sqrt{T_0^2 - T_1^2 - T_3^2} = \sqrt{0.25^2 - 0.16^2 - 0.16^2} = 0.11\text{mm (IT11)}$$

(2) 确定各组成环的极限偏差

由组成环 L_1 和 L_3 的公差 T_1 和 T_3,它们的上、下偏差分别按"偏差入体原则"和"偏差对称原则"确定:

$$ES_1 = 0, \quad EI_1 = -0.16\text{mm}$$
$$ES_3 = +0.08\text{mm}, \quad EI_3 = -0.08\text{mm}$$

所以,它们的极限尺寸分别为

$$L_1 = 35_{-0.16}^{\ 0}\text{mm}, \quad L_3 = 49 \pm 0.08\text{mm}$$

组成环 L_1 和 L_3 的极限偏差确定后,计算剩下的一个组成环 L_2 的极限偏差,封闭环 L_0 和组成环 L_1、L_3 的中间偏差分别为 $\Delta_0 = +0.225\text{mm}$ 和 $\Delta_1 = -0.08\text{mm}$、$\Delta_3 = 0$。由式(14-3)得

$$\Delta_2 = \Delta_3 - \Delta_1 - \Delta_0 = 0 - (-0.08) - 0.225 = -0.145\text{mm}$$

按式(14-2)计算出组成环 L_2 的上、下偏差如下

$$ES_2 = \Delta_2 + T_2/2 = -0.145 + 0.11/2 = -0.09\text{mm}$$
$$EI_2 = \Delta_2 - T_2/2 = -0.145 - 0.11/2 = -0.20\text{mm}$$

所以,组成环 L_2 的极限尺寸为

$$L_2 = 14_{-0.20}^{-0.09}\text{mm}$$

将例 14-4 与例 14-1 的计算结果相比较,在封闭环公差相同的条件下,用大数互换法计算尺寸链,组成环的公差可以增大,而使其加工容易,加工成本降低。

3. 校核计算

【例 14-5】 用大数互换法求解例 14-2。假设各组成环的分布皆服从正态分布,且分布中心与公差带中心重合,分布范围与公差范围相同。

解 按式(14-1)计算得:封闭环的基本尺寸 $A_0 = 10\text{mm}$,按式(14-3)计算得:封闭环的中间偏差 $\Delta_0 = 0 + (-0.0335) - (+0.0115) = -0.045\text{mm}$。

封闭环公差 T_0 按式(14-11)计算:

$$T_0 = \sqrt{\sum_{i=1}^{m} T_i^2} = \sqrt{(T_1/2)^2 + (T_2/2)^2 + T_3^2} = \sqrt{0.037^2 + 0.023^2 + 0.02^2} = 0.048\text{mm}$$

封闭环上、下偏差按式(14-2)计算:

$$ES_0 = \Delta_0 + T_0/2 = -0.045 + 0.048/2 = -0.021\text{mm}$$
$$EI_0 = \Delta_0 - T_0/2 = -0.045 - 0.048/2 = -0.069\text{mm}$$

因此,封闭环 $A_0 = 10_{-0.069}^{-0.021}\text{mm}$,套筒壁厚尺寸的变动范围为 $9.931 \sim 9.979\text{mm}$。

将例 14-5 和例 14-2 的计算结果对比,在组成环公差相同的条件下,用大数互换法计算尺寸链,封闭环的变动范围减小许多,容易达到精度要求。

14.4 保证装配精度的其他措施

在生产中,装配尺寸链各组成环的公差和极限偏差若按前述方法进行计算和给出,那么在装配时,一般不需进行修配和调整就能顺利进行装配,且能满足封闭环的技术要求。但在某些场合,为了获得更高的装配精度,同时生产条件又不允许提高组成环的制造精度时,则可采用分组互换法、装配法和调整法来完成这一任务。

1. 分组互换法

分组互换法即分组装配法,其做法是将按封闭环的技术要求确定的各组成环的平均公差扩大 N 倍,使组成环按经济加工精度制造,然后根据零件完工后的实际偏差,按一定尺寸间隔分为 N 组,装配时根据大配大、小配小的原则,按对应组进行装配,以达到封闭环规定的技术要求。由此可见,这种方法装配的互换性只能在同一组中进行。当封闭环的精度要求高且生产批量较大时,为了降低零件的制造成本,可以采用分组法装配。该方法采用极值公差公式计算。

另外,采用分组互换法给组成环分配公差时,为了保证分组装配后配合性质一致,其增环公差值应等于减环公差值。

2. 修配法

修配法是将尺寸链的基本尺寸按经济加工精度的要求给定公差值,此时封闭环的公差值比技术条件要求的值有所扩大。为了保证封闭环的技术条件,在装配时选定某一组成环作为修配环(补偿环的一种),预先留出修配量,装配时用去除修配环的部分材料的方法改变其实际尺寸,使封闭环达到其公差与极限偏差要求。该方法采用极值公差公式计算。

修配法装配通常用于单件小批生产,组成环数目较多而装配精度要求较高的场合,应选择容易加工并且对其他装配尺寸链没有影响的组成环作为修配环,使该环在拆装和修配时比较容易,以提高生产率和发挥更大的经济效益。

3. 调整法

调整法装配是指各组成环按经济加工精度制造,在组成环中选择一个调整环(补偿环的一种),装配时用选择或调整的方法改变其尺寸大小或位置,使封闭环达到其公差与极限偏差要求。该方法采用极值公差公式计算。

采用调整法装配时,可以使用一组具有不同尺寸的调整环或者一个位置可以在装配时调整的调整环。前者称为固定补偿件,后者称为活动补偿件。

调整法与修配法相似,只是改变补偿尺寸的方法有所不同。修配法是从作为补偿环的零件上去除一层材料来保证装配精度;而调整法是通过改变补偿环的尺寸或位置的方法来保证装配精度。

采用调整法装配,不需要辅助加工,故装配效率较高,主要应用于装配精度要求较高,或在使用过程中某些零件的尺寸会发生变化的尺寸链中。

习　题

14-1　有一套筒，按 $\phi65h11$ 加工外圆，按 $\phi50H11$ 加工内孔，求壁厚的基本尺寸与极限偏差。

14-2　某厂加工一批曲轴、连杆及轴承衬套等零件，如题图 14-1 所示。经调试运转，发现有的曲轴肩与轴承衬套端面有划伤现象。按设计要求曲轴肩与轴承衬套端面间隙 $A_0 = 0.1 \sim 0.2\text{mm}$，而设计图规定 $A_1 = 150^{+0.016}_{0}\text{mm}$，$A_2 = A_3 = 75^{-0.02}_{-0.06}\text{mm}$。验算题图 14-1 给定零件尺寸的极限偏差是否合理。

14-3　题图 14-2 所示尺寸链各组成环的尺寸偏差的分布均服从正态分布，并且分布中心与公差带中心重合，试用概率法确定这些组成环尺寸的极限偏差，以保证齿轮端面与垫圈之间的间隙在 $0.04 \sim 0.15\text{mm}$ 范围内。

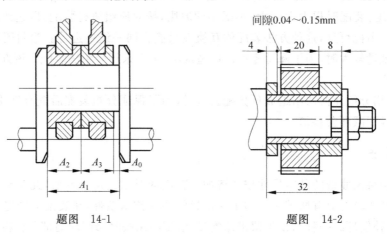

题图　14-1　　　　　　　　　　题图　14-2

14-4　题图 14-3(a) 为轴及其键槽尺寸的标注。参看题图 14-3(b)，该轴和键槽的加工顺序如下：先按工序尺寸 $A_1 = \phi45.6^{0}_{-0.1}\text{mm}$ 车外圆柱面，再按工序尺寸 A_2 铣键槽，淬火后，按图样标注尺寸 $A_3 = \phi45^{+0.018}_{+0.002}\text{mm}$ 磨外圆柱面至设计要求。轴完工后要求键槽深度尺寸 A_0 符合图样标注的尺寸 $39.5^{0}_{-0.2}$ 的规定。试用完全互换法计算尺寸链，确定工序尺寸 A_2 的极限尺寸。

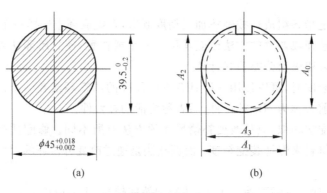

(a)　　　　　　　　　　(b)

题图　14-3
(a) 图样标注；(b) 工艺尺寸

参 考 文 献

[1] 张铁,李旻.互换性与测量技术[M].北京：清华大学出版社,2010.
[2] 黄镇昌.互换性与测量技术[M].广州：华南理工大学出版社,2009.
[3] 黄云清.公差配合与测量技术[M].2版.北京：机械工业出版社,2018.
[4] 王伯平.互换性与测量技术基础[M].4版.北京：机械工业出版社,2018.
[5] 甘永立.几何量公差与检测[M].8版.上海：上海科学技术出版社,2009.
[6] 韩进宏.互换性与测量技术基础[M].北京：中国林业出版社,2006.
[7] 赵瑾.互换性与测量技术基础[M].武汉：华中科技大学出版社,2006.
[8] 卢志珍.互换性与测量技术[M].成都：电子科技大学出版社,2007.
[9] 孙玉芹,孟兆新.机械精度设计基础[M].北京：科学出版社,2003.
[10] 赵宏芳.公差配合与测量技术[M].西安：西北大学出版社,2007.
[11] 廖念钊,古莹菴.互换性与技术测量[M].5版.北京：中国计量出版社,2009.
[12] 付凤兰.公差与检测技术[M].北京：科学出版社,2006.
[13] 李柱,徐振高,蒋向前.互换性与测量技术——几何产品技术规范与认证 GPS[M].北京：高等教育出版社,2004.
[14] 徐茂功.公差配合与技术测量[M].3版.北京：机械工业出版社,2009.
[15] 谢铁邦,李柱,席宏卓.互换性与技术测量[M].武汉：华中科技大学出版社,1998.
[16] 李军.互换性与测量技术[M].武汉：华中科技大学出版社,2007.
[17] 陈于萍.互换性与测量技术[M].北京：高等教育出版社,2005.
[18] 邢闽芳.互换性与技术测量[M].3版.北京：清华大学出版社,2017.
[19] 张秀娟.互换性与测量技术基础[M].2版.北京：清华大学出版社,2018.